U0353527

国家出版基金项目
NATIONAL PUBLICATION FOUNDATION

"十四五"国家重点出版物出版规划项目

浙江文化艺术发展基金资助项目
PROJECTS SUPPORTED BY ZHEJIANG CULTURE AND ARTS DEVELOPMENT FUND

海洋强国战略研究

张海文 —— 主编

中国海洋
政策与管理

付 玉 王 芳 李明杰 著

浙江教育出版社·杭州

图书在版编目（ＣＩＰ）数据

　　中国海洋政策与管理 ／ 付玉，王芳，李明杰著. --
杭州 ：浙江教育出版社，2023.7
　　（海洋强国战略研究 ／ 张海文主编）
　　ISBN 978-7-5722-5166-5

　　Ⅰ．①中… Ⅱ．①付… ②王… ③李… Ⅲ．①海洋开
发－政策－研究－中国 Ⅳ．①P74

中国版本图书馆CIP数据核字(2022)第258469号

海洋强国战略研究
中国海洋政策与管理
HAIYANG QIANGGUO ZHANLÜE YANJIU
ZHONGGUO HAIYANG ZHENGCE YU GUANLI

付　玉　王　芳　李明杰　著

责任编辑	张小飞　张静雅　张个也
美术编辑	韩　波
责任校对	何　奕
责任印务	沈久凌
封面设计	观止堂
出版发行	浙江教育出版社
	（杭州市天目山路 40 号　电话：0571-85170300-80928）
图文制作	杭州林智广告有限公司
印刷装订	浙江海虹彩色印务有限公司
开　本	710 mm×1000 mm　1/16
印　张	25
字　数	320 000
版　次	2023 年 7 月第 1 版
印　次	2023 年 7 月第 1 次印刷
标准书号	ISBN 978-7-5722-5166-5
定　价	78.00 元

如发现印、装质量问题，影响阅读，请与承印厂联系调换。
（联系电话：0571-88909719）

主编

张海文

北京大学法学博士，自然资源部海洋发展战略研究所所长、研究员，享受国务院特殊津贴，武汉大学国际法研究所和厦门大学南海研究院兼职教授、博导，浙江大学海洋学院兼职教授。从事海洋法、海洋政策和海洋战略研究三十余年。主持和参加多个国家海洋专项的立项和研究工作，主持完成了数十个涉及海洋权益和法律的省部级科研项目。曾参加中国与周边国家之间的海洋划界谈判，以中国代表团团长和特邀专家等身份参加联合国及其所属机构的有关海洋法磋商。已撰写和主编数十部学术专著，如《〈联合国海洋法公约〉释义集》《〈联合国海洋法公约〉图解》《〈联合国海洋法公约〉与中国》《南海和南海诸岛》《钓鱼岛》《世界各国海洋立法汇编》《中国海洋丛书》等；发表了数十篇有关海洋法律问题的中英文论文。

作者

付玉、王芳、李明杰

　　付玉，自然资源部海洋发展战略研究所海洋政策与管理研究室主任，研究员，博士，国家社科基金重大研究专项首席专家，美国弗吉尼亚大学海洋法律与政策研究中心访问学者（2017—2018）。主要研究领域为海洋政策、海洋管理、国际渔业法和全球海洋治理。

　　王芳，自然资源部海洋发展战略研究所研究员，主要研究领域为海洋政策与战略规划。

　　李明杰，自然资源部海洋发展战略研究所研究员，主要参与了 21 世纪海上丝绸之路系列研究、维护海洋权益与军民融合战略研究、涉台海洋问题研究等。

总序

　　21 世纪，人类进入了开发利用海洋与保护治理海洋并重的新时期。海洋在保障国家总体安全、促进经济社会发展、加强生态文明建设等方面的战略地位更加突出。党的十八大报告中正式将海洋强国建设提高到国家发展和安全战略高度，明确提出要提高海洋资源开发能力，大力发展海洋经济，加大海洋生态保护力度，坚决维护国家海洋权益，建设海洋强国。党的十九大报告再次明确提出要坚持陆海统筹，加快建设海洋强国。党的二十大报告从更宽广的国际视野和更深远的历史视野进一步要求加快建设海洋强国。由此可见，加快建设海洋强国已成为中华民族伟大复兴路上的重要组成部分。我们在加快海洋经济发展、大力保护海洋生态、坚决维护海洋权益和保障海上安全的同时，还应深度参与全球海洋治理，努力构建海洋命运共同体，在和平发展的道路上，建设中国式现代化的海洋强国。

　　作为从事海洋战略研究三十余年的海洋人，我认为应当以时不我待的姿态探讨新时期加快海洋强国建设的重大战略问题，进一步提升国人对国家海洋发展战略的整体认识，提高我国学界在海洋发展领域的跨学科研究水平，丰富深化海洋强国建设理论体系，提高国家相关政策决策的可靠性和科学性。为此，我和自然资源部海洋发展战略研究所专家团队组织撰写了《海洋强国战略研究》，以期为加快建设海洋强国建言献策。

丛书共八册，包括《全球海洋治理与中国海洋发展》《中国海洋法治建设研究》《海洋争端解决的法律与实践》《中国海洋政策与管理》《中国海洋经济高质量发展研究》《中国海洋科技发展研究》《中国海洋生态文明建设研究》《中国海洋资源资产监管法律制度研究》。在百年未有之大变局的时代背景下，丛书结合当前国际国内宏观形势，立足加快建设海洋强国的新要求，聚焦全球海洋治理、海洋法治建设、海洋争端解决、海洋政策体系构建、海洋经济高质量发展、海洋科技创新、海洋生态文明建设、海洋资源资产监管等领域重大问题，开展系统阐述和研究，以期为新时期我国加快建设海洋强国提供学术参考和智力支撑。

我们真诚地希望丛书能成为加快建设海洋强国研究的引玉之砖，呼吁有更多的专家学者从地缘战略、国际关系、军队国防等角度更广泛、更深入地参与到海洋强国战略研究中来。由于内容涉及多个领域，且具较强的专业性，尽管我们竭尽所能，但仍难免有疏漏和不当之处，希望读者在阅读的同时不吝赐教。

丛书的策划和出版得益于浙江教育出版社的大力支持。在我们双方的共同努力下，丛书列入了"十四五"国家重点出版物出版规划，并成功获得国家出版基金资助，这让我们的团队深受鼓舞。最后，浙江教育出版社的领导和编辑团队对丛书的出版给予了大力支持，付出了辛勤劳动，在此谨表谢意。

张海文

2023 年 7 月 5 日于北京

前言

　　习近平总书记2021年于陕西榆林考察时强调:"政策和策略是党的生命。"海洋政策是海洋事业发展的保障和引领。海洋是地球生态系统的关键组成部分,为人类社会提供丰富的资源、发展的空间、气候调节和生态服务。保护海洋生态环境、可持续利用海洋资源是所有沿海国家的共同责任。中国是一个陆海复合型大国,为更好地统筹协调各类海洋事务、加强海洋治理,确立了建设海洋强国的目标,建立了框架完整、内容丰富的海洋政策体系,并不断健全完善。

　　中国高度重视海洋的重要作用,将海洋事务置于国家经济发展格局和对外开放的大局中进行筹划。"21世纪,人类进入了大规模开发利用海洋的时期。海洋在国家经济发展格局和对外开放中的作用更加重要,在维护国家主权、安全、发展利益中的地位更加突出,在国家生态文明建设中的角色更加显著,在国际政治、经济、军事、科技竞争中的战略地位也明显上升。"(习近平总书记在2013年7月30日,在十八届中央政治局第八次集体学习时的讲话。)党的十八大报告首次从国家层面提出"建设海洋强国",党的十九大报告要求"坚持陆海统筹,加快建设海洋强国"。党的二十大报告要求"发展海洋经济,保护海洋生态环境,加快建设海洋强国"。《国民经济和社会发展第十四个五年规划和 2035 年远景目标纲要》要求，积极拓展海洋经济发展空间，坚持陆海统筹、人海和谐、合作共赢，协同推进海洋生态保护、海洋经济发展和海洋权益维护，加快建设海洋强国。海洋是国家主权、安全、发展利益和生态文明建设的重要组成部分，这是中国海洋政策的基本出发点。

中国海洋政策是具有丰富内涵的集合体。在历经向海图存、向海图兴的历史阶段后，中国的海洋政策发展到了向海图强的新阶段。中国海洋政策以建设"强而不霸"的海洋强国为目标，遵循和平发展、陆海统筹、保护优先、科技创新、合作共赢等原则，推动可持续利用海洋资源，保护修复海洋生态环境，提升海洋科技创新能力，维护国家海洋权益，积极参与全球海洋治理，提出并积极践行海洋命运共同体理念，具有统筹性、可持续性、合作性、和平性等鲜明特征。在以国内大循环为主体、国内国际双循环相互促进的新发展格局中，海洋将继续发挥世界市场、技术、信息合作的载体和纽带的重要作用，保护优先、陆海统筹等仍将是未来一个时期中国海洋政策的发展趋势。

本书立足于中国海洋发展的国内外宏观环境，尝试介绍中国的海洋政策、海洋规划、海洋管理制度与实践，分析海洋命运共同体理念和"一带一路"倡议的内涵、原则和实践进展，并梳理分析了美国、欧盟、英国、日本和印度等国家（组织）的海洋政策主要的内容、目标、特点和趋势。在框架安排上，本书第一章阐述海洋对于人类社会的战略意义和价值，分析中国海洋发展所处的国内外宏观环境，提出海洋提供自然资源、发展空间和连通纽带，能进行气候调节，同时也是政治博弈、海上犯罪、环境恶化和自然灾害的频发地。第二章从发展历程、目标、原则、特征、主要领域等多个方面阐释新时代中国海洋政策，提出中国海洋政策以陆海统筹、可持续发展、科技创新引领、和平利用与合作共赢等为主要原则，以加快海洋强国建设、实现强国富民为战略目标，发展质量效益型的海洋经济，推动循环利用型的海洋开发方式，促进创新引领型的海洋科技，统筹兼顾地维护海洋权益，弘扬传承开放的海洋文化等。第三章围绕中国海洋规划的制定与实施，阐述五年规划发展历程，探讨海洋规划的理论与实践问题。海洋功能区划、海洋主体功能区规划、海岛保护规划以及其他涉海专项规划在海洋管理中发挥了重要引领和统筹作用，并为构建海洋空间规划体系奠定了重要基础。第四章讲述中国的海洋管理制度，梳理中国海洋行政管理的沿革，重点介绍海岸带保护利用制度、海域海岛保护利用制度、海洋渔业管理制度、海港和海上交通管理制度、中央生态环境保护督察制度等海洋资源和生态环境管理制度，各项海洋管理制度随着国家海洋保护与利用形势和需求的变化而不断完善、调整或优化。第五章从国家和地方两个层面阐述中国海洋管理实践的最新进展，认为海洋管理工作全面推进海洋资源节约集约利用，加快形成节约资源和保护环境的空间格局，加强海岸线保护与利用管理，加强海洋生态保护修复，海洋管理工作取得新成效，管海用海水平大幅提升。第六章分析海洋命运共同体理念提出的时代背景、理论渊源、科学内涵，提出构建海洋命运共同体理念的主要路径，认为海洋命运共同体理念是深刻洞察人类前途命运和时代发展大势，敏锐把握中国与世界关系历史性变化的重要理念，充分体现了中国将自身海洋事业与世界海洋发展相统一的胸怀和担当，对于合力维护海洋和平安宁具有重要意义，有利于中国与国际社会携手建设清洁、美丽、健康、丰盈、安全的海洋，推动世界发展进步，促进海洋和平安全。第七章分析"一带一路"倡议促进中国海洋国际合作取得的主要进展、面临的挑战，并分析发展趋势，认为中国始终遵循"求同存异，凝聚共识；开放合作，包容发展；市场运作，多方参与；共商共建，利益共享"的原则，与 21 世纪海上丝绸之路沿线各国开展全方位、多领域的海上合作，共同打造开放、包容的合作平台，推动建立互利共赢的蓝色伙伴关系，铸造可持续发展的"蓝色引擎"。第八章分析美国、欧盟、英国、日本和印度等国家（组织）的海洋政策主要内容、目标、特点和趋势，认为：美国将海洋放在国家安全和经济发展的突出位置，非常重视海洋安全保护和海洋产业的发展；欧盟海洋政策的主要目标是促进海洋可持续发展，提高沿海地区的生活水平，提高欧盟在国际海洋事务中的领导地位；英国海洋政策服务于英国海洋强国总目标，具有法律化、体系化等特点；日本的海洋政策强调其在国际海洋关系中的主导作用，以及在国际市场的地位；印度海洋战略"印太愿景"强调其在印度洋的领导地位，并加强与美国、澳大利亚、东盟国家的合作。我国应以海洋命运共同体理念为指引，稳步提升自身海洋综合能力，加强与各国的海洋合作。

本书执笔人包括自然资源部海洋发展战略研究所海洋政策与管理研究室研究员付玉、王芳、李明杰，以及上海同济大学法学院助理教授赵青。各章执笔人如下：

第一章　中国海洋发展的宏观环境　　　　付玉

第二章　新时代中国海洋政策　　　　　　王芳

第三章　中国的海洋规划体系　　　　　　王芳

第四章　中国的海洋管理制度　　　　　　付玉

第五章　中国的海洋管理　　　　　　　　付玉

第六章　提出并践行海洋命运共同体理念　付玉、王芳

第七章　提出并践行"一带一路"倡议　　　李明杰

第八章　几个海洋大国及欧盟的海洋政策　　　赵青

建设海洋强国是中国海洋事业的目标，也是关心、认识、经略、保护和利用海洋的"海洋人"的宏愿。很多学者对海洋政策和管理开展了非常有价值的研究，为本书提供了丰富的参考文献。本书对所引用的大部分精彩论述做了脚注，在此致以诚挚谢意，如有所遗漏，敬请有关学者谅解。本书在研究和出版过程中，得到了自然资源部海洋发展战略研究所和浙江教育出版社的大力协助与支持。在本书出版之际，谨对所有给予支持和帮助的师友、领导和同事表示衷心的感谢。

本书基于作者团队在该领域的学术研究和认识而成，所述观点皆为学术探讨。由于时间和作者的认识水平有限，难免有不足和错讹之处，敬请专家与读者不吝指正。

付　玉

2022 年 7 月 15 日于北京

目 录

01

第一章
中国海洋发展的宏观环境

海洋孕育了生命，联通了世界，促进了发展，对人类社会生存和发展发挥着极其重要的作用，也是人类的精神家园。海洋覆盖了地球表面近71%，构成了地球生物圈的95%，是全球生命支持系统的基本组成部分，是资源宝库、环境和气候调节器，也是人类社会生存和可持续发展的物质基础。海洋提供地球上近一半的氧气，吸收四分之一以上的二氧化碳，在水循环和气候系统中发挥至关重要的作用，是地球生物多样性和生态系统服务的重要来源。海洋有助于全球可持续发展、消除贫困、保障粮食安全和营养。[1]联合国统计数据显示，海洋经济是世界上经济增长最快的领域，全球海洋资源和海洋产业的年市场价值估算为3万亿美元，约占全球生产总值的5%。[2]

我国是陆海兼备的大国，拥有悠久的海洋开发利用历史和广泛的海洋利益。习近平总书记指出，"21世纪，人类进入了大规模开发利用海洋的时期。海洋在国家经济发展格局和对外开放中的作用更加重要，在维护国家主权、安全、发展利益中的地位更加突出，在国家生态文明建设中的角色更加显著，在国际政治、经济、军事、科技竞争中的战略地位也明显上升"。[3]古已有之的渔盐之利、舟楫之便在中华民族的文化传承中注入了一抹绚丽的蓝色，海纳百川、兼收并蓄的海洋精神已成为中华文明的重要特征。[4]从郑和七下西洋的和平和友谊之旅，到今天共商共建共享的"一带一路"创举，海洋承载着中华民族的梦想和追求。党的十八大以来，中国在建设海洋强国的征程中高度重视海洋保护与利用的平衡，提出建设海洋生态文明的目标，将海洋生态环境保护提升到"文明"的高度。海洋在我国国家经济发展和双循环发展格局中具有重要作用，在维护国家主权、安全和发展利益中具有突出地位，在国家生态文明建设中发挥重要作用，在国际政治、经济、军事和科技竞争中的战略地位也明显上升。

① 联合国.联合国支持落实可持续发展目标14，即保护和可持续利用海洋和海洋资源以促进可持续发展会议的报告[R].纽约，联合国总部，2015.

② Latest Ocean Data, UN Ocean Conference[C]. Lisbon,2022.

③ 习近平.进一步关心海洋认识海洋经略海洋 推动海洋强国建设不断取得新成就[N].人民日报，2013-08-01(01).

④ 李巍然，马勇.面向未来人的海洋精神品质培养[J].宁波大学学报(教育科学版),2021,43(02):2-5+1.

第一节　海洋的战略意义和价值

海洋是人类希望之所在，也是危机之所伏。海洋提供自然资源、发展空间和连通纽带，能进行气候调节，同时也是政治博弈、海上犯罪、环境恶化和自然灾害的频发地。随着科技水平的不断提高，自然环境的日渐变化以及世界环保运动的兴起，人类与海洋的互动关系也不断发展变化，对于海洋战略意义和价值的认识具有高度的时代性和地域性。海洋、陆地和人类同是地球生命系统的基本组成部分，且"各海洋区域的种种问题都是彼此密切相关的"，[①]这就要求我们在认识海洋、保护海洋和利用海洋的过程中，始终秉持系统观念，坚持陆海统筹、人海和谐、内外兼顾、"用""护"平衡。

一、海洋是发展的战略空间

根据以 1982 年《联合国海洋法公约》为核心的当代国际海洋法体系，海洋分为国家管辖海域和大陆架，以及位于国家管辖范围外的公海和国际海底区域。沿海国家可以划定 12 海里领海、200 海里专属经济区和大陆架等为自己的管辖区域；沿海国家在其领海享有主权，在其专属经济区和大陆架区域享有开发利用自然资源的主权权利。

根据《联合国海洋法公约》有关规定和我国主张，我国管辖海域面积约 300 万平方千米。我国共有海岛 11000 多个，其中，东海海岛数量约占我国海岛总数的 59%，南海海岛约占 30%，渤海和黄海海岛约占 11%。在我国各类海岛中，无居民海岛约占 90%。我国海岸线长度约 3.2 万千米，其中，大陆海岸线约 1.8 万千米，岛屿岸线约 1.4 万千米。我国

---

① 《联合国海洋法公约》，序言，1994 年 11 月 16 日生效。

还拥有海洋生物 2 万多种，其中海洋鱼类有 3000 多种。[1]

依据《联合国海洋法公约》及我国国内法，中国管辖海域可划分为内水（内海）、领海、专属经济区和大陆架及其他管辖海域，不同海域享有不同的权利，履行相应义务。

中国的领海是自领海基线量起向海一侧 12 海里宽的海域，具有与陆地领土相同的法律地位，是中国领土不可分割的部分。中国对内水及其海床、底土以及其中所有的自然资源、内水上空享有主权。中国对领海行使主权。中国的领海主权包括：自然资源的所有权，沿岸航运权，航运管辖权，国防保卫权，边防、关税和卫生监督权，领空权，等等。除了外国船舶享有在中国领海的无害通过权外，凡是适用于中国陆地领土的法律和规章均适用于中国领海。

中国的毗连区是指领海以外邻接领海的一带海域，宽度为 12 海里。[2]中国在毗连区内，有权为防止和惩处在其陆地领土、内水或者领海内违反有关安全、海关、财政、卫生或者入境出境管理的法律、法规的行为行使管制权。[3]此外，依据《联合国海洋法公约》第 303 条规定，中国对毗连区内的海底文物享有优先权和管理权。

《中华人民共和国专属经济区和大陆架法》规定，中华人民共和国的专属经济区为中华人民共和国领海以外并邻接领海的区域，从测算领海宽度的基线量起延至 200 海里。中国与海岸相邻或者相向国家关于专属经济区和大陆架的主张重叠的，在国际法的基础上按照公平原则以协议

---

① 陆昊.国务院关于2020年度国有自然资源资产管理情况的专项报告[R].北京:第十三届全国人大常委会第三十一次会议,2021.
② 《中华人民共和国领海及毗连区法》,1992年2月25日发布实施,第4条。
③ 《中华人民共和国领海及毗连区法》,1992年2月25日发布实施,第13条。《联合国海洋法公约》,1994年11月16日生效,第33条。

划定界限。在专属经济区，中国行使勘探和开发、养护和管理自然资源的主权权利以及在该区域内从事经济性开发和勘查活动的主权权利。

中国的大陆架是领海以外依中国陆地领土的全部自然延伸，如果从测算领海宽度的基线量起不足 200 海里的，则扩展到 200 海里。例如，在东海，中国主张构成中国大陆领土全部自然延伸的大陆架，直到冲绳海槽最大水深线。在大陆架，为了勘探和开发自然资源，中国对大陆架及其海床、底土的非生物资源，以及属于定居种的生物资源享有专属的主权权利，并拥有授权和管理出于一切目的在大陆架上进行钻探的专属权利。所有国家都有在大陆架上铺设海底电缆和管道的权利。此外，沿海国对专属经济区和大陆架的人工岛屿、设施和结构的建造、使用和海洋科学研究、海洋环境的保护和保全行使管辖权。①

根据《联合国海洋法公约》等国际公约，中国在公海、国际海底区域和极地区域享有多种具体权利。在公海，中国享有符合国际法规定的各项公海自由，包括：航行自由、飞越自由、铺设海底电缆和管道的自由、建造人工岛和其他设施的自由、捕鱼自由和科学研究的自由。另外，在公海，包括中国在内的所有国家有权进行船旗国管辖、普遍性管辖和保护性管辖。在国际海底区域，中国同其他国家一样，对"区域"资源享有权利，中国通过与国际海底管理局签订合同，对多个矿区拥有专属勘探权和优先开发权。依据《南极条约》体系和《斯匹次卑尔根条约》，中国在极地地区拥有科学考察和资源开发等权利。

二、海洋是蓝色资源宝库

海洋具有突出的资源性特征。海洋蕴藏着极其丰富的生物资源、矿

---

① 《中华人民共和国专属经济区和大陆架法》，1998 年 6 月 26 日发布实施。

产资源、旅游资源、海洋能资源、化学资源和海水资源。此外，海洋还有极其重要的科研价值，也是地球生态系统不可或缺的组成部分。在经济全球化时代，世界各国把对海洋的认识上升到战略的高度，越来越重视对海洋的开发和利用，利用海洋促进国家的繁荣富强。[①]当前和今后一个时期，主要的可开发资源包括：海洋渔业资源 23 万种，鱼类 15000 多种，捕捞对象 800 多种，养殖品种约 200 种；全球海洋油田的最终可采储量接近 1 万亿桶（约 1400 亿吨）；海底多金属结核资源 700 多亿吨，钴结壳资源 210 亿吨，海底热液硫化物资源 4 亿多吨，天然气水合物资源量巨大；海水资源是无限性资源，可开发潜力极大；可开发海洋能储量约 64 亿千瓦。海洋和沿海生态系统以及各种海洋用途，为全世界数十亿人口提供食物、能源、运输和就业，以此维持他们的生活。海域空间资源包括港口航道资源、海水养殖利用海域、海洋旅游利用海域、海洋军事利用海域、围填海造地海域等。海洋对于保障粮食安全发挥着重要作用。根据联合国粮农组织统计，渔业为全球 15 亿人提供近 20% 的动物蛋白质。2018 年，世界海洋渔业捕捞产量从 2017 年的 8120 万吨增加到 8440 万吨，带动渔业产量增长。[②]

三、海洋是世界交通大动脉

地球上的海洋是相通相连的，具有良好的通达性，是各国融入世界的大通道。海洋运输具有连续性强、运输量大、成本低廉和环境友好等优势，因而成为国际贸易的主要通道，是经济全球化的主要载体。《共产党宣言》提出，"世界市场"形成之后，世界性的生产和消费，各民族的

---

① 刘新华. 新时代中国海洋战略与国际海洋秩序 [J]. 边界与海洋研究, 2019(4):5-29.

② FAO. The State of World Fisheries and Aquaculture 2020[R]. Rome: 2020.

相互往来，都与"交通的极其便利"密不可分，其中主要是全球海上交通。美国海洋战略家马汉曾经指出："从政治和社会的观点来看，海洋自我呈现出的首要与最为明显的特征就是如同一条大马路，在更好的情况下，则如同一块宽阔的公地，人们可以朝着任何一个方向行走……尽管海洋有各种为人所熟知和不熟知的危险，通过水路进行旅行与贸易总会比陆路容易与便宜。"①

海洋交通运输是全球交通运输大动脉的重要组成部分。尽管面临一系列下行压力，但 2018 年海运贸易量达到 110 亿吨，约占全球贸易额的 80%②，中国进出口货运总量有超过 90% 是利用海上运输实现的。海洋交通运输对一个国家的经济走向世界有着至关重要的作用，是国家经济走向世界的桥梁和纽带，其意义远远超过其承载的货运数量及价值。英国劳氏船级协会、英国防卫技术和安全公司、斯特拉斯克莱德大学联合发布的《2030 年全球海运趋势》报告称，2030 年全球海运贸易量将增长至每年 190 亿—240 亿吨，主要原因为中国快速增长的经济刺激大宗商品需求。中国船东拥有的船队规模达 2.492 亿总吨，从总吨上成为世界上最大船东国。

四、海洋经济是重要增长领域

海洋经济（又称"蓝色经济"）是开发、利用和保护海洋的各类生产活动以及与之相关联活动的总和。③经济合作与发展组织（OECD）将海洋生态系统服务价值也纳入海洋经济范畴，包括非货币化的生态服务

---

① 马汉.海权论[M].萧伟中，梅然，译.北京：中国言实出版社，1997:25.
② 联合国秘书长.海洋和海洋法报告[R].纽约：联合国总部，2020:A/75/340.
③《2021年中国海洋经济统计公报》。

和自然资产。^①世界很多人口稠密和经济发达地区分布在沿海区域，约40%的人口居住在距离海岸线 100 千米范围以内。^②全面开发、利用海洋，形成了海洋经济，并且出现了蓝色海洋经济发展高潮。20 世纪 90 年代以来，世界海洋经济保持 11% 的增长速度，2005 年世界海洋经济总量不到 2 万亿美元，2009 年已经达到约 3 万亿美元。^③2018 年，欧盟海洋经济增加值达到 1760 亿欧元，提供 450 万个就业岗位。^④进入 21 世纪，海洋资源开发又形成了规模日渐扩大的三个新兴产业：海洋医药产业、海洋能利用产业、海水利用产业。在未来几十年内，还将催生一批潜在新兴产业，包括国际海底金属矿产资源产业、深海基因产业、海水农业等。

---

① Jolly C. The Ocean Economy in 2030, Workshop on Maritime Clusters and Global Challenges 50th Anniversary of the WP6[R]. 2016.

② United Nations. Factsheet: People and Oceans [C]. New York: United Nations, 2017.

③ 韩立民, 等. 中国海洋产业发展战略研究[R]. 北京:2009.

④ 2021 EU Blue Economy report – Emerging sectors prepare blue economy for leading part in EU green transition[R].Brussels: The European Commission, 2021.

第二节 中国海洋发展的国际环境

由于世界海洋的连通性、整体性和流动性，国际海洋法律秩序和海洋生态环境保护等全球海洋治理进程是中国海洋事业发展的重要背景。海洋已经成为国际事务中的热点和沿海国普遍关注的重点。经济全球化带来的另一个影响就是海洋作为地球表面最大公共空间的战略地位不断提高，各国对海洋空间的争夺力度不断加大。百年未有之大变局叠加新冠疫情，俄乌冲突深刻改变国际政治和安全格局，美国实施所谓的"印太战略"加强对中国的海上遏制，我国与日本和东南亚等国的海洋主权和海洋划界争议错综复杂，中国建设海洋强国的国际形势愈加严峻。同时，中国作为地区大国努力为国际海洋治理提供公共产品和服务。

一、中国和平发展的国际环境愈加复杂

当今世界正经历百年未有之大变局，新一轮科技革命和产业变革深入发展，国际力量对比深刻调整，和平与发展仍然是时代主题，人类命运共同体理念深入人心。同时，国际环境日趋复杂，不稳定性不确定性明显增加，新冠疫情影响广泛深远，世界经济陷入低迷期，经济全球化遭遇逆流，全球能源供需版图深刻变革，国际经济政治格局复杂多变，世界进入动荡变革期，单边主义、保护主义、霸权主义对世界和平与发展构成威胁。[1]

随着中国成为世界第二、亚洲第一大经济体，美国及我国周边国家对中国的忧虑明显上升。中国发展面临与日本、东南亚等国的海洋主权争端，以及美国及其盟友的"印太战略"围堵。近年来，美国战略重心从

---

[1]《中华人民共和国国民经济和社会发展第十四个五年规划和2035年远景目标纲要》。

中东转向东亚，向西太平洋转移，防范与遏制中国之势正在加强。随着美国不断以所谓"自由开放的印太战略"加强对中国的海上遏制，以及中国海洋利益向全球海洋的不断拓展，中美海上利益的直接碰撞将愈发突出和频繁。

二、国际海洋法律规制不断发展演进

国际海洋法律规制是海洋治理的依据，亦是国际海洋活动秩序的基础。1982 年《联合国海洋法公约》及其附件、两部执行协定以及一系列规章，共同构成了现代国际海洋法律规制的基本架构，为人类的各种海洋活动提供基本法律规则。随着海洋科学研究和技术手段的发展，人类社会对海洋战略地位及海洋价值的认识不断深化，开发利用海洋及其资源的能力不断增强，现代国际海洋法律规制仍在发展演进过程中。《〈联合国海洋法公约〉下国家管辖范围以外区域海洋生物多样性的养护和可持续利用协定》(Agreement under the United Nations Convention on the Law of the Sea on the Conservation and Sustainable Use of Marine Biological Diversity of Areas beyond National Jurisdiction，以下简称为《BBNJ 国际协定》) 于 2023 年 6 月 19 日在联合国获得通过。塑料污染治理国际协定正处于谈判磋商阶段。

（一）国际海洋法律规制主要架构

1982 年《联合国海洋法公约》通过后，由于美国等一些发达国家反对《联合国海洋法公约》中的国际海底区域制度，为加强公约的普遍适用性，各缔约国经过进一步协商和妥协，于 1994 年签订了公约的第一部执行协定:《关于执行 1982 年 12 月 10 日〈联合国海洋法公约〉第十一部分的协定》。为加强对跨界和高度洄游鱼类种群的管理，1995 年通过了《联合国海洋法公约》的第二部执行协定:《关于执行 1982 年 12 月 10 日〈联合国海洋法公约〉有关养护与管理跨界鱼类种群和高度洄游鱼类种群规定的协定》。

《联合国海洋法公约》设立了大陆架界限委员会、国际海底管理局和国际海洋法法庭，这三大机构在沿海国 200 海里外大陆架划定、国际海底区域（以下简称"区域"）内资源开发利用和海洋争端解决等领域不断丰富国际海洋法律制度。国际海底管理局已制定"区域"内多金属结核、富钴结壳和多金属硫化物的勘探规章，正在制定《"区域"内矿产资源开发规章》。

《联合国海洋法公约》包括 320 条和 9 个附件，内容涉及海洋事务的所有主要领域。《联合国海洋法公约》设立了领海和毗连区、用于国际航行的海峡、群岛国、专属经济区、大陆架、公海、岛屿制度、闭海或半闭海、国际海底区域、海洋环境的保护和保全、海洋科学研究、海洋技术的发展和转让、争端的解决等项法律制度。《联合国海洋法公约》是各国海洋治理的国际法基础和依据，国家在不同的海域中行使不同的主权、主权权利和管辖权。

《联合国海洋法公约》在继承传统海洋法的一些习惯规则的基础上，设立或确立了许多崭新的制度。其中，《联合国海洋法公约》所确立的专属经济区和大陆架制度，将沿海国管辖海域从传统的 3 海里或 12 海里领海拓展到了 200 海里专属经济区和大陆架，拥有宽大陆架的沿海国可以将大陆架延伸至 350 海里甚至更远的距离。因此，《联合国海洋法公约》不仅直接发展了国际海洋法律制度，而且极大地改变了全球海洋的政治版图，引发了世界海洋政治地理边界的重新划分。①

---

① 张海文，等.《联合国海洋法公约》图解[M]. 北京：法律出版社，2010：11.

（二）国际海洋法律规制的发展

随着科学技术的进步和海洋保护与利用形势的变化，国际海洋法律规制围绕海洋生态环境保护和海洋资源开发利用不断发展丰富。为加强国际社会对国家管辖范围以外区域海洋生物多样性的长期养护和可持续利用，应对海洋生物多样性丧失和生态系统退化挑战，联合国于 2004 年启动国家管辖范围以外区域海洋生物多样性养护和利用国际协定相关磋商进程，历经近 20 年后，具有法律约束力的《BBNJ 国际协定》于 2023 年 6 月 19 日在纽约联合国总部获得通过。《BBNJ 国际协定》凝聚了国际社会坚持以多边主义应对海洋风险挑战的共识，被联合国评价为"具有里程碑意义"，开启了全球海洋治理新篇章。《BBNJ 国际协定》是《联合国海洋法公约》的第三部执行协定，包括 76 条正文和两个附件，涵盖海洋遗传资源获取和分享、海洋保护区设立、环境影响评价、能力建设和海洋技术转让等内容。《BBNJ 国际协定》于 2023 年 9 月 20 日开放签署，将在获得至少 60 个国家批准后的 120 天后生效。联合国网站显示，截至 2023 年 10 月 3 日，包括中国和美国在内的 81 个国家以及欧洲联盟签署了该协定。中国在协定开放首日即签署。

《BBNJ 国际协定》主要涵盖与国家管辖范围以外海域生物多样性相关活动的四个重要方面。一是《协定》为公正公平分享国家管辖范围以外区域海洋遗传资源惠益建立了一个框架，确保这类活动造福全人类。二是《协定》将推动建立包括海洋保护区在内的划区管理工具，以养护和可持续管理公海和国际海底区域的重要生境和物种。此类措施与《昆明—蒙特利尔全球生物多样性框架》中确定的到 2030 年有效养护和管理至少 30% 的世界陆地和内陆水域以及海洋和沿海区域密切相关。三是《协定》规定在国家管辖范围以外区域的活动要开展环境影响评价。《BBNJ 国际协定》还首次建立了一项国际法律制度，以评估国家管辖范围以外区域各项活动以及气候变化、海洋酸化和有关影响的后果造成的累积影响。四是将推动能力建设和海洋技术转让方面的合作，以协助缔约方，特别是发展中国家缔约方实现协定目标，从而为所有国家提供公平的参与环境，以便负责任地利用国家管辖范围以外区域海洋生物多样性并从中获益。此外，《BBNJ国际协定》还处理若干跨领域问题，例如与《联合国海洋法公约》和相关法律文书和框架以及相关全球、区域、次区域机构的关系，以及筹资和争端解决等。《BBNJ国际协定》还建立了体制安排，包括缔约方大会、科学和技术机构以及缔约方大会其他附属机构、信息交换机制和秘书处。

在《BBNJ国际协定》制定过程中，中国以习近平生态文明思想为指引，积极参与谈判磋商，对该《协定》最终达成发挥了建设性作用。中国在《协定》开放签署首日即签署，体现了中国对《协定》的支持，对保护和可持续利用海洋的高度重视，以及对真正多边主义的践行和维护。

三、全球海洋经济贡献率提升

海洋蕴含丰富资源，并拥有推动经济增长、就业和创新的巨大潜力，因而海洋经济（又称为"蓝色经济"）日益受到重视，被视为未来数十年应对全球挑战的重要力量，可用于保障世界粮食安全、应对气候变化、实现资源能源供给、改善医疗条件等。可持续的海洋经济对世界各国实现可持续发展具有重要意义。航运、渔业、旅游业和可再生能源等全球海洋经济部门的市场价值估计占全球国内生产总值的5%，相当于世界第七大经济体。国家、区域和全球各级继续做出努力推动可持续的海洋经济，包括开发创新技术、制定法规和金融战略等。新冠疫情对海洋经济发展造成严重影响，突显了加强海洋经济适应性和韧性的重要性，特别是最不发达国家和小岛屿发展中国家。[①]

海洋在助力人类社会应对全球性挑战的同时，还面临过度开发、污染、生态系统破坏等多方面的问题。因此，全世界需要加强对海洋的可持续利用和保护。此外，2019年年底暴发的新冠疫情重创世界经济，海洋经济同样受到较大冲击。全球范围内的海洋和滨海旅游业产值在2020年下降约70%。[②]中国的海洋经济率先从疫情中复苏，《2021年中国海洋经济统计公报》显示，我国海洋经济强劲复苏，结构不断优化，协调性稳步提升。初步核算，2021年全国海洋生产总值首次突破9万亿元，达90385亿元，比上年增长8.3%，对国民经济增长的贡献率为8.0%，占沿海地区生产总值的比重为15.0%。其中，海洋第一产业增加值4562亿元，第二产业增加值30188亿元，第三产业增加值55635亿元，分别占海洋生产总值的5.0%、33.4%和61.6%。[③]

（一）全球海洋经济发展概况

在世界范围内，海洋产业主要包括渔业、航运、海洋矿业、海洋油气勘探和开发、旅游和娱乐、海洋遗传资源利用、海水淡化和海盐业。各项经济活动规模不断扩大。海运业承担世界贸易货运量的90%，对于世界经济具有重要作用。在世界范围内，海洋旅游业继续以每年6%的速度增长。滨海旅游是许多国家整体经济的重要组成部分，特别是小岛屿发展中国家和群岛国。新冠疫情在全球暴发蔓延，严重影响海运业和滨海旅游业。海水淡化的重要性持续提升，特别是在中东地区、北非、小岛屿国家和群岛国。海盐生产总体上继续稳定增长，但只占盐业生产

---

① 联合国秘书长.海洋和海洋法报告[R].纽约:联合国总部，2020: A/75/340.
② 联合国秘书长.海洋和海洋法报告[R].纽约:联合国总部，2021: A/76/311.
③《2021年中国海洋经济统计公报》。

的八分之一。①

1.海洋渔业与藻类产业

据统计，来自海洋的动物蛋白约占人类消耗的所有动物蛋白的 17%，渔业维持着全球约 6 亿人的生计。目前在全球范围内海洋动物蛋白主要来自捕捞野生鱼类，但水产养殖对粮食总量的贡献增长迅速，且比捕捞渔业具有更大的增长潜力。不过，捕捞活动给许多地区的海洋环境带来多重压力，水产养殖的扩张也同样给海洋生态系统带来新的或更大的压力，尤其是在沿海地区。

世界渔业和水产养殖业在提供食物和营养、就业、支持生计等方面发挥重要作用。2020 年海洋渔业捕捞产量为 7880 万吨，占全球捕捞渔业产量的 87.3%，比 2018 年的历史最高产量 8440 万吨减少 6.6%。海洋水产养殖产量持续增长，2020 年创下新高，达到 3310 万吨（藻类除外）。海洋捕捞渔业和水产养殖业总产量为 1.7 亿吨。全球海洋渔业捕捞量最大的鱼种为凤尾鱼、阿拉斯加狭鳕和鲣鱼，分别占全球海洋渔业捕捞量的 7%、5% 和 4%。2020 年，世界前七大捕捞生产国（中国、印度尼西亚、秘鲁、俄罗斯、美国、印度和越南）占全球捕捞总产量的 50% 以上，排名前 25 的生产国占全球捕捞总产量的近 80%。2020 年，世界捕捞渔业（不包括藻类）总产值约为 1410 亿美元，其中海洋捕捞产量约占 87.3%；世界水产养殖总产值约为 4298 亿美元。②

渔业和水产养殖业为世界各地数以百万计的人口提供收入和生计来源。2020 年，在捕捞渔业和水产养殖初级部门中就业的总人口为 5850

① United Nations Office of Legal Affairs. The Second World Ocean Assessment[M]. Volume II, 2020:5.

② FAO. The State of World Fisheries and Aquaculture 2022. Towards Blue Transformation[R]. Rome: FAO, 2022.

万，就业比例近年来趋于平稳，分别为65%和35%。女性在捕捞渔业和水产养殖初级部门中的就业比例为21%。亚洲的渔民和养殖户约占全球的84%。亚洲（84%）渔业就业人口最多，其次是非洲（10%）、拉丁美洲和加勒比地区（4%）。[①]

除鱼虾贝类外，渔业还提供大量藻类作为高质量的食物，创造新的就业机会和增加沿海居民的收入。除用作食品外，藻类还越来越多地应用于工业，例如化妆品、药物和营养品，以及用作牲畜饲料。另外，大型藻类养殖支持碳封存和氧气生产并减少海水富营养化。2020年，全球藻类总产量为3600万吨，主要来自亚洲的海洋水产养殖业，亚洲产量占全球产量的97%。全球海藻养殖产量占海洋水产养殖总量的51.4%。藻类产量在过去20多年间快速增长，从2000年的1200万吨增长到2010年的2100万吨。近年来增长速度放缓，2020年产量比2019年增加2%。全球藻类养殖以大型海藻为主，主要生产国家中的中国和日本在2020年产量有所增加，东南亚和韩国的产量减少。[②]

在保护海洋生物资源和经济社会绿色转型的大趋势下，世界渔船数量整体呈下降趋势，渔船和渔业技术向绿色、环保、节能方向发展。2020年世界渔船总量约为410万艘，自2015年以来减少约10%。[③]渔船数量减少主要得益于亚洲和欧洲国家的努力，尤其是中国采取的措施。亚洲渔船数量最多，约占全球总量的三分之二。联合国粮农组织的研究表明，世界不同地区的海洋渔船在长度、载重和动力方面有很大差别。总体而言，各地渔船均出现单船载重增加趋势。亚洲海洋渔船的长度和功率有明显增长。北美和南美、非洲和欧洲的渔船船龄呈上升趋势，大

---

①②③ FAO. The State of World Fisheries and Aquaculture 2022. Towards Blue Transformation[R]. Rome: FAO, 2022.

多数亚洲船队的船龄更短一些。渔业技术继续发展。降低燃料成本、节约能源是船只技术发展的主要推动力。在提高渔业捕捞效率、减少环境影响、改善产品质量，以及提高海上作业安全性和工作条件等方面也取得了一些显著进展。

世界渔业和水产养殖业面临过度捕捞等问题和挑战。水产养殖的环境绩效在过去十年中虽得到了显着改善，但由于过度捕捞、污染和管理不善等原因，世界渔业资源状况持续退化，不可持续捕捞鱼类种群数量在 2019 年达到 35.4%。①2019 年底暴发的新冠疫情对全球渔业造成重大影响。疫情造成港口、边境和市场封锁或关闭，导致贸易放缓，水产品生产和运输均受到影响，就业和渔民生计也不可避免地受到影响。扩大水产养殖生产还面临外部饲料的可持续供应、鱼病管理以及外来入侵物种对本地物种的影响，特别是如何减少对红树林等重要沿海生态系统的影响。

2.矿产与油气资源开采

2015 年至 2019 年国家专属经济区内的海底砂石开采有所增加，以补充减少的陆上资源。然而开采规模过大会对当地海洋环境产生重大影响，例如造成海岸侵蚀。其他主要采矿活动（如钻石、磷酸盐、铁矿石和锡）的规模基本保持稳定。国家管辖范围以外区域的深海海底采矿正在向商业化迈进，但许多矿产资源的开发都需要先进技术，因此在很大程度上仅限于此类技术的拥有者。

近海石油和天然气开采行业正在全球范围内扩展到深水和超深水领域。在未来十年中，增长可能会集中在地中海东部以及圭亚那沿海和非

---

① FAO. The State of World Fisheries and Aquaculture 2022. Towards Blue Transformation[R]. Rome: FAO, 2022.

洲西海岸等地区。北海和墨西哥湾等成熟地区的一些资源正在枯竭，导致海上退役设施增加，其中一些可能被用于生产可再生海洋能源。开采技术还将不断发展，有望不断减弱开采活动对海洋环境的影响。

全球原油产量稳步增长，2018 年每天超过 1 亿桶，而天然气产量增长更快。受新冠疫情影响，全球原油产量 2020 年下降 7.4%，2021 年增长不足 1%。[①]陆上石油和天然气产量继续占主导地位，但近十年来一直稳定在每天 2700 万桶左右的海上石油产量呈现上升趋势。与此同时，海上天然气产量在过去十年中稳步增长，巴西和澳大利亚沿海、地中海东部，最重要的是波斯湾卡塔尔海岸附近的产量随着大规模气田的开发而增加。预计天然气产量的增加主要来自浅水区，而石油产量的增加将主要依赖于深水和超深水区的钻探。[②]

2016 年，全球海洋石油和天然气产量分别占世界油气总产量的 27% 和 30%。世界范围内有 50 多个国家生产近海石油，最主要的生产国是沙特阿拉伯、美国、巴西、墨西哥和挪威。最近，在南美洲东海岸发现了大量未开发的资源。石油输出国组织认为，巴西和圭亚那的海上石油产量将弥补其他地区产量的下降。澳大利亚、伊朗、挪威和卡塔尔是海洋天然气主要生产国。

海上石油和天然气勘探和生产是高度资本密集型产业，钻井和生产结构的工程、采购、建造和安装是资金支出的主要领域。2020 年至 2021 年，受疫情影响，国际油价持续走低，海洋油气企业经营效益受到冲击。为保障国家能源供应，中国海洋油气企业加大增储上产力度，产量逆势

---

① Crude Oil Production Statistics. Global Energy Statistical Yearbook 2021[EB/OL]. [2022-01-09]. https://yearbook.enerdata.net/.

② United Nations Office of Legal Affairs. The Second World Ocean Assessment[M]. 2020: chapter 19.

增长，2020 年海洋油、气产量分别为 5164 万吨和 186 亿立方米，比上年增长 5.1% 和 14.5%，全年实现增加值 1494 亿元，比上年增长 7.2%[①]。2021 年中国海洋油、气产量分别比上年增长 6.2% 和 6.9%，海洋原油增量占全国原油增量的 78.2%，有效保障国内能源稳定供给和安全。[②]

海洋油气行业的专业劳动力大量来自高技能的全球人才库。美国休斯敦和英国阿伯丁等城市已成为这一领域的全球人才枢纽，不仅服务于区域海洋行业，还为世界各地的项目提供专业知识和服务。该行业还与当地社区建立了牢固的联系，提供了非常有价值的商业和就业机会，通常与传统活动相辅相成。例如，美国路易斯安那州的捕虾者在淡季出租船只用于海上石油和天然气活动，而一些渔民则通过在生产平台上工作来增加收入。2016 年，美国的海洋油气活动为经济贡献了约 800 亿美元，直接雇用了约 13 万名工人，平均工资为每年 15.3 万美元，几乎是其国内平均工资的 3 倍。考虑到直接和间接就业，美国外大陆架的油气开发活动提供了超过 26.8 万个工作岗位。在英国，海上油气活动仍然是技术就业岗位的重要来源，并在 2018 年支持就业岗位约 26 万个，其中包括大量间接和衍生工作。其他地区的油气活动也实现了高水平的经济产出，并雇用了高于平均工资水平的工人。

许多地区的海洋油气生产行业不断成熟，特别是在北海和墨西哥湾浅水区。随着产量下降和主要油藏逐步耗尽，该行业预计未来十年在全球范围内用于拆除的费用将达到 1000 亿美元。这一趋势有可能继续创造大量就业机会，其中一些可以抵消勘探开发相关工作岗位的收缩。

---

① 《2020 年中国海洋经济统计公报》。
② 《2021 年中国海洋经济统计公报》。

3. 海洋运输业

2012 年世界经济复苏后，国际航运货物吨位的增加反映了世界贸易的增长，但这种增长是在竞争疲软的背景下发生的。世界上很大一部分运力集中在少数国家、少数航运公司手中。这种集中甚至垄断的状态对未来的港口发展具有重大影响，可能会导致数量更少但规模更大的主要港口成为洲际贸易运输枢纽。集装箱港口吞吐量最高的地区是亚洲（63%）和美洲（16%）。以处理货物的总吨位来衡量，世界上最大的 10 个港口中有 8 个在亚洲，其中中国占据 7 席。港口之间的利润水平差异较大，但平均每吨货物仅赚取 4 美元。虽然正在规划或建设的大型港口数量很少，但有研究认为，2020 年之后世界贸易的 80% 将需要通过建设新型港口进行运输。

自 2020 年年初开始，新冠疫情导致集装箱货运市场运费飙升。例如，到 2021 年初，从中国到南美洲的运费上涨了 443%，而亚洲和北美东海岸之间的货运量则上涨了 63%。2021 年 3 月，"长赐"号大型船在苏伊士运河拥堵近一周，引发了集装箱现货运费的新一轮飙升。[1]

2020 年，随着新冠疫情后国内外航运市场逐步复苏，中国海洋交通运输业总体呈现先降后升、逐步恢复的态势。沿海港口完成货物吞吐量、港口集装箱吞吐量分别比上年增长 3.2% 和 1.5%。海洋货运量比上年下降 4.1%，但下半年实现正增长。全年实现增加值 5711 亿元，比上年增长 2.2%。[2]2021 年，中国远洋运力供给不断强化，沿海港口生产稳步增长。海洋货物周转量比上年增长 8.8%，沿海港口完成货物吞吐量、集装

---

① United Nations Conference on Trade and Development. Shipping during COVID-19: Why container freight rates have surged[R]. Geneva: 2021.

② 《2020 年中国海洋经济统计公报》。

箱吞吐量分别比上年增长 5.2% 和 6.4%。[1]

4.海洋旅游业

"阳光、大海和沙滩"类型的滨海旅游对于世界许多国家的经济增长
具有重要意义。浮潜、潜水和野生动物观赏仍然是滨海旅游的重要元素。
这些项目都为沿海地区的人口提供了大量就业机会,但近几年滨海旅游
业受到新冠疫情重创。据世旅组织称,新冠疫情导致 2020 年 1 月至 6 月
全球游客人数下降 65%。经合组织估计,2020 年国际旅游总量下降约
80%。[2]仅 2020 年 1 月至 6 月,旅游流量的下降就导致国际旅游收入减
少 4600 亿美元,是 2007—2008 年金融危机期间损失的 3 倍多。小岛屿
发展中国家在很大程度上依赖国际旅游业,在 2020 年 2—6 月,几乎所
有小岛屿发展中国家都不得不关闭边界,完全停止国际旅游业。据统计,
国际旅游业的崩溃导致出口收入损失约上万亿美元,使 1 亿至 1.2 亿个
直接旅游工作岗位面临风险,其中许多是中小企业。[3]新冠疫情对旅游业
的影响可能是长期的,根据世界旅游业理事会(WTTC)数据,在以往的
病毒流行中,游客数量平均恢复时间长达 19.4 个月,但如果应对和管理
措施得当,恢复时间可缩短至 10 个月。[4]新冠疫情使中国滨海旅游业受
到前所未有的冲击,滨海旅游人数锐减,邮轮旅游全面停滞。2020 年全
年实现增加值 13924 亿元,比 2019 年下降 24.5%。[5]2021 年,助企纾困

---

① 《2021 年中国海洋经济统计公报》。

② World Tourism Organization. International Tourism and Covid-19[EB/OL]. [2022-05-23]. https://
www.unwto.org/international-tourism-and-covid-19.

③ World Tourism Organization. UNWTO Inclusive Recovery Guide – Sociocultural Impacts of
Covid-19, Issue 2: Cultural Tourism[M]. Madrid: UNWTO, 2021.

④ WTTC. Chinese and Asian tourists must not be stigmatised because of the coronavirus[EB/OL].
[2022-05-23]. https://wttc.org/News-Article/Chinese-and-Asian-tourists-must-not-be-stigmatised-
because-of-the-coronavirus-says-WTTC.

⑤ 《2020 年中国海洋经济统计公报》。

和刺激消费政策使滨海旅游市场有所回暖，但受疫情多点散发影响，滨海旅游尚未恢复到疫情前水平。2021年实现增加值15297亿元，比上年增长12.8%。[1]

5.海洋可再生能源业

海上风能、潮汐能和洋流能、波浪能、海洋热能和海洋生物质能等海洋可再生能源利用正在以不同的速度发展。其中，海上风电技术较成熟，技术更为先进。特别是海上浮式风电设施的使用，使得更大范围更深水域的海洋开发成为可能。

截至2020年12月底，全球海上风电累计装机容量超过34吉瓦，比2019年增加了6吉瓦。在过去的10年里，已增长了约11倍。超过70%的海上风力发电装机容量分布在欧洲北海或大西洋，比利时、丹麦、中国、德国和英国在海上风电利用中处于全球领先地位。2020年，荷兰新增海上风力发电装机容量1.5吉瓦，比利时增加0.7吉瓦，英国增加0.4吉瓦。[2]

截至2020年年底，全球累计安装的潮汐能、波浪能、温差能、盐差能等海洋能源发电能力合计超过515兆瓦，其中超过98%的产能已经投入使用。在潮汐能发电方面，法国、韩国、加拿大和英国较为领先。波浪能方面，全球总装机容量约为2.3兆瓦，分布在8个国家的9个发电项目中。2022年，中国单机1.6兆瓦潮流能发电机组"奋进号"在浙江舟山秀山岛东南海域完成装载，机组总重325吨，设计年发电量为200万度。

---

① 《2021年中国海洋经济统计公报》。

② 自然资源部海洋发展战略研究所课题组. 中国海洋发展报告:2022[M]. 北京:海洋出版社, 2022:100.

联合国政府间气候变化专门委员会报告强调，为了使全球升温幅度不超过 1.5 摄氏度，从 2010 年至 2030 年，全球人为二氧化碳净排放量需要下降约 45%，到 2050 年左右达到"净零"。这意味着需要通过从空气中去除二氧化碳来平衡任何剩余的排放量，减少温室气体排放是减缓全球变暖的重要一步。为了实现这个宏伟目标，许多国家制定政策并采取措施加强海上可再生能源的开发利用，以实现国家清洁能源和减少碳排放目标。

欧盟新的海上可再生能源战略提出，到 2030 年和 2050 年，海上风力发电装机容量分别达到 60 吉瓦和 300 吉瓦。荷兰、爱尔兰、波兰计划到 2030 年达到 11 吉瓦、5 吉瓦、3.8 吉瓦的海上风力发电目标。法国计划在 2028 年前每年增加 1 吉瓦，日本计划到 2040 年达到 45 吉瓦。国际可再生能源署的分析表明，若要实现将全球平均气温升幅控制在 1.5 摄氏度以内，到 2030 年，全球累计部署海上风电装机容量需超过 380 吉瓦，到 2050 年需超过 2000 吉瓦。[1]

随着产业政策实施和技术装备水平提升，中国海上风电快速发展，2020 年全年海上风电新增并网容量 3.06 吉瓦，比上年增长 54.5%。潮流能、波浪能等海洋新能源产业化水平不断提高。海洋电力业全年实现增加值 237 亿元，比上年增长 16.2%。[2]随着中国在 2020 年 9 月正式提出努力实现碳达峰碳中和时间表，中国海上风电新增并网容量在 2021 年激增至 16.9 吉瓦，是上年的 5.5 倍，累计装机容量跃居世界第一。潮流能、波浪能等海洋能开发利用技术的研发示范持续推进。海洋电力业全年实

---

① 自然资源部海洋发展战略研究所课题组. 中国海洋发展报告:2022[M]. 北京:海洋出版社,
   2022:101.

② 《2021 年中国海洋经济统计公报》。

现增加值 329 亿元，比上年增长 30.5%。[①]

（二）全球海洋经济发展主要特征

由于海水的流动性和连通性、海洋的广袤以及生物的活动，海洋经济具有一些与陆地经济显著不同的特征。海洋中的自然进程、生态圈及其中的生物不受海洋法所规定的边界所限定。例如，鲑鱼可能会在某一片海域生活数年，又越过另一片海域，最终进入某个国家的内水进行繁殖，其间可能经过至少两个国家的管辖海域。

同理，即使海洋经济的各个产业看似分离，但实则会以错综复杂的方式互相影响，具有较高的联动性。例如，海上运输船舶碰撞导致燃油泄漏污染海域，密度大于海水的油类会沉降至海底，可能会导致该水域鱼类受到污染影响产量。如果油污清理不及时，导致鸟类鱼类死亡后被潮汐冲上海岸，以及油污被海浪带到海滩，会影响该地旅游业。可见，在海洋经济中，由于特殊的环境性质，各个产业部门有着较高的联动性，多表现为"牵一发而动全身"。

此外，海洋空间利用可实现立体发展。不同于陆地经济，海洋经济更加适合在不同深度进行发展。例如，在海岸带可发展旅游经济，在海面可以利用海上风能、海上太阳能，在海面以下可以进行捕鱼、水产养殖等活动，在更深的水域及海底可以进行矿产与油气开采等。[②]

（三）全球海洋经济发展趋势

1.人口增加致海洋经济负重增长

有关数据预测到 2050 年，由于人口的增长，将需要额外为 20 亿人

[①]《2021 年中国海洋经济统计公报》。

[②] Organization for Economic Co-operation and Development. The Ocean Economy in 2030[R]. Paris: 2016.

提供食物给养。届时，全球对海产品（捕捞与养殖）的需求都会上升。旅游业、运输和油气等需求也必然会随之增加。经合组织报告预测，到2030年，世界海产品主要会集中于中国、印度和印度尼西亚，2030年将近40%，2050年大约50%。

世界人口将持续增长，城市化和老龄化将进一步加深。到2030年，世界人口预计将达到85亿，并在2050年达到97亿。到2050年，非洲国家增长的人口将占世界增长人口的一多半，其次是亚洲、北美和拉丁美洲，而欧洲的人口将比2015年下降。2010年，全球大约44%的人口居住在海岸线150千米的区域内，并且在最近的几十年中，这一比例还将增长。到2030年，预计全球将有50%的人口居住在海岸线150千米范围内。[①]

人口增长、城市化和向海而居，给海洋环境和海洋自然资源保护与利用带来很大压力，需要海洋发挥更大的经济潜力，在食物、贸易运输、海洋制造业以及海洋油气开发等领域都发挥更大作用。海产品的主要增长预计将来自水产养殖，预计到2030年产量将达到1.09亿吨，较2016年增加37%。然而，由于中国的产量增长率的下降预期，水产养殖年增长率将从2003年至2016年期间的5.7%放缓至2017年至2030年期间的2.1%。根据联合国粮农组织统计数据，2020年全球海洋水产养殖业总产量达到6810万吨，占世界海洋渔业总产量的30%。亚洲继续在全球水产养殖中占主导地位，占总产量的90%以上。中国、智利和挪威分别是各自所在区域最大的水产养殖国。[②]全世界海藻和海藻产品的消费量不断增

---

① Organization for Economic Co-operation and Development. The Ocean Economy in 2030[R]. Paris: 2016.

② United Nations Office of Legal Affairs. The Second World Ocean Assessment[M].2020:23.

加。人口老龄化还将刺激海洋生物医学产业的发展，以寻求新兴的药物和治疗方案。

2.全球经济乏力减缓海洋经济发展

世界经济和人口增长是海洋经济发展的重要驱动力。经合组织预测，与1996年至2010年每年3.4%的增速相比，2010年至2060年全球GDP增速将放缓至每年3%，但整体依然会有较大增长。全球贸易运输至2050年会增长330%至380%。全球90%以上的世界贸易仍依靠航运来进行，船舶贸易和港口的驱动力依然非常可观。根据经合组织统计，到21世纪中叶，港口数量将达到2016年的4倍。[①]随着中国、印度和印度尼西亚等国家在国际生产市场中比重的增加，世界贸易中心将不可避免地向东方转移。由此，海上运输的航线、船舶和运输种类也都将随之发生一定程度的改变。

3.海洋新能源发展潜能巨大

第21届联合国气候大会在巴黎达成了全世界共同降低温室效应的愿景，其中一项重要措施就是减少化石能源的消耗从而降低碳排放。海洋可对能源绿色转型发挥重要作用。由于政府的财政补贴，海上风能是目前发展最好的海上新型能源。到2050年，海上风能将为世界提供超过60吉瓦的电力。虽然目前潮汐能、波浪能等其他海洋新型能源利用还未完全成熟，但其在未来提供能源的潜力十分巨大。根据未来的开发成本和油气价格等，海上油气产量将继续占据全球油气产量的30%。预计海洋原油产量将从2014年的每天2500万桶增长至2040年的每天2800万桶。另一方面，海洋天然气将从2014年的每天1700万桶增长至2040年

---

① Organization for Economic Co-operation and Development. The Ocean Economy in 2030[R]. Paris: 2016.

的每天 2700 万桶。经合组织预计海上石油运输将从 2015 年的 35 亿吨增至 2030 年的 45 亿吨。[①]

四、全球海洋生态环境保护不断强化

进入 21 世纪，海上非传统安全威胁、海洋垃圾、溢油污染、海洋酸化、过度捕捞等全球性海洋危机严重制约着人类社会可持续发展，划设海洋保护区、治理陆源污染、减少海洋垃圾和塑料污染等保护海洋生态环境的举措不断推进。在这种形势下，全球严格保护海洋环境的理念日益占据上风，甚至出现过度保护趋势。

（一）全球性海洋生态环境问题加剧

人类社会面临着比较严峻的全球性海洋生态环境问题，包括海平面上升、海岸侵蚀、海洋温度上升并且酸度增加、海洋污染加剧、三分之一的鱼类种群被过度开发、海洋生物多样性继续减少、约 50% 的活珊瑚消失等，同时外来入侵物种对海洋生态系统和资源构成重大威胁。[②]

由联合国大会设立的全球海洋环境状况（包括社会经济方面）经常性报告和评估程序编制发布的《第二次全球海洋综合评估报告》指出，许多人类活动造成的压力使海洋生态环境持续恶化。这些压力包括与气候变化相关的因素，包括非法、不报告、不受管制的捕捞活动（IUU）等不可持续的渔业活动，外来物种入侵，造成海水酸化和富营养化的大气污染，塑料、微塑料和纳米塑料等有害物质及营养物的过度排放，不断增加的人为噪声，海岸带管理不善以及自然资源过度开采，等等。[③]

---

① Organization for Economic Co-operation and Development. The Ocean Economy in 2030[R]. Paris: 2016.

② 联合国海洋大会. 我们的海洋、我们的未来、我们的责任（2022 年联合国海洋大会宣言草案）[R]. 里斯本：2022.

③ United Nations Office of Legal Affairs. The Second World Ocean Assessment[M]. Volume I,2020:5.

该报告指出，海洋环境面临来自社会、人口和经济发展的多重压力，这些压力要素之间具有动态的相互作用关系，对海洋生态环境造成累积影响。在人口增长和迁移方面，尽管世界人口相较于 20 世纪 60 年代增长放缓，但仍在继续增长，移民率在上升。全球人口增长为海洋带来的压力大小取决于一系列因素，包括人们居住的地点和生活方式、消费模式，生产能源、食物和原料的科技、交通，以及处理废弃物的方式等。在经济活动方面，全球经济继续增长，同时增长速度放缓。随着全球人口增加，对于商品和服务的需求增加，能源消费和资源利用也相应增加。发展海洋经济面临的一个重要限制因素是当前退化的海洋健康和海洋所面临的压力。在技术进步方面，科技进步继续提高效率、扩大市场并推动经济增长。创新对于海洋环境的作用是一把双刃剑，例如技术进步既可提高能源生产效率，也可加剧渔业过度捕捞。在气候变化方面，人为温室气体排放量继续上升，引发长期气候的进一步变化，对海洋造成可持续几百年的广泛影响。北冰洋受到气候变化的影响尤为强烈，变暖幅度高于全球平均水平。[1]

（二）海洋微塑料污染治理

近十年来，海洋塑料及微塑料污染问题迅速成为全球海洋治理的重点议题，发展速度快、影响范围大、受关注程度高。联合国及相关国际组织、区域组织、各国和社会各界以多种方式开展声势浩大的海洋塑料和微塑料污染治理行动。

1.全球海洋塑料污染治理的缘起

自 20 世纪 50 年代开始，塑料因可塑性强、成本低廉且坚固耐用而

---

① United Nations Office of Legal Affairs. The Second World Ocean Assessment[M].Volume I,2020:6-7.

得到大量生产和应用[①]，全球年产量从当初的 150 万吨飙升到 2018 年的 3.59 亿吨。[②]大量塑料制品废弃后通过各种途径进入海洋并持续聚集，微塑料污染问题也随之而来。联合国报告认为，大部分海洋垃圾（约 80%）来自陆地。[③]微塑料通常指粒径小于 5 毫米的塑料颗粒[④][⑤]，在海洋环境中广泛分布，包括多种海洋生物体内。[⑥]有研究证实，大型海洋动物和浮游动物中都存在误食塑料和微塑料的情况。[⑦]有研究认为，全球每年向海洋排放原生微塑料约 150 万吨[⑧]，此外还有由海洋环境中的塑料垃圾分解而成的次生微塑料。国际社会对海洋塑料污染从发现到重视经历了一个较长的过程。科学界在此进程中发挥关键的初始引导作用，在引起社会各界广泛关注后，联合国成为推动全球海洋塑料污染治理的最重要国际组织，各国是此机制中的首要利益相关者和实践者。科学研究、联合国和公众的相互作用见图 1-1。

① 毛达. 海洋垃圾污染及其治理的历史演变 [J].云南师范大学学报：哲学社会科学版，2010，42（6）：56-66.

② Plastic Europe. Plastics – the Facts 2019. An analysis of European plastics production, demand and waste data[R]. 2019-10.

③ 联合国. 第一次全球海洋综合评估技术摘要 [R].纽约：联合国，2017: 1-48。

④ ARTHUR C，BAKER J，BAMFORD H. Workshop on the Occurrence, Effects and Fate of Microplastic Marine Debris [C]//University of Washington. Proceedings of the International Research, USA，2008.

⑤ 联合国秘书长. 海洋和海洋法报告 [R]. 纽约：联合国, 2016: A/71/204.

⑥ Author P J K M. Marine Plastic Debris and Microplastics: Global Lessons and Research to Inspire Action and Guide Policy Change[J]. 2016.

⑦ 联合国秘书长. 海洋和海洋法报告 [R]. 纽约：联合国, 2016: A/71/204.

⑧ Boucher J, Friot D. Primary Microplastics in the Oceans: A Global Evaluation of Sources[M]. 2017.

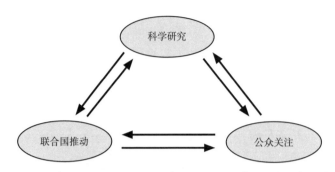

图1-1 科学研究、联合国和公众在全球海洋塑料治理中的相互作用

（1）科学发现是全球海洋塑料污染治理的初始推动力

在全球海洋塑料污染治理进程中，科学界发挥重要推动作用，为联合国等国际组织和社会各界开展治理行动提供科学依据。1997年，美国阿尔加利特海洋研究中心的摩尔（Charles Moore）船长在北太平洋海域发现后来为人们所熟知的太平洋垃圾带，引发社会各界对海洋塑料污染的广泛关注。[①]2004年，英国学者汤普森（Richard C.Thompson）首次使用微塑料的概念，指出海洋微塑料在20世纪60年代到90年代间显著增加，并可能被海洋生物摄食而具有潜在危害[②]，引发了人们对微塑料污染的重视。

2010年，《科学》（Science）杂志刊登美国学者卡拉·劳等人的研究成果，首次证实塑料垃圾在北大西洋环流中聚集[③]，与其他发现共同证明了塑料垃圾及微塑料在海洋中普遍存在。同年，联合国海洋环境保护科学问题联合专家组（GESAMP）组织举办了"海洋微塑料在海洋输运持久

---

① 李道季, 朱礼鑫, 常思远, 等. 海洋微塑料污染研究发展态势及存在问题 [J].华东师范大学学报: 自然科学版, 2019, 3: 174-185.

② THOMPSON R C, OLSEN Y S, MITCHEL R P, et al. Lost at sea:Where is all the plastic[J]. Science, 2004, 304(5672): 838-838.

③ LAW L, MORETFERGUSON S, MAXIMENKO N, et al. Plastic accumulation in the North Atlantic subtropical gyre[J]. Science, 2010, 329(5996): 1185-1188.

性、生物可富集性以及毒性物质的载体作用国际研讨会"，正式拉开了海洋微塑料研究的序幕，相关科学研究迅速展开，大量研究文献发表。科学文献从海洋塑料和微塑料污染物的数量、影响广泛性、严重性和持久性等多个角度讨论其危害，普遍认为塑料和微塑料污染对海洋生态环境造成了严重威胁。[1]

（2）联合国是全球海洋塑料污染治理的主要推动力

在联合国层面，联合国大会和联合国环境大会是讨论海洋塑料和微塑料污染问题、形成全球性决议的主要机制。联合国主导海洋塑料污染治理的重要依据是该问题具有全球性和严重性，并将此问题提升至道义高度，认为是"全人类共同面临的问题"。

联合国大会自 2004 年开始关注海洋垃圾问题，将海洋垃圾和塑料与污水、营养物、有机物、沉积物等一同列为对海洋环境威胁最大的污染物，并从 2012 年起大幅提升对海洋塑料问题的重视程度。联合国秘书长在 2011 年《海洋和海洋法报告》中首次使用"微塑料"这一术语，但没有解释或定义其大小。[2]

联合国环境规划署（United Nations Environment Programme，UNEP）是联合国系统内牵头负责全球环境事务的机构。自 2011 年起，海洋塑料垃圾成为联合国环境规划署三大主要议题之一，也是历届联合国环境大会的重要议题。2014 年，第一届联合国环境大会通过"海洋塑料废弃物和微塑料"决议，强调海洋塑料和微塑料污染问题日益突出，各国和社会各界应根据预防性原则采取防治措施。[3]此后，联合国环境规划署快速

---

① VIKAS M, DWARAKISH G S. Coastal Pollution: A Review [J]. Aquatic Procedia, 2015, 4:381-388.

② 联合国秘书长. 海洋和海洋法报告[R]. 纽约：联合国，2011: A/66/70.

③ 联合国环境规划署. 联合国环境大会2014年6月27日第一届会议上通过的决议和决定[R]. 2014: 21-23.

推进全球海洋塑料污染治理进程，用不到 5 年的时间从提升认知发展到实际行动阶段，形成了以减少塑料生产量为主要阶段性目标、以淘汰一次性塑料制品为主要切入点的行动策略。2019 年 3 月，第四届联合国环境大会鼓励政府和企业在塑料的整个生命周期中，以资源效率更高的方式设计、生产、使用和妥善管理塑料品，鼓励各国采取行动消除一次性塑料制品对环境的影响。①

2. 全球海洋塑料污染治理的发展

全球海洋塑料污染治理在获得社会各界的广泛关注后，迅速进入行动阶段，形成了以从源头上削减塑料生产量为主要目标，以减少一次性塑料制品为近期主要突破口，以构建塑料设计、生产、贸易、使用、再生和处置的全生命周期管控体系为中长期目标的格局，同时推进全球治理国际规制建设。国家是全球海洋塑料污染治理的关键主体，包括我国在内的多个国家采取各种举措推动治理。

（1）国际组织大力推动海洋塑料污染治理

现有技术难以将海洋塑料垃圾和微塑料从海洋中有效清除，国际社会防治海洋塑料污染的主要策略是从源头上减少塑料的生产和使用，从而减少塑料废弃物的产生和排放。2017 年 7 月，联合国通过了《我们的海洋、我们的未来：行动呼吁》的决议，决定针对生产、使用和循环利用的塑料全产业链采取紧急综合性行动。一是预防和显著减少各种海洋污染，特别是陆上活动污染，包括海洋垃圾、塑料和微塑料；二是预防和减少废物产生，发展可持续的消费和生产模式，采用减少使用、多次使用和回收再利用三管齐下的方法，鼓励通过市场手段减少废物产生，改善废物管理、处置和回收机制，开发替代品；三是减少塑料和微塑料的

---

① 联合国环境规划署. 治理一次性塑料制品污染[R]. 内罗毕, 2019: UNEP/EA.4/L.10.

使用，特别是塑料袋和一次性塑料。[①]

为有力应对全球海洋塑料污染等问题，2022 年 3 月结束的第五届联合国环境大会通过第 5/14 号决议，决定启动制定一项具有法律约束力的专门性国际协定进程，处理包括海洋塑料垃圾在内的全球塑料污染问题。该协定目标是通过约束性途径和自主性途径，采取全生命周期方法，在考虑各国环境和能力基础上，制定全球塑料污染治理目标，提出削减海洋塑料污染的国家和国际合作措施，并做出相应的体制机制安排。决议要求联合国环境规划署牵头成立政府间磋商委员会，并指示该委员会于 2022 年开始工作，于 2024 年完成磋商。新协定的制定将促使全球塑料污染治理方式统一升级，推动全球政策趋同，将对我国塑料产业发展和固体废弃物管理造成影响。[②]

除联合国外，多个政府间国际组织和区域性海洋公约机制也制定了管控海洋垃圾的相关计划、方案和声明等，包括《2014 年保护东北大西洋海洋环境区域行动计划》《南太平洋常设委员会综合治理东南太平洋海洋垃圾区域方案》《2015 年波罗的海垃圾问题行动计划》。我国积极推动通过了《东亚峰会领导人关于应对海洋塑料垃圾的声明》（2018）和《G20 海洋垃圾行动计划的实施框架》（2019）。美国推动亚太经合组织海洋与渔业组通过了《海洋垃圾治理路线图》。地中海区域制定了比较全面的措施：针对陆上和海上污染源制定关键预防措施；鼓励建立港口接收设施的收费制度；要求制造商、品牌所有者和第一进口商对产品的整个使用寿命承担更大责任。

---

① 联合国大会.我们的海洋、我们的未来:行动呼吁[R].纽约:联合国,2017.

② 朱璇,赵畅."塑料污染治理国际协定"制定进程情况及对策建议[J].海洋发展战略研究动态,2022(2).

欧盟是海洋塑料污染治理的积极推动者，认为塑料治理对于其产业发展和社会经济具有战略意义，制定专门政策予以积极应对。欧盟于2018年专门针对塑料问题发布《欧洲塑料循环经济战略》政策文件，提出将通过覆盖整个塑料产业链的战略行动解决塑料垃圾问题，以刺激增长、就业和创新，加强欧洲在全球海洋塑料污染解决方案中的领导地位，帮助欧洲向可持续海洋经济过渡。在应对海洋塑料污染方面，欧盟于2018年5月提出"限塑令"，决定禁止一批一次性塑料用品，要求欧盟成员国在2025年前回收90%的塑料饮料瓶，此方案于2019年3月获欧盟议会高票通过。[1]2022年4月，欧盟海洋环境事务负责人表示，必须达成一项保护世界海洋、解决全球塑料污染危机（尤其是海上污染）的协议。[2]

七国集团于2018年发布《海洋塑料宪章》（美国和日本未签署），与《欧洲塑料循环经济战略》高度呼应。该"宪章"重点关注海洋垃圾、塑料回收利用和更环保的塑料制品，并提出了明确的时间节点，承诺在生产方式、生活方式、技术研发、政府支持等多个环节，全方位加强塑料管控，提高塑料循环经济效率，提出到2030年将塑料产品中的可回收成分至少增加50%。截至2023年12月，加拿大、法国、德国、意大利、英国、挪威等17个国家和欧盟，以及54家各类组织和企业签署该"宪章"。

---

① EUROPEAN COMMISSION. Circular Economy Commission welcomes European Parliament adoption of new rules on single-use plastics to reduce marine litter[EB/OL](2019-03-27) [2019-10-31]. http://europa.eu/rapid/press_release_STATEMENT-19-1873_en.htm.

② United Nations. 2022 must see action to save the ocean: EU[EB/OL]. [2022-05-23]. https://www.ctvnews.ca/climate-and-environment/2022-must-see-action-on-oceans-biodiversity-plastics-eu-1.5767290#:~:text=The%20European%20Union%27s%20environment%20chief%20said%20Thursday%20that,global%20crisis%20of%20plastic%20pollution%20especially%20at%20sea.

（2）各国不断加强海洋塑料污染治理

为在短期内有效减少海洋塑料和微塑料污染，国际社会将重点放在管控一次性塑料制品的生产和使用上，提出到 2025 年逐步淘汰塑料吸管、一次性塑料袋、一次性塑料餐具。[①]国家是实施海洋塑料污染治理的主体，包括我国在内的多个国家采用立法、政策和市场杠杆等方式减少塑料生产和使用，加强塑料废弃物循环利用和处置。各国相关立法涵盖范围广泛，包括废物管理、包装管控和保护海洋环境等，但专门解决海洋废弃物（包括塑料和微塑料）问题的立法较少。例如法国《绿色增长能源过渡法》（2015 年）第 2224 号决议规定，限时禁止各部门使用各种塑料包装。

挪威将海洋垃圾特别是海洋微塑料污染视为海洋领域最大的挑战[②]，积极推动全球海洋塑料污染治理，在国内采取了多项措施管控海洋塑料污染。在国际领域，挪威在联合国环境大会上积极推动国际社会采取行动应对海洋垃圾和微塑料污染。在国内，挪威采取立法和经济激励等措施减少海洋塑料污染。挪威 1982 年实施的《污染防治法》建立了严格的防治污染框架，适用于对水、土壤和大气的污染防治，规定如无许可，任何人都不得拥有具有污染风险的任何物品，不得做出可能引发污染风险的任何行为；所有人都有采取适当措施防止污染环境的义务。[③]该法明文规定禁止乱丢垃圾，任何人都不得以有碍观瞻的方式，或可能对环境造成破坏或滋扰的方式倾倒、存储或运输废弃物。作为渔业大国，挪威

---

① UNEP. Innovative solutions for environmental challenges and sustainable consumption and production[R]. 2018: UNEP/EA.4/17.

② Norway's follow—up of Agenda 2030 and the Sustainable Development Goals[R]. New York, 2016.

③ Norway. Pollution Control Act，art. 7.

重视渔船在海洋塑料污染防控中的作用，规定渔船有义务回收或报告丢失的渔具，渔业管理部门每年进行一次回收调查。挪威还利用经济激励措施成功回收全国超过 97% 的塑料瓶，回收率全球领先。在挪威，消费者每购买一瓶饮料需额外支付 13—30 美分，饮料瓶成功回收后可取回"押金"。[①] 除挪威外，丹麦、瑞典和立陶宛等国也采用塑料瓶押金做法。[②]

（三）公海保护区建设

自 20 世纪 80 年代《联合国海洋法公约》确立公海和国际海底区域制度以来，国际社会不断提升对国家管辖范围以外区域海洋生物多样性（BBNJ）及其生态系统养护的重视程度，推动通过设立公海保护区加强管控。[③] 早在 1988 年，世界自然保护联盟就开始推动建立全球海洋保护区网络，在其第十七届全会的决议中明确提出了涉及公海保护区的目标："通过创建全球海洋保护区代表系统，并根据世界自然保护的战略原则对利用和影响海洋环境的人类活动进行管理，来提供长期的保护、恢复，明智地利用、理解和享受世界海洋遗产。"[④] 进入 21 世纪以来，公海保护区被寄予厚望，成为全球海洋治理的重点议题，在实践和法律规制方面都取得了较快发展。

2023 年 6 月获得通过的《BBNJ 国际协定》的目标是确保国家管辖范围以外区域海洋生物多样性的长期养护和可持续利用。为实现这一目

---

① CASSELLA C. Norway's Insanely Efficient Scheme Recycles 97% of All Plastic Bottles They Use[EB/OL]. [2020-01-08].https://www.sciencealert.com/norway-s-recycling-scheme-is-so-effective-92-percent-of-plastic-bottles-can-be-reused.

② SCHNELL A, KLEIN N, GIRÓN G, et al. National marine plastic litter policies in EU Member States: an overview[R]. Brussels, Belgium: IUCN, 2017.

③ 公衍芬, 等. 欧盟公海保护的立场和实践及对我国的启示 [J]. 环境与可持续发展, 2013(5):37.

④ IUCN, Assembly G. Seventeenth session of the General Assembly of IUCN and seventeenth IUCN technical meeting[C]. General Assembly, 17th, San José, CR, 1-10 February 1988.

标，该协定建立了公海保护区制度，推动建立具有生态代表性和良好连通性的海洋保护区网络，对公海保护区提案的提出方、要素、公布、初审、协商、评估和决策全过程进行了规定。除具有法律约束力的《BBNJ国际协定》外，2023 年全球海洋生物多样性保护的另一项重要进展是《联合国生物多样性公约》第十五次缔约方大会通过了《昆明—蒙特利尔全球生物多样性框架》（以下简称《框架》）。《框架》设立了 2030 年后全球生物多样性养护与可持续利用的目标，特别是提出了到 2030 年要实现保护30% 的陆地、海洋和内陆水域，即 "3030" 目标。《昆明—蒙特利尔全球生物多样性框架》不是具备法律约束力的 "硬法"，但作为在联合国多边框架下经协商一致达成的国际文书，具有广泛的政治影响力。《框架》为国家管辖范围以外区域海洋生物多样性的养护提出了政治目标，《BBNJ国际协定》为推动实现该目标确立了方法和制度。

1. 人类活动加速全球海洋生物多样性衰退

全球海洋生物多样性面临重大衰退风险，人类活动是造成衰退的重要因素，这是欧盟推动海洋生物多样性养护的依据和逻辑起点。政府间生物多样性和生态系统服务科学政策平台报告（2019 年）指出，全球生物多样性正在以人类历史上前所未有的速度快速退化：33% 的鱼类种群被过度捕捞；从 1970 年至 2000 年间，海草床每 10 年减少 10%；活珊瑚在过去 150 年间减少了 50%。人类活动对世界海洋具有广泛影响，是海洋生态系统退化的一项主要因素。到 2014 年，66% 的海洋受到人类活动的累积影响，只有 3% 的海洋免于人类活动的压力。这些活动包括直接开发利用，尤其是过度捕捞鱼类、贝类和其他生物，陆源和海基污染，以及基础设施和水产养殖等海洋用途变化。在这些活动中，渔业活动对海洋生物多样性的影响最大[1]，引发物种灭绝的风险正在增加。

国际社会对生物多样性的重视程度不断提高，以生物资源养护利用为主要抓手的公海管控不断加强。联合国秘书长古特雷斯强调生物多样性是地球上的生命构造，是人类生存与繁荣的基础。[2]联合国和国际组织多份报告持续呼吁加强对生物多样性的保护、恢复和可持续利用。欧盟则强调，生物多样性丧失和生态系统崩溃是下一个十年中人类社会面临的最大威胁，因而需要采取包括公海保护区在内的多种措施加强生物多样性养护。[3]

2.公海保护区实践取得重要进展

进入 21 世纪以来，公海保护区在应对全球海洋生物多样性衰退方面被寄予厚望，实践取得明显进展。根据世界自然保护联盟[4]、《生物多样性公约》[5]和《BBNJ 国际协定》[6]的定义，海洋保护区具有三大特征：

[1] IPBES Secretariat. Global Assessment Report on Biodiversity and Ecosystem Services of the Intergovernmental Science-Policy Platform on Biodiversity and Ecosystem Services[R]. Bonn, Germany, 2019.

[2] CBD. Global Biodiversity Outlook 5[R]. Montreal: CBD, 2020.

[3] European Commission. EU Biodiversity strategy for 2030[R]. European Commission, 2020.

[4] 世界自然保护联盟于1988 年、1999年和2008年分别对海洋保护区进行了定义，总体认为海洋保护区应具备3个核心条件：在地理范围上有明确界限的封闭区域；通过法律或其他有效方式建立和管理；养护目标包括保护生物多样性及其生态系统和历史文化价值。See IUCN, Assembly G. Seventeenth session of the General Assembly of IUCN and seventeenth IUCN technical meeting[C]. General Assembly, 17th, San José, CR, 1-10 February 1988;The International Union for Conservation of Nature. Guidelines for Marine Protected Areas[EB/OL]. [2022-05-24]. https://www.iucn.org/content/guidelines-marine-protected-areas;The International Union for Conservation of Nature. What Is a Protected Area?[EB/OL]. [2022-05-06]. https://www.iucn.org/theme/protected-areas/about.

[5] 1992 年《生物多样性公约》第2 条界定了"保护区"概念，该公约缔约方大会进一步定义了"海洋保护区"概念。See Convention on Biological Diversity. The Conference of the Parties to the Convention on Biological Diversity, Decision VII/5[C]. Kuala Lumpur, UNEP, 2004.

[6] Nations U. Revised Draft Text of An Agreement under the United Nations Convention on the Law of the Sea on the Conservation and Sustainable Use of Marine Biological Diversity of Areas Beyond National Jurisdiction[R]. New York: 2019.

①认可、指定和管理的合法性，通过法律等有效方式建立和管理；②地理范围的封闭性，是人为选划、设立且具有明确界限的封闭区域；③养护目标的综合性，保护生物多样性及其生态系统等要素。①

在联合国、《生物多样性公约》、世界可持续发展峰会、世界自然保护联盟、南极海洋生物资源养护委员会和欧盟等方面的共同推动下，公海保护区事务形成了实践、技术和法律同时推进、多方参与的格局。全球目前共建有 3 个公海保护区，分别是东北大西洋海洋保护区网络（2010 年起）②、南奥克尼群岛南部大陆架海洋保护区（2009 年）和罗斯海保护区（2016 年）。东北大西洋海洋保护区网络既包括公海保护区，也包括沿海国在管辖海域内建立的海洋保护区，后两个保护区是完全意义上的公海保护区。③此外，地中海派拉格斯海洋保护区（1999 年）在设立之初包括法国、意大利和摩纳哥管辖范围外海域，一度被视为公海保护区，但随着法国于 2012 年宣布在地中海建立专属经济区，该保护区所覆盖区

---

① 付玉. 欧盟公海保护区政策论析 [J]. 太平洋学报，2021(2):29-42.

② 东北大西洋海洋保护区网络由东北大西洋海洋环境保护委员会(OSPAR Commission)所设立的多块海洋保护区组成，既包括国家管辖范围内海洋保护区，也包括公海保护区。自2010年以来，东北大西洋海洋环境保护委员会已设立7块公海保护区。这些公海保护区的受保护区域具有不同的管辖权性质和地位，分为4类：1.两块保护区完全位于国家管辖范围以外区域，保护区内的水体、海床及其底土同时受到保护；2.四块保护区位于葡萄牙已向联合国大陆架界限委员会提交的200海里外大陆架划界案区域，由葡萄牙负责保护这四块保护区内的海床及其底土，东北大西洋海洋环境保护委员会保护其水体；3.一块保护区的一部分位于冰岛已向联合国大陆架界限委员会提交的200海里外大陆架划界案区域，东北大西洋海洋环境保护委员会保护其水体，海床及其底土未受保护。此外，有3块保护区位于东北大西洋海洋环境保护委员会一个成员国已向联合国大陆架界限委员会提交的200海里外大陆架划界案区域，其海床及底土受到该成员国的保护，水体未受保护。See OSPAR Commission. MPAs in areas beyond national jurisdiction[EB/OL]. [2022-05-25]. https://www.ospar.org/work-areas/bdc/marine-protected-areas/mpas-in-areas-beyond-national-jurisdiction.

③ 付玉. 南极海洋保护区事务的发展及挑战 [J]. 中国工程科学，2019(6):10.

域内已无公海。^①以上 4 个海洋保护区与欧盟关系密切，均由欧盟成员国建立或在欧盟支持下建立和管理。东北大西洋海洋保护区网络由东北大西洋海洋环境保护委员会（OSPAR Commission）建立，该委员会是区域性海洋环境保护组织，欧盟及其成员国占该组织 16 个成员方中的 12 席。东北大西洋海洋环境保护委员会中的欧盟成员方将其作为在东北大西洋区域实施欧盟《海洋战略框架指令》的主要平台^②，可见欧盟公海保护区政策对该委员会的影响力。

截至 2022 年 6 月底，全世界共有 17783 个海洋保护区，约占全球海洋总面积的 8.09%。其中，国家管辖范围内海洋保护区占该类海域的 17.86%，而公海保护区只占公海面积的 1.18%。^③南极海洋保护区仍在推进过程中，根据南极海洋生物资源养护委员会的规划，未来十年内将在南极建立更多公海保护区。^④同时，《生物多样性公约》基本完成了对全球海域具有重要生态或生物意义区域（EBSAs）的描述工作，其中包括 70 多处国家管辖范围以外海域，为公海保护区选划提供科学和技术支持。^⑤

---

① France. Decree No. 2012-1148 of 12 October Establishing an Economic Zone off the Coast of the Territory of the Republic in the Mediterranean Sea[R]. New York: United Nations, Law of the Sea Bulletin No. 81, 2014.

② OSPAR Commission. North-East Atlantic Environment Strategy[R]. OSPAR Commission, 2010.

③ IUCN Protected Planet. Marine Protected Areas[EB/OL]. [2022-06-26]. https://www.protectedplanet.net/marine.

④ 付玉. 南极海洋保护区事务的发展及挑战[J]. 中国工程科学, 2019(6):10.

⑤ 郑苗壮, 刘岩, 徐靖.《生物多样性公约》与国家管辖范围以外海洋生物多样性问题研究[J]. 中国海洋大学学报(社会科学版), 2015(2):44.

表 1-1: 公海保护区基本情况

中文名称	英文名称	建立时间	建立国家或组织	面 积	保护目标
东北大西洋海洋保护区网络	OSPAR Network of Marine Protected Areas	2005 年起开始建设	奥斯巴委员会	86.4 万平方千米（公海保护区块约 7.7 万平方千米）	保护东北大西洋海域内濒危、逐渐减少和退化的物种和栖息地
南奥克尼群岛南大陆架海洋保护区	South Orkney Islands Southern Shelf Marine Protected Area	2009 年	南极海洋生物资源养护委员会	9.4 万平方千米	保护独特的海洋学特征和信天翁、海燕、企鹅的重要觅食区
罗斯海保护区	Ross Sea Region Marine Protected Area	2016 年	南极海洋生物资源养护委员会	155 万平方千米	保护罗斯海地区的生物多样性和生态系统功能

数据来源：根据各保护区官方网站发布数据和资料整理。

3.公海保护区法律规制逐步形成

进入 21 世纪以来，公海保护区问题日益受到联合国和国际环保组织等国际社会各界的高度重视，成为全球海洋治理的重点议题。2002 年，各国在约翰内斯堡可持续发展世界峰会上承诺，到 2012 年建立一个具有代表性的海洋保护区网络。同年，《生物多样性公约》科学、技术和工艺咨询附属机构会议下设的海洋和沿海保护区特设专家工作组建议该公约缔约国大会紧急启动与相关国际组织的沟通，以便为公海保护区问题确定适当的机制和责任。此后，联合国第 59 届大会、联合国海洋和海洋法问题非正式磋商进程第 4 次和第 5 次会议、《联合国鱼类种群协定》缔约国第 3 次非正式磋商、世界自然保护联盟世界养护大会和世界公园大会等都讨论了 BBNJ 养护和可持续利用问题。[1]

---

[1] Secretariat of the Convention on Biological Diversity. The International Legal Regime of the High Seas and the Seabed Beyond the Limits of National Jurisdiction and Options for Cooperation for the Establishment of Marine Protected Areas (MPAs) in Marine Areas Beyond the Limits of National Jurisdiction[EB/OL]. [2022-05-30]. https://www.cbd.int/doc/publications/cbd-ts-19.pdf.

在这些具有全球影响力的国际组织和机制的推动下，联合国大会于
2004年通过第59/24号决议，设立不限成员名额非正式特设工作组，专
门研究BBNJ养护和可持续利用问题。这对公海保护区国际规制构建具
有里程碑意义，开启了法律规制制定进程。联合国在此基础上于2018年
启动了BBNJ国际协定政府间谈判。[①]2023年6月《BBNJ国际协定》获
得通过，建立了公海保护区制度，势必进一步推动包括公海保护区在内
的划区管理工具的设立进程。

（四）公海渔业治理

海洋生物资源养护与利用在当代国际海洋法形成过程中发挥着重要
推动作用，对渔业资源的争夺以及沿海国和捕鱼国之间的矛盾推动领海
宽度的确定和专属经济区制度的确立。在《联合国海洋法公约》通过及生
效之后，公海渔业管理继续快速发展，突破了公海捕鱼自由原则、公海
船旗国管辖原则和"条约效力不及于第三方"等国际法基本原则。[②]在公
海渔业资源严重衰退的认知基础上，国际社会建立了几乎覆盖所有公海
海域的区域性渔业治理制度，对公海渔业实施严格精细的管理。

1.公海渔业资源严重衰退是国际渔业治理的认知基础

公海渔业资源的可衰竭性是国际渔业法产生的基础，公海渔业资源
严重衰退的危机感是国际渔业法发展的推动力，也使国际渔业法成为国
际社会公认的讨论国际渔业治理的基础。过度捕捞利用是造成渔业资源

---

① BBNJ国际协定谈判大致分为3个阶段：特设工作组阶段（2004—2015年），共召开了9次工
作组会议和2次会间研讨会；筹备委员会阶段（2016—2017年），共召开4次会议；政府间
大会阶段（2018—2020年），已召开3次政府间会议。根据联大第72/249号决议，政府间大
会阶段将在2020年上半年结束，但因受到新冠疫情影响，第4次政府间会议未能如期举行。
2023年3月，各国就BBNJ协定案文本达成一致。6月，BBNJ协定获得通过。

② 黄硕琳.国际渔业管理制度的最新发展及我国渔业所面临的挑战[J].上海水产大学学报，
1998(3):226.

衰退的主要原因，国际社会已经就此取得共识。联合国粮农组织统计数据显示，自 20 世纪 70 年代以来，世界海洋渔业资源持续衰退，尤其是在 1974 至 1989 年间，遭到过度捕捞的鱼类种群从 10% 快速增加到 26%，之后仍然持续增长。[①] 被过度捕捞和充分开发利用的鱼类种群所占比重在 2006 年为 77%，2008 年为 80%，2010 年为 85%，2012 年为 87%，在 2013 年达到 89.5%，呈现令人焦虑的恶化态势。[②]

公海渔业资源状况尤其堪忧。从 20 世纪 70 年代起，沿海国先后实施专属经济区或专属渔区制度，远洋捕鱼国转向发展 200 海里专属经济区外的公海渔业。专属经济区在地理上占原公海面积的 36%，但此区域内的渔获量占当时世界总渔获量的 99%。[③] 远洋渔业国被排挤至剩下的 64% 的公海海域。在 20 世纪 80 年代末 90 年代初，因大量远洋渔船被排挤至面积缩小、资源有限的公海后，造成了公海渔业资源的衰退，引起了国际社会的高度关注。主要在公海捕捞的高度洄游金枪鱼和其他金枪鱼类物种资源有三分之一被过度开发或耗尽，超过 50% 的鲨鱼、近三分之二的跨界种群和其他公海渔业资源遭到过度开发或枯竭。[④] 为此，国际社会呼吁改进治理、削弱捕捞能力、减少捕捞量。

人类社会认识到海洋渔业资源的可衰竭性经历了一个较长的历史过程。从 19 世纪后半期起，渔业捕捞技术和能力大幅快速提高，蒸汽拖

---

① FAO. The State of World Fisheries and Aquaculture 2016. Contributing to food security and nutrition for all[R]. Rome:2016.以及FAO在2007/2009/2010/2012年的《世界渔业和水产养殖状况报告》。

② 由于统计数据的滞后性,2013 年为目前可获得的最新数据。See FAO. The State of World Fisheries and Aquaculture 2016. Contributing to food security and nutrition for all[R]. Rome:2016.

③ John Gulland. The New Ocean Regime: Winners and Losers [J].Ceres Fao Review on Agriculture & Development, 1979.

④ 联合国粮食及农业组织.世界渔业和水产养殖状况 [R]. Rome:2007.

网渔船的出现标志着工业化渔业时代的到来，20世纪30年代引入了巨型工厂渔船。自20世纪以来，许多现代高科技技术被应用到远洋渔业上，导致世界渔业捕捞能力倍增。新型渔网材料的使用以及鱼群侦察技术和渔获冰（冷）冻技术的应用，使渔船的捕捞和储藏能力得到了大幅度提高。[1]第二次世界大战之后，人口快速增长，对鱼类食品的需求快速增长，推动渔业投入和产能迅猛增长。技术的发展、需求的增长和投入的增加使海洋渔业年捕捞量迅速增加，从1950年的近1900万吨猛增至1974年的6900万吨[2]，1996年增至8640万吨[3]。而世界海洋渔业年捕捞量在1900年大概只有300万吨，90多年间剧增近30倍。[4]

自20世纪50年代开始，一些主要的传统经济渔业资源出现了衰退现象。1948年之后，曾经是世界上渔业资源最丰富地区之一的美国蒙特利沙丁鱼渔业崩溃。但当时人们还没有意识到是过度捕捞造成的资源衰竭，渔民倾向于认为鱼群只是洄游到了别处，海洋科学家们则在争论到底是过度捕捞还是其他自然过程造成了资源衰竭。[5]从20世纪80年代开始，国际社会才逐渐就过度捕捞造成渔业资源枯竭达成共识。1989年后，捕捞量开始下滑。几项历史较长的深水和近岸渔业崩溃，包括曾经辉煌几个世纪的西北大西洋鳕鱼渔业。1992年，持续了500多年、曾经是世界最大渔业之一的纽芬兰大浅滩鳕鱼渔场关闭。[6]而且，单位捕捞量也开

---

[1] Scheiber H N. Ocean Governance and the Marine Fisheries Crisis: Two Decades of Innovation and Frustration[J]. Virginia Environmental Law Journal, 2019, 20:119.

[2] FAO. The State of World Fisheries and Aquaculture[R]. Rome:1998.

[3] FAO. The State of World Fisheries and Aquaculture[R]. Rome:2002.

[4][5] Scheiber H N. Ocean Governance and the Marine Fisheries Crisis: Two Decades of Innovation and Frustration[J]. Virginia Environmental Law Journal, 2019: 20, 119-121.

[6] Hallison E. Big laws, small catches: global ocean governance and the fisheries crisis[J]. Journal of International Development, 2001, 13(7):933.

始下降，意味着鱼类种群的数量减少、再生潜力被破坏。[①] 人们开始认识到，渔业资源虽然是可再生的，但并不是无限的；如果想要使渔业资源对不断增长的世界人口的营养、经济和社会利益持久地做出贡献，需要对渔业资源进行合理的管理，需要可持续利用渔业资源，不断增强渔业资源养护力度。

表1-2: 世界海洋渔业年捕捞量

年份	捕捞量（万吨）	年份	捕捞量（万吨）
1950	1856	1951	2064
1952	2212	1953	2247
1954	2409	1955	2514
1956	2644	1957	2717
1958	2837	1959	3125
1960	3410	1961	3734
1962	4058	1963	4179
1964	4501	1965	4606
1966	4938	1967	5267
1968	5589	1969	5438
1970	5916	1971	5938
1972	5521	1973	5559
1974	5888	1975	5864
1976	6219	1977	6086
1978	6303	1979	6370

① Scheiber H N. Ocean Governance and the Marine Fisheries Crisis: Two Decades of Innovation and Frustration[J]. Virginia Environmental Law Journal, 2019: 20, 120-121.

续表

年份	捕捞量(万吨)	年份	捕捞量(万吨)
1980	6449	1981	6651
1982	6831	1983	6829
1984	7391	1985	7571
1986	8110	1987	8170
1988	8567	1989	8643
1990	7892	1991	7838
1992	7872	1993	7924
1994	8431	1995	8400
1996	8640	1997	8640
1998	7930	1999	8470
2000	8680	2001	8420
2002	8450	2003	8150
2004	8380	2005	8270
2006	8020	2007	8070
2008	7990	2009	7970
2010	7790	2011	8260
2012	7970	2013	8100
2014	8150	2015	8120
2016	7930	2017	8120
2018	8440	2019	8010
2020	7880		

数据来源：联合国粮农组织《世界渔业与水产养殖状况报告》和官方网站数据，1995、2000、2002、2006、2008、2010、2012、2014、2016、2018、2020、2022 年。

注：对于粮农组织报告中数据不一致的情况，以较新统计数据为准。

2.国际社会高度重视国际渔业治理

过度捕捞可能对渔业资源造成严重甚至是致命破坏这一认识是讨论渔业问题的基本前提之一，国际社会普遍认识到了问题的严重性。海洋渔业和海洋环境面临严重危机，反映出海洋生物资源治理面临严峻挑战。[1] 国际渔业治理就是在这样一种强烈的危机意识中向前推进的，人们已认识到过度捕捞和非法捕捞不仅破坏渔业资源，而且会带来失业、贫困和生境破坏等一系列社会经济和环境问题。[2]

国际渔业治理受到联合国的高度关注。1992 年的联合国环境与发展大会通过了《21 世纪议程》，做出第 47/192 号决议，决定由联合国主持召开政府间渔业会议，就跨界和高度洄游鱼类的养护和管理问题进行讨论。[3] 1995 年 8 月，联合国渔业会议通过了《关于执行 1982 年 12 月 10 日〈联合国海洋法公约〉有关养护与管理跨界鱼类种群和高度洄游鱼类种群规定的协定》(以下简称《鱼类种群协定》)，这是《联合国海洋法公约》的第二部执行协定。该协定包含广泛而具体的规定，明确公海渔业已实质性地进入了全面管理时代。

联合国大会自 2003 年起每年通过"通过 1995 年《执行 1982 年 12 月 10 日〈联合国海洋法公约〉有关养护和管理跨界鱼类种群和高度洄游鱼类种群规定的协定》和相关文书等途径实现可持续渔业"的决议。此外，海洋生物资源的养护与可持续利用也是联合国秘书长年度《海洋和海洋

---

① Scheiber H N. Ocean Governance and the Marine Fisheries Crisis: Two Decades of Innovation and Frustration[J]. Virginia Environmental Law Journal, 2019: 20, 120.

② 数量众多的相关文献均以此种危机作为讨论的出发点。详见:Hallison E. Big laws, small catches: global ocean governance and the fisheries crisis[J]. Journal of International Development, 2001, 13(7): 935, and Gjerde K M, et al. Ocean in peril: Reforming the management of global ocean living resources in areas beyond national jurisdiction[J]. Marine Pollution Bulletin, 2013(74): 540-551.

③ 联合国大会. 联合国跨界鱼类和高度洄游鱼类会议决议 [C]. 纽约: 1992，A/RES/47/192.

法报告》中的一项重要内容。

3.区域性渔业治理几乎覆盖所有公海海域

国际渔业治理法制化进程基本完成，区域性渔业治理在地理范围上几乎覆盖所有公海海域。《鱼类种群协定》进一步推动了在公海海域建立区域性渔业管理组织的进程。随着北太平洋区域性渔业公约谈判结束与其组织的建立，全球公海海域已经基本被多达 50 个各类区域渔业管理组织、安排和类似机构所覆盖。[①] 这些区域性渔业机构主要分为两类：

第一类是区域性渔业管理组织，依据具有约束力的区域性渔业管理公约而设立，其制定实施的海洋生物资源养护和利用政策措施对其成员国具有强制拘束力，因而是国际渔业治理的主要机构。例如中西太平洋渔业委员会、北太平洋渔业委员会等。有些区域性渔业管理机构也被称为"区域性渔业安排"，与区域性渔业管理组织的区别在于前者不设有秘书处。

第二类是不具备区域渔业管理组织资格的各类科学研究和咨询机构或论坛，没有制定实施具有拘束力措施的授权，如国际海洋考察理事会（ICES）、北太平洋海洋科学组织（PICES）、亚太水产养殖中心网、亚太渔业委员会，以及包括西南印度洋渔业组织在内的 3 个组织等。[②]

虽然存在数量众多的区域渔业机构，在地理范围上似乎涵盖整个公海区域，但在渔业资源管理上仍存在空白点。目前受到最多关注的是多数区域渔业管理组织只管理一个鱼类物种或者一组鱼类物种（例如所有金枪鱼物种），而对于其他非高度洄游和非跨界鱼类种群的管理则缺乏法

---

① 一定意义上，北冰洋还存在公海；西南大西洋还可能需要建立相关区域渔业管理组织。

② Molenaar E. Addressing Regulatory Gaps in High Seas Fisheries[J]. The International Journal of Marine and Coastal Law, 2005(20):540.

律依据和授权，对于公海分散鱼类种群的管理成为联合国可持续渔业讨论框架下的一个重点。

五、海洋应对气候变化备受关注

全球气候变化正在导致冰川加速融化、海平面上升，热浪、台风、洪涝、干旱等极端气候事件频发，人类活动严重威胁生物多样性。联合国政府间气候变化专门委员会（IPCC）报告显示，2011—2020年全球地表温度比工业革命时期（1850—1900年）上升了1.09℃，多数学者认为与累积人类活动特别是二氧化碳排放相关。美国科学院院刊指出，1979至2017年间，南极每10年平均年融化冰体分别约为400亿、500亿、1660亿、2520亿吨。多项研究表明，如果对碳排放不加控制，到2100年全球海平面将明显上升。[①]

随着全球气候变暖、环境污染等问题日益突出，应对气候变化、保障能源和粮食安全成为国际政治博弈和经济科技竞争的焦点。越来越多的国家（地区）开始意识到节能和环保的重要性，主动参与相关领域的国际合作，通过国际合作共同应对气候变化、能源安全和粮食安全等全球问题。全球发展理念和增长模式的变化带动世界范围内节能和环保技术的创新应用，绿色发展成为大趋势，不少发达国家在应对金融危机中提出"绿色新政"发展战略，绿色经济、低碳技术等正在兴起。同时，全球气候治理被赋予越来越明显的政治博弈和经济竞争性质。发达国家和跨国公司纷纷做出先导性战略安排，大幅度增加科技投入，力求在新能源技术、节能减排技术等与低碳经济相关的领域抢占先机。如，美国高度重视新能源、航空航天、宽带网络技术相关的产业发展，积极推行"绿

---

① 陆昊. 全面推动建设人与自然和谐共生的现代化[J]. 求是, 2022(11).

色经济复苏计划",期待实现"绿色技术"革命;日本把重点放在信息技术应用、新型汽车、低碳产业、新能源(太阳能)等新兴行业;欧盟着力提高"绿色技术"和其他高科技技术的水平,推动"绿色经济"发展,促进社会的全面"绿色转型"。发展中国家虽然意识到节能和环保的重要性,但受资金、技术限制,且出于自身经济发展的需要,这些领域的制度建设和投入严重滞后。围绕气候变化、能源安全和粮食安全等全球性问题,各国共同应对的共识在提高,但在责任义务界定、发展权益维护、转型路径选择、技术资金援助等方面还存在较大争议。

六、全球海洋科技竞争日趋激烈

海洋科技进步促进人类提升开发利用海洋的能力,提升对海洋状况的认知,促进海洋经济发展和人类社会进步,并日益成为全球海洋治理的基础和依据。

(一)海洋科技是全球海洋治理的基础和依据

海洋科技为全球海洋治理提供认知基础和依据,是大国争夺治理主导权的一个制高点,在建设公海保护区和开展海洋微塑料治理等领域中发挥关键作用。

公海保护区的发展与科学技术进步息息相关。海洋科技的进步提高了人类开发利用海洋的能力,也提升了人类对海洋状况的认知。国际社会认识到国家管辖范围外海域并不在人类活动范围以外,需要采取新的措施、制定新的规制来规范人类活动,减轻其对生物多样性的影响和威胁,寄希望于通过公海保护区养护和可持续利用生物多样性。科学技术在公海保护区的识别、划设、管理、监测和评估整个过程中发挥基础和保障作用,科学话语权是公海治理主导权的重要构成。

海洋科学技术是选划和设立公海保护区的基础和依据。设立公海保护区的逻辑依据是该区域内的海洋生物多样性和生态系统具有保护价值和保护的必要性，需要科学研究和观测数据作为支撑，这就决定了公海保护区的起点是科学数据。例如，设立南极公海保护区的主要依据是技术资料和科学数据，这是决定保护区提案能否获得通过的关键要素。保护区提案必须获得较为完备的科学证据作为支撑才能获得其他成员国的认可，如有欠缺则会受到质疑、抵制甚至是反对。设立依据没有固定标准，主要是从自然科学角度论述设立海洋保护区的合理性和必要性。例如从保护生物多样性角度论述，需要近20年或至近几年的科研考察成果或数据作为支撑，证明生物多样性减少或受到重大影响等。在科学数据所涉领域方面，主要包括商业性捕捞对生物种群数量的影响、大时间尺度生态环境变化情况，以及生物多样性和矿产资源状况。作为数据支撑，在南极公海保护区提案中附有比较长时间的生态变化数据。正是由于科学数据不足等原因，法国、澳大利亚和欧盟在2012年提出的东南极海洋保护区提案至今仍未获通过。科学技术是评估公海保护区养护目标的手段和依据。公海保护区面积辽阔、人类活动相对较少，对其的有效管理、监测和评估需要依靠海洋科学技术的投入和发展。

在全球海洋塑料污染治理进程中，科学发现发挥着重要推动作用，为联合国等国际组织和社会各界开展治理行动提供科学依据，并引发社会公众的高度重视。社会各界对海洋塑料污染的广泛关注始于1997年美国阿尔加利特海洋研究中心的摩尔船长在北太平洋海域发现后来为人熟知的太平洋垃圾带。2004年，英国学者汤普森首次使用微塑料概念，指出海洋微塑料在20世纪60年代到90年代间显著增加，并可能被海洋生物摄食而具有潜在危害，引发了人们对微塑料污染的进一步重视。2010年，《科学》（Science）杂志刊登美国学者卡拉·劳等人的研究成果，首次证实塑料垃圾在北大西洋环流中聚集[1]，与其他发现共同证明了塑料垃圾及微塑料在海洋中普遍存在。同年，联合国海洋环境保护科学问题联合专家组（GESAMP）组织举办了"海洋微塑料在海洋输运持久性、生物可富集性以及毒性物质的载体作用国际研讨会"，正式拉开了海洋微塑料研究的序幕，相关科学研究迅速展开，大量研究文献发表。在著名科学期刊数据库"Science Direct"上检索发现，"海洋微塑料"方面论文在2010至2019年间共发表2319篇，占相关论文总发表量的90%以上。大量科学文献从海洋塑料和微塑料污染物的数量、影响广泛性、严重性和持久性等多个角度讨论其危害，普遍认为塑料和微塑料污染对海洋生态环境造成严重威胁。[2]

（二）海洋科技引领全球气候治理，是实现绿色转型的关键

世界经济发展史表明，每一次大的危机都会带来新的科技产业革命。危机波及面越广，程度越深，时间越长，引发新科技产业革命的强度就越大，影响越深远。

为应对国际金融危机和世界经济下行危机，发达国家大幅增加研发投入，支持新能源、数字技术、生物医药、电子信息、新材料、深海技术等领域创新发展，抢占未来发展制高点的竞争日趋激烈。新能源开发和产业化将带动相关产业发展，形成规模庞大的产业集群，而节能环保和低碳技术的推广应用也会带动传统产业的转型升级，引发全球产业结构调整重组，电子信息技术、生命科学技术、新能源技术等迅速兴起，高新技术产业将成为推动全球经济社会发展的强大动力，推动新一轮经济增长，引领全球科技竞争。

---

[1] LAW L, MORETFERGUSON S, MAXIMENKO N, et. al. Plastic accumulation in the North Atlantic subtropical gyre[J]. Science, 2010, 329(5996):1185-1188.

[2] Vikas M, Dwarakish G. Coastal Pollution: A Review[J]. Aquatic Procedia, 2015(4).

第三节 中国海洋发展的国内环境

影响中国海洋事业发展的国内因素是多方面的，但发挥主要作用的是政策规划、海洋治理能力、海洋经济发展基础、海洋科技创新支撑能力和参与全球海洋治理的能力。政策规划为中国海洋事业发展设定目标，确定原则、理念、思路和主要任务，是中国海洋事务发展的顶层设计。海洋治理能力是实施海洋法规、政策、规划，综合管控海洋利用和保护活动的能力。海洋经济发展为海洋利用与保护提供物质基础，海洋科技创新推动和支撑海洋事业发展，参与全球海洋治理的能力是中国深度参与全球海洋事务、提供公共产品、推动海洋命运共同体理念走深走实的保障。

自新中国成立以来，中国海洋事业取得了多方面显著成就，为海洋发展提供了良好的国内环境。同时，中国是海洋地理不利国家，所有的海域均为封闭或半封闭海，被重重岛弧所环绕。中国陆地国土面积与海岸线长度的比值很低，存在严重的海洋空间瓶颈，不利于全面走向海洋。自古以来，中国治国思想以大陆思想为主导，海洋意识有待进一步提升。中国海洋经济的很多领域仍然是依靠数量扩张的粗放型发展方式，海洋污染趋势未得到有效控制，海洋资源环境承载力压力较大。海洋科技领域与世界先进水平存在较大差距。这些问题是走向海洋不可忽视的制约因素。

一、综合统筹和规划指导不断加强

国家重视海洋的发展，党中央做出了实施海洋开发、发展海洋经济的战略部署，党的十八大确立"建设海洋强国"的战略目标，为国家整体筹划海洋事务提供了战略指导，为中国海洋事业发展提供了有力的政策保障，为拓展海洋发展空间创造了良好的政策环境。围绕建设海洋强国的目标，中国的海洋政策内容不断丰富，政策规划体系不断充实。

第一，顶层设计不断完善，明确建设海洋强国目标。2013 年 7 月 30 日，习近平总书记在主持中共中央政治局第 8 次集体学习时强调，"建设海洋强国是中国特色社会主义事业的重要组成部分……坚持陆海统筹，坚持走依海富国、以海强国、人海和谐、合作共赢的发展道路，通过和平、发展、合作、共赢方式，扎实推进海洋强国建设"。在党的十九大报告中，习近平总书记明确指出要"坚持陆海统筹，加快建设海洋强国"，明确了中国海洋政策的总目标，体现了党中央对海洋事业发展的新要求。2021 年 3 月，《中华人民共和国国民经济和社会发展第十四个五年规划和 2035 年远景目标纲要》正式发布，要求坚持陆海统筹、人海和谐、合作共赢，协同推进海洋生态保护、海洋经济发展和海洋权益维护，加快建设海洋强国，并从建设现代海洋产业体系、打造可持续海洋生态环境和深度参与全球海洋治理这三个主要领域对今后海洋事业中长期发展进行了规划。在党的二十大报告中，习近平总书记强调要"发展海洋经济，保护海洋生态环境，加快建设海洋强国"。

第二，确立绿色发展原则，建设海洋生态文明。2015 年，国家海洋局印发《海洋生态文明建设实施方案》（2015—2020 年），要求着眼于基于生态系统的海洋综合管理体系，坚持陆海统筹、区域联动的原则，以海洋生态环境保护和资源节约为主线，推动完善海洋生态文明制度体系。2016 年，国家海洋局出台《关于全面建立实施海洋生态红线制度的意见》，指导全国海洋生态红线划定工作。目前全国海洋生态红线划定工作已基本完成，全国 30% 的近岸海域和 35% 的大陆岸线被纳入红线管控范围，筑牢了生态环境保护的防线。[①]自 2013 年起，国家海洋局等部门针对围填海采取了一系列管控硬措施。2016—2017 年，《海岸线保护与利用管理办法》《围填海管控办法》和《海域、无居民海岛有偿使用意见》分别经中央全面深化改革领导小组会议审议通过并印发执行。为进一步加强滨海湿地保护，严格管控围填海活动，国务院于 2018 年 7 月发布《国务院关于加强滨海湿地保护严格管控围填海的通知》。该通知强调要牢固树立"绿水青山就是金山银山"的理念，切实转变"向海索地"的工作思路，实现海洋资源严格保护、有效修复、集约利用，明确除国家重大战略项目外，全面停止新增围填海项目审批。中国海洋政策逐步确立了方向明确、目标清晰、措施有效、约束有力、监管到位的"生态+海洋综合管理"新模式。

第三，规范开发秩序，构建人海和谐的海洋空间开发格局。2012 年，国务院批准第二部《全国海洋功能区划（2011—2020 年）》，是合理开发利用海洋资源、保护海洋生态环境的法定依据。2015 年，国务院印发实施《全国海洋主体功能区规划》，标志着中国主体功能区战略和规划实现了陆域和海洋国土空间的全覆盖。2019 年 5 月 9 日，中共中央、国务院印发《关于建立国土空间规划体系并监督实施的若干意见》，将海洋功能区建设纳入新的"多规合一"的国家空间规划中。《全国国土空间规划纲要（2020—2035）》印发实施。

第四，加强陆海统筹，构建统筹协调的陆海保护利用格局。党的十九大作出"坚持陆海统筹，加快建设海洋强国"部署以来，陆海统筹在体制机制建设、产业、资源、环境和区域协同发展等领域取得重要进展。陆海统筹政策的重要内容是将北、东、南三大海洋经济区发展与京津冀

---

① 兰圣伟. 中国海洋事业改革开放 40 年系列报道之规划篇 [N]. 中国海洋报, 2018-04-18.

协同发展、雄安新区建设、长三角区域一体化、粤港澳大湾区、海南自由贸易试验区等重大区域发展战略实施有机结合。例如在海南自由贸易港的建设中，要求深度融入建设海洋强国等国家重大战略，坚持统筹陆地和海洋保护与发展；加强海洋生态文明建设，加大海洋保护力度，科学有序开发利用海洋资源，培育壮大特色海洋经济，形成陆海资源、产业、空间互动协调发展新格局。[①]

第五，推动海洋经济高质量发展。国家"十四五"规划做出了积极拓展海洋经济发展空间、严格围填海管控、加强海岸带综合管理与滨海湿地保护、积极发展蓝色伙伴关系等部署。《"十四五"自然资源保护和利用规划》《"十四五"海洋经济发展规划》《"十四五"海洋生态环境保护规划》《"十四五"现代综合交通运输体系发展规划》《"十四五"可再生能源发展规划》《海水淡化利用发展行动计划（2021—2025 年）》等多部涉海综合性或专项规划制定实施。这些规划统筹部署中国海洋各领域发展目标、重点任务，推动海洋经济向形态更高级、分工更优化、结构更合理的阶段转变。

二、综合管理能力明显提高

我国在海洋法制建设、权益维护、资源管理、环境保护和公益服务等方面都取得了长足的进展，海洋综合管理能力不断提高。

在海洋法制建设方面，制定实施《中华人民共和国海域使用管理法》（2002 年）、《中华人民共和国海岛保护法》（2010 年）、《中华人民共和国海洋环境保护法》（1982 年，2017 年修正）、《防治海洋工程建设项目污染损害海洋环境管理条例》（2006 年）、《全国海洋功能区划》（2002 年、

[①]《中共中央 国务院关于支持海南全面深化改革开放的指导意见》。

2012 年）等，为依法治海、可持续利用海洋、发展海洋经济提供了基本
保证。《中华人民共和国海域使用管理法》的制定实施，标志着中国海域
管理从此进入规范化、法制化的轨道，海域使用秩序不断规范。《中华人
民共和国海岛保护法》对海岛开发和保护利用活动实施有效管理。《全国
海洋功能区划》是海域使用管理和海洋环境保护的依据，具有法定效力。
2002 年批准实施的第一部《全国海洋功能区划》明确要坚持在发展中保
护、在保护中发展的原则，以实现海域的合理开发和可持续利用。在海
域管理制度建设、建设用海管理、海域使用权登记发证、海域使用金征
收管理、海域使用动态监测等方面都取得了较大的进展。

在海洋资源和环境管理方面，海洋生态环境保护修复成效显著。海
洋空间管控和用途管制逐步加强，近岸海域开发与保护布局得到优化。
持续开展渤海环境综合治理，坚决打好渤海综合治理攻坚战，扎实推进
近岸海域污染防治。已基本建成了包含海洋卫星、飞机、调查船、海岸
基站、浮标、潜标、海床基观测站等在内的海洋环境立体监测监视系统，
国家与地方相结合的四级海洋防灾减灾预警预报网络初具规模，初步形
成了业务化的海洋环境保障体系和工作机制。

实施最严格的围填海管控，除国家重大项目外，全面禁止围填海。
根据国务院《关于加强滨海湿地保护严格管控围填海的通知》要求，自
2018 年起取消围填海地方年度计划指标，除国家重大战略项目外，全面
停止新增围填海项目审批。自然资源部督促指导各级自然资源主管部门
完善工作机制，强化监管工作，坚持"早发现、早制止、严查处"的原
则，综合运用多种监管手段开展高频率监管工作，及时发现制止违法用
海用岛的苗头倾向，持续以高压态势震慑违法用海用岛行为，及时发现
违法用海用岛行为，坚决防止违法用海活动。加强对海域使用状况的调

查，全面清理不合理用海和无证用海，维护了国家海域所有权和海域使用权人的合法权益。持续统筹推进海洋生态修复，组织实施"蓝色海湾"整治行动、海岸带保护修复、渤海生态修复等重大工程，海洋环境质量整体企稳向好。强化海水养殖环境治理，支持发展深远海绿色养殖。实施"史上最严"海洋伏季休渔制度。

三、海洋经济实力显著增强

海洋是高质量发展战略要地，海洋经济继续成为国民经济新的增长点，对全国经济增长的拉动力加大。全国海洋经济发展示范区、示范城市及海洋产业集群引领作用显现，北部、东部、南部三大海洋经济圈初步形成。2021 年海洋生产总值首次突破 9 万亿元，对国民经济增长的贡献率为 8.0%，占沿海地区生产总值的比重为 15.0%。渔业、船舶等海洋产业在全球形成显著规模优势，涉海新产业新业态新模式加快培育。

2020 年，受新冠疫情冲击和复杂多变的国际环境影响，海洋经济面临前所未有的挑战。海洋经济规模有所下降。我国海洋生产总值比上年下降 5.3%，尤其是滨海旅游业受疫情冲击最大，产业增加值与上年相比下降了 24.5%，是海洋经济整体下降的主要原因之一。在以习近平同志为核心的党中央的坚强领导下，涉海部门和沿海地区积极稳妥应对新冠疫情的挑战，较快扭转了海洋经济下滑势头，海洋经济保持基本稳定。①

从经济总量上看，我国海洋生产总值从"十五"末期 2005 年的 1.7 万亿元②，到 2010 年的 3.84 万亿元③，再到 2021 年首次突破 9 万亿元，达 90385 亿元，对国民经济增长的贡献率为 8.0%，占沿海地区生产总值的

---

① 崔晓健.《2021 中国海洋经济发展指数》解读 [N]. 中国自然资源报，2022-02-16.

②《2005 年中国国土资源公报》。

③《2010 年中国国土资源公报》。

比重为 15.0%。2021 年海洋第一产业增加值为 4562 亿元，第二产业增加值为 30188 亿元，第三产业增加值为 55635 亿元，分别占海洋生产总值的 5.0%、33.4% 和 61.6%。①

2021 年，我国主要海洋产业强劲恢复，产业结构进一步优化，发展潜力与韧性彰显。全年主要海洋产业实现增加值 34050 亿元，较 2020 年增长 10.0%，除海洋矿业与海洋盐业外，其他海洋产业均实现正增长。其中，海洋电力业实现快速增长。随着国家产业政策实施和技术水平提高，海上风电快速发展，2021 年海上风电新增并网容量 1690 万千瓦，为 2020 年的 5.5 倍，累计装机容量跃居世界第一，潮流能、波浪能等海洋能开发利用技术的研发示范持续推进，2021 年海洋电力业实现增加值 329 亿元，较 2020 年增长 30.5%，居领先地位；近年来国家对海洋生物医药的政策支持和研发力度不断加大，产业化进程加快，自主研发成果不断涌现，海洋生物医药业增势良好，2021 年实现增加值 494 亿元，比 2020 年增长 18.7%，居第二位；由于海水利用科技创新步伐加快，海水淡化工程规模不断扩大，海水利用业得以保持较快发展，海水利用业 2021 年实现增加值 24 亿元，增速为 16.4%；滨海旅游业实现恢复性增长，助企纾困和刺激消费政策的陆续出台使滨海旅游市场逐步回暖，但受疫情多点散发影响，滨海旅游尚未恢复到疫情前水平，2021 年实现增加值 15297 亿元，较 2020 年增长 12.8%；海洋交通运输业呈现平稳增长态势，随着对外贸易快速复苏，远洋运力供给不断强化，沿海港口生产稳步增长，海洋货物周转量比 2020 年增长 8.8%，沿海港口完成货物吞吐量、集装箱吞吐量分别较 2020 年增长 5.2% 和 6.4%，2021 年海洋交通运输业实现增加值 7466 亿元，比 2020 年增长 10.3%；而随着世界航运市

---

① 《2021 年中国海洋经济统计公报》。

场逐步回暖，全球新船需求显著回升，2021 年我国新承接海船订单、海船完工量和手持海船订单分别为 2402 万、1204 万和 3610 万修正总吨，分别比 2020 年增长 147.9%、11.3% 和 44.3%，占国际市场份额保持领先，船舶绿色化、高端化转型发展加速，2021 年海洋船舶工业实现增加值 1264 亿元，较 2020 年增长 7.7%；由于海洋油、气产量提升，且国内对化工等原材料产品需求增加，2021 年海洋油气业与海洋化工业分别实现增加值 1618 亿元和 617 亿元，分别较 2020 年增长 6.4% 与 6.0%；海洋渔业转型升级持续推进，养捕结构进一步优化，种质资源保护与利用能力不断加强，绿色、智能和深远海养殖加速发展，2021 年海洋渔业实现增加值 5297 亿元，比 2020 年增长 4.5%；海洋工程建筑业稳步发展，跨海桥梁、海底隧道等多项工程有序推进，以智慧港口为代表的海洋新型基础设施建设持续发力，海洋工程建筑业 2021 年实现增加值 1432 亿元，比 2020 年增长 2.6%；由于海洋矿业开采速度有所放缓，该产业实现增加值 180 亿元，比 2020 年下降 3.4%；而随着海盐产量大幅减少，海洋盐业 2021 年实现增加值 34 亿元，较 2020 年下降 12.2%。[1]

从区域发展来看，2021 年，北部海洋经济圈海洋生产总值为 25867 亿元，较 2020 年名义增长 15.1%，占全国海洋生产总值的比重为 28.6%；东部海洋经济圈海洋生产总值为 29000 亿元，比 2020 年名义增长 12.8%，占全国海洋生产总值的比重为 32.1%；南部海洋经济圈海洋生产总值为 35518 亿元，较 2020 年名义增长 13.2%，占全国海洋生产总值的比重为 39.3%。[2]

---

[1][2]《2021 年中国海洋经济统计公报》。

四、海洋科技支撑能力明显提高

建设海洋强国必须大力发展海洋高新技术。中国的海洋科技政策是发展海洋科学技术，着力推动海洋科技向创新引领型转变，依靠科技进步和创新，努力突破制约海洋经济发展和海洋生态保护的科技瓶颈。海洋科技创新的重点是在深水、绿色、安全的海洋高新技术领域取得突破，尤其要推进海洋经济转型过程中急需的核心技术和关键共性技术的研究开发。具体包括：大幅提升对全球海洋变化、深渊海洋、极地的科学认知能力；快速提升深海运载作业、海洋资源开发利用的技术服务能力；显著提升海洋环境保护、防灾减灾、航运保障的技术支撑能力；完善以企业为主体的海洋技术创新体系，有效提升海洋科技创新和技术成果转化能力。[1]

海洋科技创新实现跨越式发展，创新水平稳步提升。我国编制了《国家海洋科学和技术中长期发展规划（2021—2035）》，实施"深海关键技术与装备""海洋环境安全保障"等国家重点研发计划专项，布局海洋科技创新基地平台，深海极地前沿技术实现多点突破，海洋资源开发利用关键技术和装备打破发达国家的长期垄断。[2]海洋科技创新投入持续增加，人才队伍不断壮大，成果转化能力显著提高。2020 年重点监测的海洋科研机构中，研发经费较 2011 年翻了一番，科技人才较 2011 年增加了 1 万多人，专利授权数达到 2011 年的 4 倍。海洋科技创新成果不断涌现，并取得一系列新突破。"奋斗者"号、"海斗一号"等为代表的海洋探测运载作业技术实现质的飞跃，填补国内空白。天然气水合物实现从探索性试采向试验性试采的重大跨越，天然气水合物产业化进程迈出关键一步。全球首艘 10 万吨级智慧渔业大型养殖工船中间试验船"国信 101"号正式

---

① 《"十三五"海洋领域科技创新专项规划》。

② 《关于政协十三届全国委员会第四次会议第 0455 号（资源环境类 044 号）提案答复的函》。

交付，突破深远海养殖技术瓶颈，助推产业智能化、信息化发展。[①]

海洋科学国际竞争力实现新跨越。2017年年底，第72届联合国大会通过决议，确定2021—2030年为"联合国海洋科学促进可持续发展十年"（简称"海洋十年"）。2021年1月，"海洋十年"实施计划正式启动，以"推动形成变革性的海洋科学解决方案、促进可持续发展、将人类和海洋联结起来"为使命，旨在为全球海洋治理提供科学解决方案，实现海洋的可持续发展。这是世界海洋科学和海洋治理的一场革命，得到世界各国的普遍重视，大科学计划是其中的重要组成部分。目前已有四项由我国科学家发起的项目获批联合国"海洋十年"大科学计划。分别是由自然资源部第一海洋研究所牵头的"海洋与气候无缝预报系统"、由厦门大学近海海洋环境科学国家重点实验室焦念志院士领衔的"海洋负排放"、华东师范大学河口海岸学国家重点实验室发起的"大河三角洲：为可持续问题寻求解决方案"、由香港城市大学海洋污染国家重点实验室发起的"全球河口污染监测"大科学计划。

五、海洋事业"走出去"步伐明显加快

我国积极参与国际海底管理局、国际海事组织、政府间海洋学委员会等多边和地区海洋机构的政策磋商，进一步扩大了与周边国家的海洋合作，在促进国际海洋多边和双边交流与合作中发挥着主要作用。我国参加《联合国海洋法公约》缔约国大会，参与《联合国海洋法公约》设立的所有重要国际海洋机构的工作。先后有4位中国籍海洋法专家当选为国际海洋法法庭法官，在大陆架界限委员会、国际海底管理局等机构都有我国专家长期参与工作。

---

① 崔晓健.《2021中国海洋经济发展指数》解读[N].中国自然资源报，2022-02-16.

国际海底区域是指国家管辖范围以外的海床和洋底及其底土。国际海底区域空间广阔、资源丰富，是全人类的共同财产。随着人类社会对资源需求的持续增加和对环境问题的日益重视，国际海底区域在空间、资源、环保、经济、科研等方面的价值不断提升。中国持续开展国际海底区域矿产资源调查，着力提高深海矿产资源开发保护水平，坚持以国际海底管理局为核心的国际海底区域多边治理体系，在参与和促进国际海底事务发展方面发挥了重要作用。中国的承包者先后与管理局签订了5份勘探合同，并认真履行勘探合同义务，按时向管理局提交年度报告。

表1-3：中国担保的国际海底区域勘探合同

序号	承包者	矿区资源	签约时间	到期时间	位置
1	中国大洋协会	多金属结核	2001/5/22	2021/5/21	太平洋CC区
2	中国大洋协会	多金属硫化物	2011/11/18	2026/11/17	西南印度洋
3	中国大洋协会	富钴结壳	2014/4/29	2029/4/28	太平洋麦哲伦海山区
4	中国五矿集团公司	多金属结核	2017/5/12	2032/5/11	太平洋CC区
5	北京先驱高技术开发公司	多金属结核	2019/10/18	2034/10/17	西太平洋

资料来源：《中国海洋发展报告》

2019年10月18日，中国自然资源部（国家海洋局）与国际海底管理局在北京签订了《中国自然资源部与国际海底管理局关于建立联合培训和研究中心的谅解备忘录》，双方在华建立联合培训和研究中心。该中心设在位于中国青岛的自然资源部国家深海基地管理中心。联合中心是面向国际社会特别是发展中国家开放的致力于深海科学、技术、政策培训与研究的机构，主要负责为发展中国家人员提供深海科学、技术与管理方面的业务培训；研究分析深海采矿发展方向及深海技术发展趋势，为相关政策法规制定提供参考依据；促进与发展中国家在国际海底领域的交流与合作。联合中心是履行《联合国海洋法公约》、践行"共商、共建、共享"发展理念、促进全球海洋合作的重要举措，是我国促进发展中国家能力建设、推动构建"人类命运共同体"的积极贡献，是中国作为最大的发展中国家承担大国责任的重要体现。

自 2010 年 5 月至今，大陆架和国际海底区域制度科学与法律问题国际研讨会已成功举办了六届，是全球范围内唯一同时邀请联合国海洋事务和海洋法司、国际海底管理局、大陆架界限委员会和国际海洋法法庭负责人参会并做报告的国际高端学术研讨会。研讨会搭建了大陆架和国际海底区域制度领域具有国际影响力的高端平台，促进科学与法律交叉的学术交流和海洋事务交流。2018 年 5 月 30—31 日，由国家海洋局、中国大洋协会、中国工程院和浙江省海洋科学院联合支持，自然资源部第二海洋研究所和自然资源部海洋发展战略研究所在浙江乌镇主办第六届大陆架和国际海底区域制度科学与法律问题国际研讨会。来自 30 个国家和地区的 130 余人参会，包括大陆架界限委员会主席和副主席、国际海底管理局秘书长、国际海洋法法庭法官和书记官、联合国海洋事务和海洋法司法律顾问等重要涉海国际机构的负责人和代表。①

2022 年 6 月 22 日，联合国教科文组织政府间海洋学委员会（IOC）执行秘书长弗拉基米尔·拉宾宁正式宣布，中国申办的联合国"海洋十年"海洋与气候协作中心正式获批，成为联合国首批设立的 6 个"海洋十年"协作中心之一。该协作中心的申办成功，体现了国际社会对我国在

---

① 专属经济区与大陆架研究中心. 第六届大陆架和国际海底区域制度科学与法律国际研讨会召开[EB/OL]. [2021-07-03]. https://klsg.sio.org.cn/csc/index.php?m=content&c=index&a=show&catid=4&id=122.

海洋与气候领域自主创新能力的高度认可，标志着我国在该领域从深度参与走向了国际引领。

我国与印尼建立了中国印尼海洋与气候联合研究中心，签署了中国—欧盟在海洋综合管理方面建立高层对话机制谅解备忘录。我国在南海低敏感领域合作成效显著，同印尼等周边国家开展多项实质性合作项目，与马来西亚签署了政府间海洋科技合作协议。

02 第二章

新时代中国海洋政策

政策是国家政权机关、政党组织和其他社会政治集团为了实现自己所代表的阶级、阶层的利益与意志，以权威形式标准化地规定在一定的历史时期内，应该达到的奋斗目标、遵循的行动原则、完成的明确任务、实施的工作方式、采取的一般步骤和具体措施。根据政策所指示的方向、实现的目标和具体程度，政策可分为总政策、基本政策和具体政策。[①]海洋政策（National Ocean Policy）是国家为实现海洋领域的任务和目标而制定的行动准则，由于不同时期的国际环境和形势的变化、国家对外关系的调整以及国内情况的不同，中国的海洋观念和海洋政策也处在不断发展变化之中。[②]

---

① 管华诗, 王曙光. 海洋管理概论[M]. 青岛：中国海洋大学出版社, 2003:7.
② 本章是在自然资源部海洋发展战略研究所相关研究成果的基础上综合归纳总结而成。

第一节 海洋政策发展历程

伴随着共和国前进的步伐，中国的海洋事业历经时代变迁，战胜种种困难，取得了令人瞩目的巨大成就，极大地支撑和促进了社会经济的快速发展。海洋对国家的贡献已从"渔盐之利""舟楫之便"逐步发展为"人类生存和国家安全的重要空间"。海洋政策是推动海洋事业发展的依据和准则。在实施建设海洋强国目标和推进海洋生态文明建设中，海洋政策起到了重要的引领作用。制定海洋政策的出发点和依据是国家的海洋利益，由于各历史时期世情国情的变化，每一个国家都在调整和完善其海洋政策和战略，因此在不同的历史发展阶段都有不同的海洋政策。

一、海洋政策概念与特点

海洋政策是国家政策的重要组成部分，是国家在海洋领域意志和利益的体现。海洋政策是国家为实现海洋领域一定历史时期或发展阶段的目标，根据国家发展总体战略和总体政策，以及国际海洋斗争和海洋开发利用的趋势而制定的海洋工作和海洋事业活动的行动准则。海洋政策是以国家立法、政府的法规和行政指令、事业规划等方式的具体化、条理化、法律化，借以发挥其对海洋事业发展的指导作用。海洋政策是海洋开发、保护、规划与计划的依据，是海洋工作的重要协调手段，是海洋管理的准则和决策的基础。海洋事业包括海洋经济、军事、科学、生产服务活动和管理工作，以及与此有关的外交、法律方面的活动。这些活动互相渗透、互相制约、互相影响，影响着海洋各个行业的发展政策、经营管理政策、技术政策，以及协调各种活动、行业间关系的跨行业、跨部门的具体政策。

图 2-1 我国海洋政策架构

政策具有以下特点：①阶级性。阶级性是政策的最根本特点。在阶级社会中，政策只代表特定阶级的利益，从来不代表全体社会成员的利益，不反映所有人的意志。②正误性。任何阶级及其主体的政策都有正确与错误之分。③时效性。政策是在一定时间内的历史条件和国情条件下，推行的现实政策。④表述性。就表现形态而言，政策不是物质实体，而是外化为符号表达的观念和信息。它由有权机关用语言和文字等表达手段进行表述。国家政策一般分为对内与对外两大部分。对内政策包括财政经济政策、文化教育政策、军事政策、劳动政策、宗教政策、民族政策等。对外政策即外交政策。

国家海洋政策主要有以下特点：第一，海洋政策是国家总政策在海洋活动中的表达，海洋政策必须服务于国家的总政策，必须体现或贯彻国家总政策。第二，国际海洋权益斗争、国内外的海洋开发利用现状和趋势，以及一些海洋领域的国际公约，是制定海洋政策的重要依据。第三，海洋政策的适用领域，主要包括海洋事务活动及与海洋密切关联的其他活动。

二、新中国海洋政策发展历程

如前所述，国家海洋事业发展的目标和任务是由国家海洋利益决定的，制定海洋政策的依据和出发点是国家的海洋利益。新中国走过风雨征程七十余年，历经时代变迁，迎来了从站起来、富起来到强起来的伟大飞跃，我们的海洋事业也逐步走出国门走向世界，取得了令人瞩目的成就，极大地支撑和促进了国家社会经济的快速发展。随着不同时期国际环境和国内形势的变化以及国家对外关系的调整，我国海洋政策和战略也处在不断的发展变化之中，特别是改革开放后，国家社会、经济、科技迅猛发展，海洋政策与国家政策方针同步调整，海洋事业步入快速发展的历史阶段。在实施建设海洋强国战略目标和推进海洋生态文明建设中，海洋政策起到了重要的引领作用。

（一）从中华人民共和国成立到改革开放初期

中华人民共和国成立之初，百废待兴，特别是民生和安全问题成为新政权能否站得住的首要问题。这一时期，中国的海洋观念和政策主要体现在维护国家主权和海防安全方面。为了保障国家的安全和政权稳定，早在中华人民共和国成立前，中国共产党就已经深刻认识到建设海军的重要性，并将海上战场的筹划提上议事日程，以海洋防卫为重点推进海洋工作。1949 年 1 月 8 日，中共中央政治局在《目前形势和党在 1949 年的任务》中，就明确提出要"争取组成一支能够使用的空军，及一支保卫沿海沿江的海军"。中华人民共和国成立之初，由于当时复杂的国际国内环境，党和国家的重要任务之一就是要抵御侵略、保卫大陆安全。党和国家领导人认为，海洋是国防的重要屏障，建设强大海军和海上钢铁长城是主要战略任务。1953 年 12 月 4 日，在中共中央政治局扩大会议上，毛泽东对海军建设总方针、总任务，做了完整和系统的阐述："……为了准备力量，反对帝国主义从海上来的侵略，我们必须在一个较长时间内，根据工业发展的情况和财政的情况，有计划地逐步地建设一支强大的海军。"①这一指示规定了海军的近期工作和长远任务，指明了建设强大海军的大体步骤和基本条件。

这一时期制定和实行了一些相关规定，其重要目的是维护中国的领土主权和海上安全。例如，为了表明中国维护国家主权和领土完整的严正立场，1958 年 9 月中国政府发表了《关于领海的声明》，初步建立了中国的领海制度。可以看出，这一时期，中国政府的海洋观念和海洋政策集中体现在中国政府深切认识到建设海防的重要性，它标志着新中国领导人的海洋观和新中国海权思想的萌芽。

（二）改革开放至 20 世纪末

改革开放以后，社会、经济、科技等多方面都在迅猛发展，海洋事业也步入快速发展的历史新阶段。随着中国政府工作重心向经济转移，特别是海洋产业和涉海行业的迅速发展，在适应国情的海洋政策的引领下，中国的海洋经济取得了令人瞩目的大发展。与中华人民共和国成立之初的海洋防卫策略相比，在这一阶段，海洋观念和海洋政策有了很大的调整和完善。党和国家领导人从战略的高度重视海洋，曾先后做出"振兴海业，繁荣经济""管好用好海洋，振兴沿海经济"等指示。这一时期，为了保障海洋经济的迅速发展，搁置争议、友好协商、双边谈判、推动合作成为中国解决海洋权益争端的主要政策，为海洋经济大发展创造了良好的政治氛围和基础条件。

为了给海洋经济快速可持续发展提供法制保障，这一阶段海洋立法工作取得了很大进展，包括批准了《联合国海洋法公约》，颁布了《中华人民共和国领海及毗连区法》《中华人民共和国专属经济区和大陆架法》，还先后组织起草并陆续推出了《中华人民共和国海洋环境保护法》以及

---

① 中共中央文献研究室. 毛泽东文集：第 6 卷 [M]. 北京：人民出版社，1999：314.

《铺设海底电缆管道管理规定》《中华人民共和国涉外海洋科学研究管理规定》《中华人民共和国海洋倾废管理条例》等法律法规。为推动海洋产业的迅速发展，这一时期研究制定并发布了《90年代我国海洋政策和工作纲要》《海洋技术政策》《国家中长期科学和技术发展规划纲要》《全国海洋开发规划》及《中国海洋21世纪议程》等多个政策性文件。1998年，由中华人民共和国国务院新闻办公室以7种文字向全世界发布了《中国海洋事业的发展》白皮书，系统全面地阐述了中国在海洋事业的发展中遵循的基本政策和原则，成为指导一个时期中国海洋事业发展的纲领性文件。

（三）进入21世纪至党的十八大

进入21世纪，人类开发利用海洋进入一个新的时期，保护海洋环境及海洋资源的可持续利用被列为海洋管理的重要议程之一。世界各海洋大国以及中国周边海上邻国纷纷出台面向21世纪的海洋战略和政策。在这种宏观发展背景下，党中央、国务院对海洋工作先后做出了一系列重要指示，加强海洋开发利用与环境保护，全面推动海洋事业发展。国家在海洋法制建设和战略规划方面开展了大量工作，先后颁布了《中华人民共和国海域使用管理法》《中华人民共和国海岛保护法》，批准了《全国海洋功能区划》《全国海洋经济发展规划纲要》《国家海洋事业发展规划纲要》等，拥有了依法治海、发展海洋经济的基本保证。2011年，《中华人民共和国国民经济和社会发展第十二个五年规划纲要》第14章，用500余字的篇幅对海洋事业的发展提出了明确的要求。

2012年，随着国际形势的变化和国内社会经济的发展，党的十八大报告从战略高度对海洋事业发展做出了全面部署，明确提出建设海洋强国的战略目标。2013年3月，国务院总理温家宝在政府工作报告中对海洋工作提出了"加强海洋综合管理，发展海洋经济，提高海洋资源开发能力，保护海洋生态环境，维护国家海洋权益"的具体要求；7月30日，习近平总书记在主持中共中央政治局第8次集体学习时强调，"建设海洋强国是中国特色社会主义事业的重要组成部分""坚持陆海统筹""坚持走依海富国、以海强国、人海和谐、合作共赢的发展道路，通过和平、发展、合作、共赢方式，实现建设海洋强国的目标"。建设海洋强国已被提升到国家战略层面。

海洋战略是国家大战略的组成部分，党的十八大提出"建设海洋强国"，21世纪头30年是中国向海洋强国发展的关键时期，在全面建成小康社会和实现民族复兴征途中，要明确海洋在过程中应有的地位与作用，明确海洋政策与现有各项基本国策的关系，兼顾全球视野和崛起大国走向海洋的迫切需要以及中国的基本海情，统筹谋划适应世情、国情、海情的海洋战略和政策。

（四）党的十八大之后

2017年10月18日，习近平总书记在党的十九大报告中指出"中国特色社会主义进入了新时代"，党的十九大报告明确指出要"坚持陆海统筹，加快建设海洋强国"，充分体现了党中央对海洋事业发展的新要求。新时代指明新方位，党的十九大报告阐明了新时代我们党和国家事业发展的大政方针和行动纲领，为建设海洋强国吹响了冲锋号角。在中国特色社会主义进入新时代的关键时期，开启了海洋强国建设新的历史航程。随着社会生产力的不断发展，综合国力的进一步增强以及国民海洋意识的逐步提高，中国的海洋事业必将得到更大的发展。2018年的国务院机构改革方案为海洋事业发展奠定了体制保障基础，海洋强国建设步入加快发展的快车道。

21 世纪，海洋环境问题成为影响国家发展的重大问题，海洋生态环境保护成为全世界共同的责任和义务，中国应在全球海洋事务中承担更多的责任和义务，发挥更大作用。党的十八大指出要"保护海洋生态环境"，海洋生态环境问题已被提升到国家战略高度。党的十九大报告提出"坚持陆海统筹，加快建设海洋强国……加快水污染防治，实施流域环境和近岸海域综合治理"。海洋生态环境保护是海洋强国建设的基础。没有美丽海洋就没有美丽中国。十九届五中全会提出"深入实施可持续发展战略，完善生态文明领域统筹协调机制，构建生态文明体系，促进经济社会发展全面绿色转型，建设人与自然和谐共生的现代化"。党的二十大报告提出"发展海洋经济，保护海洋生态环境，加快建设海洋强国"。海洋生态环境治理是国家治理能力现代化的重要环节。因此，未来的海洋环境政策也将随之不断调整和完善，海洋政策将继续服务于建设海洋强国和全体人民共同富裕、实现中华民族伟大复兴的战略总目标。

三、各时期海洋政策特征分析

综上所述，海洋政策是随着时代发展和国情变化而制定和调整的，国家利益关注点随着社会经济发展阶段不同而有所侧重，从各个不同时期的发展来看，由于国际环境和形势的变化、国家对外关系的调整以及国内情况的不同，在新中国七十余年的发展历程中，海洋观念和海洋政策处在不断的发展变化之中，各不同时期的海洋政策体现出鲜明的时代特征，同时也具有一些共同特点。

（一）不同时期海洋政策的时代特征

中华人民共和国成立初期到改革开放前这一时期，中国的海洋观念和政策主要体现在重视海防方面。在此期间，党和国家领导人对海军建设所做过的重要指示及一些相关规定，初步反映出中国政府的海洋观念和海洋政策，集中体现了海洋防卫和海洋安全对国家安全的重要性。

改革开放以后，随着中国政府工作重心向经济转移，特别是海洋产业的迅速发展和国际海洋形势的变化，海洋经济取得了令人瞩目的发展。进入90年代，特别是党的十四大以来，中国政府的现代海洋观念基本形成，除了高度重视海洋经济的发展，中国对海洋事业的全面发展更为关注，海洋政策趋于成熟。

进入21世纪以来，世界各海洋大国以及我周边海上邻国纷纷确立"海洋立国"方针，出台面向21世纪的海洋战略和政策，试图在新一轮国际海洋竞争中抢得先机。在这样的国际背景下，中国政府以战略的眼光经略海洋，提出要"建设海洋强国"，从国家发展战略的高度部署海洋事业发展。

党的十八大以后，中国特色社会主义进入了新时代。"坚持陆海统筹，加快建设海洋强国"，是这一新的历史时期党中央对海洋事业发展提出的新要求。为促进国家现代化建设和民族复兴大业，必须制定适应新形势发展的海洋政策，指导海洋经济、环境、管理和海洋权益维护工作，为海洋事业的健康发展和建设海洋强国奠定坚实基础。随着社会生产力的不断发展，综合国力的进一步增强以及国民海洋意识的逐步提高，中国的海洋事业必将得到更大的发展。今后一定时期内，海洋战略和海洋政策仍将服务于海洋强国建设的战略总目标。

（二）海洋政策的共性

第一，我国不同时期海洋政策都是围绕着国家的大政方针来制定和调整的，从近30年来党的历次重要会议的涉海内容可以看出国家对海洋的需求和部署，引领海洋政策走向和海洋事业发展。同时，海洋事业的发展也会为国家安全和社会经济相关政策的编制出台提供依据和参考，在国家一些重要的政策白皮书中呈现出体现时代特点的涉海内容。详见章后附件。

表 2-1: 近三十年来涉海重要论述

会议名称	会议时间	关于海洋的相关内容
中共十四大	1992 年	军队要努力适应现代战争的需要,注重质量建设,全面增强战斗力,更好地担负起保卫国家领土、领空、领海主权和海洋权益,维护祖国统一和安全的神圣使命。
中共十四届五中全会	1995 年	要把握世界高技术发展的趋势,重点开发电子信息、生物、新材料、新能源、航空、航天、海洋等方面的高技术。
中共十五大	1997 年	严格执行土地、水、森林、矿产、海洋等资源管理和保护的法律。
中共十五届五中全会	2000 年	依法保护和开发水、土地、矿产、森林、草原、海洋等国土资源。加强自然保护区和生态示范区建设,保护陆地和海洋生物多样性。
中共十六大	2002 年	实施海洋开发,搞好国土资源综合整治。
中共十六届五中全会	2005 年	开发和保护海洋资源,积极发展海洋经济。
中共十七大	2007 年	发展信息、生物、新材料、航空航天、海洋等产业。
中共十七届五中全会	2010 年	发展海洋经济。坚持陆海统筹,制定和实施海洋发展战略,提高海洋开发、控制、综合管理能力;科学规划海洋经济发展,发展海洋油气、运输、渔业等产业,合理开发利用海洋资源,加强渔港建设,保护海岛、海岸带和海洋生态环境。保障海上通道安全,维护我国海洋权益。
中共十八大	2012 年	提高海洋资源开发能力,发展海洋经济,保护海洋生态环境,坚决维护国家海洋权益,建设海洋强国。

续表

会议名称	会议时间	关于海洋的相关内容
中共十八届五中全会	2015 年	拓展发展新空间，形成沿海沿江沿线经济带为主的纵向横向经济轴带；开展蓝色海湾整治行动；支持沿海地区全面参与全球经济合作和竞争；推进"一带一路"建设，推进同有关国家和地区多领域互利共赢的务实合作，推进国际产能和装备制造合作，打造陆海内外联动、东西双向开放的全面开放新格局。
中共十九大	2017 年	坚持陆海统筹，加快建设海洋强国。
中共十九届五中全会	2020 年	坚持陆海统筹，发展海洋经济，建设海洋强国。提高海洋资源、矿产资源开发保护水平。
中共二十大	2022 年	发展海洋经济，保护海洋生态环境，加快建设海洋强国。

第二，海防安全是海洋事业的基础和国家安全的门户，有效维护国家海洋权益和安全是十分重要的战略任务，也是海洋政策的重中之重。海洋拥有人类可共享的区域和财富，它所具有的国际属性使其成为各国竞争的战略区域，沿海国家不断要求并且实际圈占海洋区域。因此，有效维护领海主权、专属经济区和大陆架勘探开发自然资源的主权权利与各种管辖权，行使公海自由的权利，分享国际海底区域人类共同继承财产权利，确保海防安全、海上非传统安全、海上生命财产安全成为海洋政策的重要关切。

第三，开发利用海洋资源，发展海洋经济，保持国民经济的新增长点是海洋政策的核心。海洋资源是自然资源的重要组成，海洋是潜力巨大的资源宝库，21 世纪是全面开发海洋的时代，世界各沿海国均高度关注海洋资源，出现了蓝色海洋经济发展高潮。海洋资源开发促进海洋产业繁荣，支撑国家外向型经济发展。建设海洋资源战略基地对于社会主义现代化建设具有重要意义。

第四，海洋生态环境问题已被提升到国家战略高度，海洋环境保护被纳入生态文明建设大框架。21 世纪，海洋生态环境保护成为全世界共同的责任和义务，海洋环境问题成为影响国家发展的重大问题。党的十八大指出要"保护海洋生态环境"，海洋生态环境问题已被提升到国家战略高度。党的十九大提出"加快水污染防治，实施流域环境和近岸海域综合治理"。党的二十大提出"发展海洋经济，保护海洋生态环境，加快建设海洋强国"。围绕建设海洋生态文明总目标，构建海洋生态环境保护关键制度和政策，并以海洋生态环境保护政策促进经济转型发展，以适应绿色、低碳、循环发展的世界发展新潮流。

第二节　对新时期海洋政策的探讨

党的十八大提出"建设海洋强国"，21世纪头30年是中国建设海洋强国的关键时期，在社会主义现代化建设和中华民族复兴伟大征途中，要明确海洋在此过程中应有的地位与作用，明确海洋政策与现有各项基本国策的关系，兼顾全球视野和崛起大国走向海洋的迫切需要以及中国的基本海情，统筹谋划适应世情、国情、海情的海洋战略和政策。

一、总体思路与基本原则

通过对有效维护国家海洋权益，科学合理开发管辖海域，切实保护近海生态环境，发展国际海底与极地事业，推进海洋科技与教育事业，加强海洋综合管理，建设现代化的海洋环境保障体系，完善领导体制、机制与法制，积极参与国际海洋事务合作等重大战略问题的研究，总结提出新时期发展海洋事业的总体思路和基本原则。

（一）总体思路

研究制定海洋政策，首先要明确中国发展海洋事业、建设海洋强国的背景和目的。海洋分为国家管辖海域、公海和国际海底区域，海洋的国际属性使其拥有人类可共享的区域和财富。中国是发展中的人口大国，地大物博但人均占有量较低，随着陆地资源的日益匮乏，为满足人民的生存和国家的发展需要，必须解决所面临的粮食问题、水资源问题和能源安全问题。在这样的世情和国情背景下，应坚持把建设海洋强国纳入实现中华民族伟大复兴的历史进程中，并应服从服务于党和国家工作大局，本着促进国家经济发展和服务国防安全的目的来制定海洋政策。

第一，建设新型海洋强国，助力中华民族伟大复兴。在中国和谐文化的优良传统、和平发展的法律基础之上，树立坚定不移走向海洋的战略意志，创立建设中国特色海洋强国新模式，实施海洋科技、海洋经济、海洋生态环境、海上力量平衡发展战略，分享与国家地位相称的海洋利益。

第二，必须树立海洋国土与公土思想。坚持陆海统筹，拓展海洋利用空间，促进海洋事业为经济发展和国防安全服务。开发利用和保护好中国管辖海域，积极关注、合理开发利用公海和国际海底区域。

第三，深刻认识全球海洋治理的发展态势。坚持和平利用海洋，积极参与国际海洋事务，倡导尊重彼此海洋权益，协商解决全球性海洋问题，享有和履行国际海洋法赋予的权利和义务，体现中国作为负责任大国在全球海洋事务中的担当精神。

（二）基本原则

结合中国国情及发展的时代背景，确立中国发展海洋事业应坚持的四项基本原则，即陆海统筹原则、可持续发展原则、科技创新引领原则、和平利用与合作共赢原则。

第一，坚持陆海统筹原则。统筹陆地与海洋的战略地位，统筹陆地与海洋协调发展，正确处理沿海陆域和海域空间开发关系，形成陆域和海域融合的新优势。

第二，坚持海洋可持续发展原则。坚持以可持续发展原则指导各项海洋事业，建设繁荣海洋、健康海洋、安全海洋、和谐海洋。坚持综合开发利用和协调发展的原则，统筹安排海洋经济、海洋综合管理、海洋资源环境保护、海洋科技教育和海洋社会公共事业。

第三，坚持科技创新引领原则。进一步优化配置海洋科技资源，壮大海洋科技人才队伍，完善海洋科技创新体系，增强自主创新能力，使海洋科技成为支撑和引领海洋事业快速发展的重要驱动力。

第四，坚持和平利用与合作共赢原则。坚持海洋的和平利用、合作开发与保护，实现互利互惠。坚持合作共赢原则，努力寻求与他国的利益汇合点，争取构建利益共同体。与国际社会共同分担保护海洋、防止海洋资源破坏和环境退化的责任和义务，共同促进世界海洋的可持续利用，实现人类建设和谐海洋的愿景。

二、政策目标与方向

以习近平同志为核心的党中央着眼于中国特色社会主义事业发展全局，统筹国内国际两个大局，全面推进海洋强国建设。走中国特色海洋强国之路就是要坚持建设海洋强国与提升我国综合国力相促进、相一致，与实现中华民族伟大复兴进程相协调、相统一。"加快建设海洋强国"成为新时代中国走向海洋的鲜明指引，为国家发展和中国梦的实现提供强大的助推力。

（一）确立多元化的新时代海洋政策目标

在社会主义现代化建设和实现中华民族伟大复兴的征途中，要明确海洋在此过程中应有的地位与作用，明确海洋政策与现有各项基本国策的关系，兼顾全球视野和中国的基本海情，统筹谋划适应世情、国情、海情的海洋战略和政策。新时代的海洋政策必须服从和服务于国家发展与民族复兴的大战略，服从和服务于党和国家工作大局，本着促进国家经济发展和服务国防安全的目的，确立多元化的新时代海洋政策目标，推动海洋强国建设，逐步实现中国从濒海大国向新时代海洋强国的转变。

要树立海洋国土与公土思想，开发利用和保护好中国管辖海域，积极关注、合理开发利用公海和国际海底区域。应实行蓝色开发的海洋政策，树立全球海洋观念，提升科技创新能力，推动海洋开发从近海走向深海大洋，合理分享人类共同财富；实行绿色保护的海洋政策，加大生态系统保护力度，实施流域环境和近岸海域综合治理，遏制沿海区域海洋生态环境恶化势头，保证海洋的可持续开发利用；实行统筹协调的海洋政策，坚持陆海统筹规划，部署海洋经济、海洋科技与教育、海洋生态环境、海洋公益服务和海防建设，实现陆地与海洋统筹协调发展；实行合作共赢的海洋政策，积极参与全球海洋治理，加强国际海洋事务合作，与国际社会共同分担保护海洋资源和环境的责任和义务，促进海洋的和平利用和世界和谐发展。

（二）以国家大战略引领海洋政策方向

国家的大政方针及习近平总书记关于建设海洋强国的重要论述是经略海洋的重要指导，是依法治海的行动纲领，应以此作为新时代制定海洋政策、指导海洋事业发展的重要依据和指南。在未来发展阶段，需要围绕着加快海洋强国建设、实现强国富民战略目标和参与全球海洋治理、实现互利共赢来调整和完善海洋政策。

1.全面经略海洋，实现依海强国富民战略目标

中国特色的海洋强国建设以实现利用海洋强国富民为基本目标和主要任务，围绕党的十八大、十九大和二十大的总部署，按照"两个一百年"奋斗目标，从发展海洋经济、保护海洋生态环境、发展海洋科学技术和维护国家海洋权益等方面出发部署任务。

一是要提高海洋资源开发能力，奠定海洋经济发展的物质基础。以海洋为高质量发展的战略要地，着力推动海洋经济向质量效益型转变，努力推动海洋经济为国家能源安全、食物安全、水资源安全做出更大贡献。

二要保护海洋生态环境，建设人海和谐的美丽家园。把海洋生态文明建设纳入海洋国土开发总布局之中，着力推动海洋开发方式向循环利

用型转变，构建绿色可持续的海洋生态环境，以最严格的制度、最严密的法治为生态文明建设提供可靠保障。

三要以创新为动力加速海洋科技发展，推动海洋科技向创新引领型转变。国际海权竞争实质是以科技为支撑、创新为动力的硬实力之争。要依靠科技进步和创新，提升我国海洋开发能力，努力突破制约海洋经济发展和海洋生态保护的科技瓶颈，推进海洋高质量发展。

四要提升海上综合实力，统筹维权和维稳两个大局，维护国家海洋权益和保障海上安全。坚持把国家主权和安全放在第一位，坚持维护国家主权、安全、发展利益相统一，维护海洋权益和提升综合国力相匹配。坚持军民融合发展，提高海洋综合实力，做好应对各种复杂局面的准备。

2.加强务实合作，谋求互利共赢，体现大国担当

建设新型海洋强国是宏观的、高度集中的战略运筹，与中国和平发展、构建和谐世界的主张高度一致。"实现中国梦的伟大奋斗"，也是为了"构建人类命运共同体，实现共赢共享"。中国建设海洋强国不仅是为了维护国家利益，也是为了维护世界和平。

一是积极倡导互联互通伙伴关系，以"一带一路"建设为重点，形成陆海内外联动、东西双向互济的开放格局。加强海上通道互联互通建设，构筑互利共赢的国际合作机制和互助互利的伙伴关系，拉紧相互利益纽带，增进我国与"21世纪海上丝绸之路"共建国家的睦邻友好和政治互信，打造"利益共同体、责任共同体、命运共同体"，维护负责任大国形象和地位。

二是要深度参与全球海洋治理体系建设，特别是在极地、深海新领域要积极作为、把握主动，讲好中国故事，既要体现国际事务中的大国担当，又要有效维护和拓展国家海洋权益。中国高度依赖海洋的开放型

经济形态，决定了全球海洋秩序的构建和运用关乎国家重大利益。要深刻认识全球治理的发展态势，积极参与构建公平合理的国际海洋秩序，倡导在多边框架下解决全球性海洋问题，尊重彼此的海洋权益。

三、海洋政策领域

走向海洋是国家强盛的必由之路。"建设海洋强国是中国特色社会主义事业的重要组成部分"，我国海洋事业总体上进入了历史上最好的发展时期。我们已具备维护国家主权和海洋权益的综合实力，更具有实现中华民族伟大复兴的坚定意志和坚强决心。走中国特色海洋强国之路就是要坚持建设海洋强国与提升我国综合国力相促进、相一致，与实现中华民族伟大复兴进程相协调、相统一。"加快建设海洋强国"成为中国走向海洋的鲜明指引，为国家发展和中国梦的实现提供强大的助推力。研究认为，我国海洋政策领域涉及海洋事业的方方面面，应从海洋安全、海洋维权、海洋经济、海洋经济和生态文明建设和海洋科技等方面谋划新时期的海洋政策。

一是海洋经济方面。要树立凭海而兴的海洋经济发展观：海洋经济是建设海洋强国的重要支撑，海洋经济发展观的核心要义是充分认识和把握海洋经济在国家和地方经济发展中的战略地位。要树立海洋经济的高质量发展思想：摆脱粗放型发展模式，由数量效益型向质量效益型转变，从宏观上对海洋产业结构进行调整。要树立海洋经济的绿色发展思想：要提高海洋资源开发能力，着力推动海洋经济向质量效益型转变，通过海洋经济绿色发展，推动海洋生态文明建设。要树立陆海统筹思想：将陆域经济社会生态环境子系统和海洋经济社会生态环境子系统进行全面的有机对接，促进海陆两大系统的优势互补、良性互动和协调发展。

二是海洋维权方面。中国走和平发展道路，坚持和平发展、谈判对话解决分析的基本立场和政策主张；继续坚持"搁置争议、共同开发"的主张，明确提出"主权在我"，以显示维护国家主权的坚强决心；是否有能力维护国家海洋权益是评价海洋强国建设成功与否的根本标准，要将维护海洋权益纳入建设海洋强国的整体战略，着力推动海洋维权向统筹兼顾型转变，科学实现维权与维稳的动态平衡，最大限度维护海洋权益，拓展海洋维权的内涵和外延，将深海等领域提升至各国合作的战略新疆域的高度，拓展海洋维权的范围和未来努力方向；倡导和坚持构建海洋命运共同体理念，向各国展示中国推动建立开放、包容、和平、合作的全球海洋秩序的良好愿望。

三是海洋安全方面。捍卫海洋安全是基础，要运用辩证思维系统思维统筹布局海洋安全。要将海洋安全纳入总体国家安全观来考量，将海洋安全与陆地安全进行统筹安排，形成新的攻势防御战略布局。要贯彻总体国家安全观，坚持把国家主权和安全放在第一位，从维护国家安全全局高度来布局海洋安全，从加强海上力量建设维度来布局海洋安全，努力建设强大的综合性海上力量，建设攻防兼备的强大海军，建设宏大的海洋船队，加强海上维权执法力量建设，壮大海警力量，筑牢边海防铜墙铁壁。

四是海洋生态文明方面。树立"人与自然和谐共生"的科学自然观，统筹山水林田湖草系统治理的整体系统观；树立"绿水青山就是金山银山"的绿色发展观，以海洋环境承载能力为基础，不断提升海洋资源集约节约和综合利用效率；树立"良好生态环境是最普惠的民生福祉"的基本民生观，把解决突出海洋生态环境问题作为民生优先领域；统筹考虑海洋生态系统各个子要素，维护海洋生态平衡；实行最严格生态环境保护制度下的严密法治观，实行最严格的制度、最严明的法治，构建符合海洋生态文明建设要求的法律体系；"共谋全球生态文明建设之路"的共赢全球观，倡导国际社会携手同行，构建尊崇自然、绿色发展的经济结构和产业体系，这是建设海洋生态文明的历史要求、战略需要和核心动力。

五是海洋科技方面。做好海洋科技创新的顶层设计，重视海洋科技创新总体规划；推动海洋科技成果高效转化，通过制定海洋科技成果转化的配套政策和引导政策，鼓励自主创新研发成果的快速转化应用；打造高素质海洋科技创新人才队伍，在国家层面制定有利于海洋人才发展和选拔高水平海洋人才的政策；开拓海洋科技国际合作共享新局面，探索"引进来"与"走出去"并重的海洋科技创新与高技术产业国际合作新机制，推动海洋产业链全球网络布局和创新发展。

第三节　海洋领域战略任务研究

研究制定新时期的海洋政策，必须在全面考虑国家社会经济发展大背景的基础上，围绕党的十八大提出的建设海洋强国的战略目标以及党的十九大关于坚持陆海统筹，加快建设海洋强国的总部署，以实现"海洋强国"为基本目标，走依海富国、以海强国、人海和谐、合作共赢的发展道路。海洋政策领域涉及海洋强国建设的方方面面，要学习和贯彻党的二十大精神，从海洋经济高质量发展、保护海洋生态环境、促进海洋科技创新以及维护国家安全和海洋权益等方面部署任务。

一、科学合理开发利用海洋资源，推动海洋经济高质量发展

海洋是富饶而未充分开发利用的资源宝库，人类开发利用海洋，形成了 20 多种产业构成的海洋经济领域。在全面开发利用海洋的时代，要科学合理开发海洋自然资源和利用海域空间，围绕海洋资源与国家发展的关系进行整体思考，把握好当前与长远的关系，立足当前，着眼长远；统筹国内国际两个大局，立足国内，面向国外；处理好开发与节约、利用与保护的关系。围绕着海洋强国建设的战略目标，树立新型资源观，推动海洋资源合理开发和海洋经济绿色转型，把海洋资源转化为现实财富，进一步提升海洋经济对国民经济的贡献率。

（一）提高海洋资源开发利用能力

海洋资源开发能力是国家海洋综合实力的重要体现，较强的海洋开发能力和发达的海洋经济是建设海洋强国的重要基础。习近平总书记指出，要顺应建设海洋强国的需要，不断提高海洋开发能力，使海洋经济成为新的增长点，明确海洋资源开发与海洋经济的关系。"要提高海洋资

源开发能力，着力推动海洋经济向质量效益型转变"①，努力推动海洋经济为国家能源安全、食物安全、水资源安全做出更大贡献。

1.发展资源环境友好型技术支撑海洋资源环境可持续利用

发展资源环境友好型技术，包括信息技术、生物技术、新能源技术、资源化技术、清洁生产技术、废物综合利用技术等技术群，实现海洋资源—经济—环境的循环转变。确保海滩和海水浴场水质符合健康标准；禁止向近岸海域倾倒垃圾，整治重点污染海湾，恢复生态环境，确保海洋永续利用。

2.以技术进步带动新兴海洋资源开发

大力发展海洋能利用新技术，开发潮汐能、波浪能、风能等海洋能源，发展海洋能发电产业；发展深海矿产资源开发技术，开发国际海底多金属结核、多金属硫化物、钴结壳资源，发展深海采矿业；发展深海生物基因开发技术，开发利用深海生物基因资源，形成深海生物基因利用产业；发展海水综合利用技术，大力开发利用海水资源，发展海水直接利用、大生活用海水、海水淡化和海水化学资源开发产业。

3.加强战略性资源勘查与基础调查

加强海洋资源综合调查，推进海岸带地质调查，部署深远海调查与勘探，促进海洋资源的"透明"探查、"绿色"开发和"综合"利用。全面开展近海、大洋（太平洋、印度洋、大西洋）及国际海底区域、极地（南北极地海域和陆地）的基础调查与科学考察，加强战略性资源勘探、海洋资源与环境研究，建立全球海洋资源环境数据库，为海洋资源开发奠定科学依据，推动开发空间从浅水近海向深水远洋拓展。

---

① 习近平. 进一步关心海洋认识海洋经略海洋 推动海洋强国建设不断取得新成就[N]. 人民日报, 2013-08-01(01).

4.推动智慧海洋工程建设

一是探索创新产学研联动体制机制，积极推进海洋信息基础设施共建共享和产业共融，探索政府购买服务的管理运营模式。二是整合各类海洋调查资源，全面提升海洋信息自主获取能力和覆盖全球海域的自主通信能力。三是深入开展海洋大数据技术攻关，制定海洋信息资源管理共享政策，整合国家层面海洋大数据资源体系。四是建立完善的海洋信息产品研制与应用服务的标准体系，建立多层次、一体化的海洋信息安全管理体系。

（二）发展质量效益型海洋经济

要着力推动海洋经济向质量效益型转变，并以能否促进海洋经济的高质量发展作为评价海洋强国建设成功与否的基本标准。要统筹和加强海洋经济发展整体规划，制定近期与中长期海洋经济发展基本原则、指导方针和战略目标，制定跨行业的海洋经济发展政策，聚集海洋经济的重点发展领域，优化海洋开发的空间布局，使海洋开发范围从近海、浅海逐步向远海、深海拓展，海洋开发种类从传统渔业资源逐渐向海洋能源、战略性矿产资源、深海基因资源等拓展，海洋开发方式从粗放型向高效、低碳、安全的方向发展。

1.推动海洋渔业的产业结构提升和优化

推动海洋渔业产业结构优化，发展远洋渔业。一是近海实施严格的"海洋渔业资源总量管理"，实行最严格的"伏季休渔制度"。二是推动海洋休闲渔业发展，促进海洋渔业的一、二、三产业融合发展。三是大力推动"海洋牧场建设"，积极转变海洋渔业发展方式。四是加快推进海水养殖绿色发展，继续推进海水健康养殖示范活动。五是积极参与国际海洋渔业资源规则的制定，积极开展与沿岸国、各大洋国际渔业组织的合作，参与国际海洋渔业资源评估和开发利用的规则制定。

2. 推动海水淡化规模化应用

一是加强统筹协调，将海水淡化水纳入国家水资源战略体系，从国家战略高度对海水淡化进行科学定位，实现淡化水与其他水资源的统一调配。二是提升自主创新能力，加强对自主技术的产业化应用、工程示范等，国家给予引导资金，地方政府给予资金配套。三是给予水价补贴，允许海水淡化水进入市政管网，政府对海水淡化水进行财政补贴。四是进一步加快海水淡化与综合利用产品标准、方法标准、管理标准等的编制，建立健全海水淡化与综合利用标准体系。五是加强宣传，提高民众利用海水淡化水的意识。

3. 大力扶持海洋生物医药产业发展

一是加强海洋生物医药科技人才培养及科技研发力度，鼓励并支持高校、科研院所及企业联合培养相关专业人才。加大海洋生物医药业技术研发投入。二是不断优化海洋生物医药产业发展市场环境，持续完善知识产权保护制度，拓宽海洋生物医药企业的融资渠道等。三是重视"互联网+"发展模式，以助力海洋生物医药产业快速发展。

4. 大力扶持推动海洋装备制造业发展

一是继续强化技术研发投入，提高核心技术创新能力。二是促进产业集群发展，化解产能过剩。大力推进海洋装备制造领域的产业联盟构建。三是重视配套产业发展，完善产业链条，推动海洋工程企业从中低端配套向附加值更高的核心高端配套转型，探索进口替代和自主研发的有效途径。四是加快人才队伍建设。积极探索海工装备制造业专业人才的培养模式，加大产业内部科研人员的激励力度。

5.加快发展海洋服务业

一是加快发展滨海旅游业。制定滨海旅游资源保护与开发条例、滨海旅游区规划建设导则、滨海旅游服务质量标准、滨海旅游功能区项目准入与管理办法等。二是加快发展海洋交通运输业。积极实施海运扶持政策，加快港口转型升级，提升港口综合服务能力。三是加快发展涉海金融服务业。加大对海洋经济的信贷支持力度，拓宽涉海企业融资渠道；建立市场化、专业化的涉海权益交易平台；建立海洋政策性融资担保体系。2022 年 4 月习近平总书记在海南考察时强调，振兴港口、发展运输业，要把握好定位，增强适配性，坚持绿色发展、生态优先，推动港口发展同洋浦经济开发区、自由贸易港建设相得益彰、互促共进，更好服务建设西部陆海新通道、共建"一带一路"。

二、有效保护海洋生态环境，建设人海和谐的美丽家园

海洋生态文明建设是国家整个生态文明建设的一个重要组成部分。习近平总书记指出，"要保护海洋生态环境，着力推动海洋开发方式向循环利用型转变"[1]，"要把海洋生态文明建设纳入海洋开发总布局之中，坚持开发和保护并重、污染防治和生态修复并举，科学合理开发利用海洋资源，维护海洋自然再生产能力"。[2]保护海洋环境，要依法进行。"只有实行最严格的制度、最严密的法治，才能为生态文明建设提供可靠保障。"[3]要制定完善的海洋生态环境保护法律法规，推动海洋生态文明

---

① 习近平. 进一步关心海洋认识海洋经略海洋 推动海洋强国建设不断取得新成就 [N]. 人民日报, 2013-08-01(01).

② 习近平. 在 APEC 欢迎宴会上的致辞 [EB/OL]. (2014-11-11)[2023-11-14]http://jhsjk.people.cn/article/26005522 .

③ 中共中央宣传部. 习近平总书记系列重要讲话读本 [M]. 北京: 学习出版社, 人民出版社, 2014.

建设。

（一）推动形成循环利用型的海洋开发方式

1.正确处理好海洋资源开发与环境保护的关系

牢固树立五大发展理念，正确处理好海洋资源开发与环境保护的关系，着力推动海洋开发方式向循环利用型转变。坚持"开发与保护并重、眼前利益与长期利益兼顾"的原则，以维护海洋生态健康为基础，全面综合开发和高效集约利用海洋资源，维护海洋生态系统服务功能。推动形成循环利用型的海洋开发方式，使沿海经济发展与海洋环境资源承载相适应，走产业现代化与环境生态化相协调的可持续发展之路，不断增强海洋经济可持续发展能力，努力实现绿色发展、循环发展、低碳发展，着力推进海洋生态文明建设。

2.以科技创新促进海洋生态环境保护

随着沿海地区经济社会快速发展，临海产业加速集聚且面临全球变化，大规模人类活动的干扰已超出海洋生态系统自身的调节能力，海洋生态服务功能显著退化，海洋环境污染问题突出。针对海洋污染及生态问题，要大力研发海洋生态环境观测与预报技术，海洋生态环境综合治理与生态修复技术，海洋灾害多尺度、高精度的预测预警技术，海上突发生态环境灾害（事故）的应急处置，以及海洋生态环境保护与管理等相关应用技术，加强全球变化对近岸海洋生态环境影响等研究，为污染的防治与灾害的预警提供科技支持。

（二）强化海洋资源环境保护和生态建设

1.健全海洋生态保护修复机制

一是在重要河口和海湾以及重点海洋生态功能区，综合运用退养还滩（湿）、退堤还海等措施，实施"蓝色海湾""南红北柳""生态海堤"

生态修复工程，优化海洋生态安全屏障体系。二是构建海洋生态保护补偿和损害赔偿制度，并研究建立补偿和损害赔偿的标准体系，有选择地开展海洋禁止开发区的生态补偿机制试点示范工作，在取得经验基础上，探索设立海洋生态整治修复专项基金，建立流域—海域联动的生态保护修复机制。

2.构建海岸带开发保护空间格局

一是强化海岸线分类分段管控，确保自然岸线保有率不低于35%。编制和实施全国海岸带综合保护与利用规划，形成与资源环境承载能力相适应的开发利用布局。二是严守生态红线，建立和实施重要海岸线建筑退缩线制度，并依法实行区域准入、环境准入和用途转用许可制度。三是加快海洋资源领域的供给侧改革，坚决实施"史上最严围填海管控措施"，以确保海洋生态功能得到维护。2022年4月，习近平总书记在海南考察时强调，要深入打好污染防治攻坚战，落实最严格的围填海管控和岸线开发管控措施。

3.推进海洋环境污染控制和海洋资源保护

一是继续实施海洋渔业资源捕捞总量控制制度，大力发展海洋深水养殖和生态养殖，严格执行休渔、禁渔制度。二是加强对敏感、脆弱生态系统和珍稀濒危物种的保护，加强对如红树林、珊瑚礁等重要生态区的保护，建成和完善海洋国家公园体制机制。三是重视和加强近岸海域污染防治，实施以质定量、以海定陆的总量控制和许可证制度，全面推进入海污染源综合整治。四是建立陆海统筹联动的污染防治机制，提高海洋生态环境预警和应急处置能力。五是加强海域与海岛资源监管和海洋生态环境保护力度，全面实施常态化海洋督查。

4.加强海洋资源环境监测工作

一是构建和完善海洋资源环境监测"一张网",逐步优化监测机构业务布局,监测范围以近岸海域为重点,由近岸向深海大洋渐次推进,力争形成海洋资源环境监测全覆盖。二是建立健全海洋资源环境承载力监测预警的长效机制,同时制定差异化、可操作的管控制度。三是加强国际海底区域和极地大洋科学考察,加大力度开展公海生物多样性调查、海洋垃圾(微塑料)监测等,积极参与《国家管辖范围以外区域海洋生物多样性养护和可持续利用国际协定》谈判、《国际海底区域矿产资源开发规章》制定和《联合国海洋法公约》的履约工作。

(三)加强海洋灾害防御管理

中国是海洋灾害频发的国家,受海啸、风暴潮、海冰、巨浪、赤潮、海平面上升和海岸地质灾害(滑坡)等影响,每年都造成严重的损失。要进一步建立和完善海洋防御和应急响应等方面的政策和法律、法规,构建层次分明、调度指挥有序、职能明确、责任到位、科学合理的防御海洋灾害的工作体系,推动减灾社会化,全面提高减灾综合能力。完善海洋灾害应急机制,强化海洋灾害后的评估和恢复工作。

三、切实维护海洋权益和安全

为了谋求长期的和平环境,避免海洋权益争端激化,保障海上安全稳定,在不断加强海上力量建设的基础上,应开展有理、有据、有节的外交斗争,研究制定综合对策,维护海洋权益。

(一)增强海上综合实力,维护国家海洋权益和海上安全

中国建设海洋强国,既要开发利用海洋来实现国家富强,又要通过发展强大的海上力量来保障国家安全和利益。习近平总书记要求:"要做好应对各种复杂局面的准备,提高海洋维权能力,坚决维护我国海洋

权益。"①为做好应对各种"复杂局面"的准备，要坚持军民融合兼顾的原则，提高海洋综合实力。"要坚持把国家主权和安全放在第一位，贯彻总体国家安全观，周密组织边境管控和海上维权行动，坚决维护领土主权和海洋权益，筑牢边海防铜墙铁壁"②，习近平总书记强调"要统筹维稳和维权两个大局，坚持维护国家主权、安全、发展利益相统一，维护海洋权益和提升综合国力相匹配"，要转变固有思维，重视海上力量发展。"建设强大的现代化海军是建设世界一流军队的重要标志，是建设海洋强国的战略支撑，是实现中华民族伟大复兴中国梦的重要组成部分。"③

加强海洋管理是抓手，着力推动海洋管理向综合治理型转变。海洋管理是国家职能的重要环节，也是国家海洋事业全面发展的重要抓手，必须推动海洋管理向综合治理型转变。一要建立健全海洋法治。推进依法治海是一个系统工程，需要从多层次着手、分阶段施行，以真正实现"依法治海、依法兴海"。二要强化海洋执法队伍建设，打造一支机动性好、反应灵活、装备优良的海洋执法队伍，并进行动态跟踪管理，担负起维护国家海洋权益、保护海洋资源、保护海洋环境、保护海上安全的重任。

（二）分阶段有重点地做好海洋维权工作

以全球海洋战略思想为指导，以维护我国海洋权益、海洋资源及能源安全为目标，兼顾维权与维稳两大任务，实现海洋事务的工作方式转变，从参与走向跟进和主导，从近海走向大洋和全球，以维护周边局势

---

① 习近平. 进一步关心海洋认识海洋经略海洋 推动海洋强国建设不断取得新成就[N]. 人民日报，2013-08-01(01).

② 张红，彭亮. 中国维护海洋权益之未来篇——"文攻武备"筑牢海防[N]. 人民日报海外版，2014-07-02.

③ 习近平. 努力建设一支强大的现代化海军[N]. 人民日报，2017-05-25(01)

稳定和海洋权益为基础，加强我国在公海、两极、国际海底区域、印度洋、太平洋、重要海峡、海上通道等区域的研究与合作，拓展我国在全球的海洋利益，突出我国实质性存在，为我国实现海洋可持续开发和保护、确保经济和能源安全提供保障。

1.有重点分步骤落实不同海域的维权战略、任务和措施

一是要树立"大维权"观念，以全局眼光和全球视野理解、落实我国在不同海域的维权形势、战略和任务，并采取相应措施。二是重点推动双边谈判，加强与周边国家的交流与合作，稳定近海及争议海域局势。三是结合 21 世纪海上丝绸之路建设，依据国际法和双边协定，充分利用他国管辖海域。四是依托相关国际机制，积极拓展和维护我国在公海、极地和大洋的利益。

2.进一步将海洋维权任务有机融入日常业务之中

将海洋维权任务细化到管理工作中，切实体现国家主权活动。一是在涉海立法中充分考虑海洋维权新需求。研拟相关立法草案（如《海洋基本法》《海岸带管理法》《海洋调查管理条例》《南极活动管理法》等），及研拟修改意见时（如海洋测绘、涉外海洋科学研究、地质调查、海底电缆管理、水下文物保护），及时呼应海洋维权需求。二是持续做好海洋调查等业务，为处理海洋争端提供更专业更全面的精细化基础数据支持，包括划界海域相关海岸数据、划界海域地质地貌准确数据、海洋生态环境数据及相关管理工作等。

3.公平合理划定海上边界

依据国际海洋法律制度和中国的政策主张，坚持公平原则，并在充分考虑各种有关情况的基础上，平等协商，协议划定各争议海区的边界。积极研究和准备划界方案，采取先易后难、逐步解决的策略，和平解决

海洋划界问题。

四、大力发展海洋科学技术与教育事业

发展海洋科学技术与教育事业，增加对海洋自然规律的认知，增强海洋科技能力，提高海洋教育水平，增强全民族海洋意识，是建设海洋强国的重要战略措施。保护碧海蓝天、洁净沙滩，保障自然资源可持续利用，均需要发挥海洋科技创新的核心与支柱作用，依靠科技创新来支撑海洋民生和兜住生态底线，为海洋事业持续健康发展提供不竭动力源泉。要贯彻自主创新、重点跨越、支撑发展、引领未来的科技方针，加快建设海洋科技创新体系，提高海洋教育和海洋科技整体实力，力争在具有优势的领域有所突破，逐步实现建设海洋科技强国的远景目标。

（一）海洋科技创新助推海洋强国建设

作为特殊的地理单元和生态系统，海洋具有资源环境一体性和治理修复整体性等与陆域生态不同的独有特性，发挥海洋科技的支撑保障能力对于海洋资源开发保护的统筹协调和综合管理尤显重要。国际海权竞争实质是以科技为支撑、以创新为动力的硬实力之争。"要发展海洋科学技术，着力推动海洋科技向创新引领型转变"。[1]习近平总书记强调，要依靠科技进步和创新，努力突破制约海洋经济发展和海洋生态保护的科技瓶颈。在 2016 年全国科技创新大会上，习近平总书记明确指出，"深海蕴藏着地球上远未认知和开发的宝藏，但要得到这些宝藏，就必须在深海进入、深海探测、深海开发方面掌握关键技术"，为提升我国海洋拓展能力、支撑引领海洋强国建设指明了发展方向和工作重点。

---

① 习近平. 进一步关心海洋认识海洋经略海洋 推动海洋强国建设不断取得新成就[N]. 人民日报, 2013-08-01(01).

1.从战略高度谋篇布局，部署海洋科技创新总体规划

发展海洋科技是动力，着力推动海洋科技向创新引领型转变。从战略高度谋篇布局，搞好海洋科技创新总体规划，以深海、大洋创新体系为依托，以生态化科技创新为方向，以提升自主创新能力为主线，以提升核心竞争力及支撑建设海洋强国战略目标实施为目的，着力推动海洋科技向创新引领型转变。

2.不断完善体制机制，激发海洋科技创新活力

体制机制创新对科技创新具有极大的促进和保障作用。一要按照国家科技管理体制改革的整体要求，不断推动部门间协同融合、深化中央地方的沟通联动，形成大协同、大融合的海洋科技创新大格局。二要围绕国家重大战略需求，构建起开放、共享、覆盖全面、类型多样的海洋科技创新平台体系，积极推动研发管理型向创新服务型转变，努力构建有利于海洋领域大众创业、万众创新的政策环境和公共服务体系。三要围绕海洋强国建设军民两条线的重点任务，全面推动健全军民融合协同创新机制，逐步形成海洋科技军民融合协同创新链。四要建立国家海洋科学技术研发协调机构，加强军民海洋技术开发合作，积极参与国际海洋技术的合作和交流。优化海洋高新技术产业化环境，构建海洋高技术交流与技术交易信息平台。支持面向行业的关键、共性技术的推广应用。

3.聚焦国家重大需求，加快实施深海探测战略

海洋强国建设已进入加快发展的历史新阶段，海洋科技创新必须发挥核心与支柱作用。要围绕我国在探索深海空间、开发利用深海资源和保障国家深海安全等方面的重大需求，以"进入深海—认知深海—探查深海—开发深海"为主线，整合优势力量，按照《自然资源科技创新发展规划纲要》的总体要求和部署，加快实施深海探测战略，为国民经济和

社会可持续发展提供后备和替代资源。

4.围绕建设海洋强国战略目标，加速推进海洋科技创新重点工作

围绕我国海洋发展和海洋强国建设对海洋科技的重大需求，结合海洋强国建设对海洋各领域提出的阶段性目标，全面推进海洋科技领域重点任务的落实。[①]一是要深化科学认知，加强海洋灾害分布、机理及预测分析，开展海洋动力过程研究，深化陆海相互作用规律研究，开展全球海底地球动力学和演化机制研究。拓展极地科学认知，建立极地驱动全球气候变化的系统理论体系，开展北极关键海域资源与环境研究。二是要组织实施地球深部探测重大工程，建造天然气水合物钻采船，发展极地资源与环境调查监测技术，加强海域油气资源勘查评价关键技术研发，创新海洋油气资源调查关键技术等。三是要加强海洋环境观测与探测能力建设，提升对海洋环境的综合全面认识，支撑和保障海洋资源的勘探开发。四是要以海底观测和探测技术装备为重点，兼顾极地破冰船、远洋考察船等应对极端环境的作业装备的研制。要拓展天空地海一体化立体监测遥感技术，提高地质和海洋灾害动态监测与预警技术水平。

（二）加强海洋人才培养与队伍建设

发展是第一要务，人才是第一资源，创新是第一动力。在加快建设海洋强国的历史进程中，我们应坚持人才是第一资源的思想，把发展海洋教育事业和加快培育集聚创新型海洋人才队伍放在优先位置，完善人才制度，探索适合海洋科技创新、有利于海洋人才队伍稳定和发展的体制机制。围绕建设海洋强国的战略目标，加强海洋基础教育，加大海洋高科技领域专业人才培养力度，努力打造一支有创新能力的高素质海洋人才队伍。

---

① 《关于印发自然资源科技创新发展规划纲要的通知》。

1.编制和实施海洋创新人才发展战略规划，统筹海洋人才队伍建设工作

人才资源是第一资源，海洋人才发展需要顶层设计和配套政策保障。要遵循海洋事业的发展规律和人才成长规律，科学编制海洋人才发展战略规划，确立人才优先发展的战略思想，对海洋人才队伍发展的规模、结构、布局和政策措施做出宏观性、战略性、前瞻性的全面谋划，引领海洋科技人才队伍建设工作健康、协调发展。要加强对海洋人才队伍建设的组织领导和统筹协调，将海洋人才队伍建设纳入国家和各级政府人才队伍建设总体规划中，整合优化各学科海洋科技人才资源，统筹规划各涉海产业人才队伍建设。

2.发挥政府政策性引导作用，建立健全和完善海洋教育体系

推进海洋人才队伍建设，海洋教育是基础和关键。要发挥政府政策性引导作用，建立和完善综合性的海洋教育制度。全面推进海洋教育现代化，促进各种教育资源优化互享，专业海洋院校做好各种海洋专业教育，涉海行业加强海洋职业教育，形成现代化的海洋教育体系，培育海洋事业发展需要的各类专业人才。一要重视海洋基础教育，启动全民族海洋意识培育工程，将海洋知识写入语文、政治、历史、地理等基础教育课本中，带进中小学课堂，从娃娃抓起，推进综合性的海洋基础教育，普及海洋知识，树立海洋国土观念。二要在海洋科普知识教育的基础上，逐步开展专业海洋知识及特色海洋知识教育，为培养海洋专业人才奠定基础。三要发挥政府的引导和调节作用，合理配置教育资源，有计划地调整专业设置，不断优化高等教育结构，引导各院校发挥各自的优势设置海洋专业学科，创新海洋人才培养模式，加强对海洋人才的多学科交叉混合培养，提高复合型海洋人才比例。四要提升海洋人才的再培养标准和要求，采取宽进严出政策，有针对性地进行专业性再教育，从源头

提升海洋人才质量。五要重视海洋职业教育，根据市场需求引导职业院校适当扩大招生规模，稳定技能型海洋人才的供给。六要强化对海洋人才的思想政治教育，使其正确认识海洋行业特点，在努力成为精通业务的专业人才的同时，自觉把个人的发展同海洋事业、国家前途紧密联系起来，肩负起党和人民赋予的历史使命。

3.强化海洋人才管理和队伍建设，优化海洋人才梯次配备与合理布局

加强海洋人才管理，促进海洋科技队伍建设。一要建立和完善海洋人才资源统计制度，构建全国海洋人才数据库，推行海洋人才信息数据库化管理。构建全国海洋人才资源监测与评估体系，对现有人才状况、人才环境进行调查分析，建立科学合理的海洋人才标准评价体系，重视不同类别海洋科研人员的成果贡献评估。二要注重体制机制创新，建立和实施有针对性的海洋人才考核评价和竞争激励机制，并设立专项基金鼓励海洋人才的创新和贡献，调动海洋人才的积极性。三要完善海洋创新型人才流动保障机制。发挥国家人才市场的作用，利用各种优惠政策引导海洋人才的合理有序流动。建立海洋人才双向流动机制，鼓励企业、高等学校、科研院所、社会组织等有序参与海洋科技人才资源开发和人才引进，实现人尽其才、才尽其用。四要分类加强海洋战略科学家、海洋科技创新领军人才和高技能海洋人才的队伍建设。加大对优秀海洋科技人才的发现、培养和资助力度，建立适合青年海洋科技人才成长的用人制度，强化海洋科技创新人才后备力量和队伍建设，优化海洋科技人才专业和地域合理布局。

4.建立和完善合作机制，加强海洋人才国际合作交流和招才引智工作

建立和完善与海洋发展战略相配套的人才交流合作机制，培养一支有国际视野的高端海洋人才队伍。一要建立和完善海洋人才国际合作机

制，鼓励和支持学术带头人、科研骨干赴国外相关机构进修访问和参加高级研讨班，参加国际学术会议以及其他形式的学术活动。积极支持海洋领域科学家到国际组织任职，鼓励海洋科技人员和专家参与重大国际海洋科技合作计划和项目。二要积极引进国外高层次海洋科技人才，吸引优秀留学人员回国创业，提高对外籍首席科学家、开放实验室研究人员等国外专家的服务水平，培养一批具备国际视野的复合型科技人才，造就一支具有参与国际竞争与合作能力的海洋创新人才队伍。

五、积极参与海洋事务国际合作

（一）加快推进海上丝绸之路建设

1.促进海上互联互通

基础设施互联互通是"海上丝绸之路"建设的优先领域。一要抓住关键通道、节点和重点工程，与周边国家共建海上公共服务设施，加强执法能力建设，促进海上交通互联互通，保障海上通道安全。二要支持共建国家港口和码头建设，推动信息网络骨干通道建设，促进海上物流和信息流的有效衔接。三要在海洋合作政策和机制方面加强交流沟通，推动海上贸易投资便利化。

2.加强海洋经济和产业合作

一是立足比较优势，瞄准合作伙伴市场情况，结合国内产业结构调整，鼓励我国海洋产业部门和行业企业走出去，在海洋渔业、海洋旅游、海水淡化、海洋可再生能源开发等领域优先开展合作。二是鼓励具有知识产权和较高技术水平的海洋生物制药等行业企业，到合作伙伴国家投资兴业。三是合作建立一批海洋经济示范区、海洋科技合作园等，辐射带动区域合作进一步深化。

3.推进海洋公益服务领域的全方位合作

一是在海洋科技、环境保护、海洋预报与救助服务、海洋防灾减灾与应对气候变化等方面务实推进与合作伙伴的交流与合作。二是实施"蓝色海洋伙伴计划",建设海洋科技合作网络,建立"海洋生态伙伴关系",共建绿色"海上丝绸之路"。三是在适宜区域开展海洋联合调查,建设海洋灾害预警报合作网络,为合作伙伴提供海上公共服务。

4.拓展海洋人文领域的交流合作

坚持弘扬和传承"海上丝绸之路"友好合作精神,充分利用地缘优势和人文资源优势,推动共建国家民众在海洋文化、旅游、教育等方面的沟通和交流,实现民心相通,为深化海洋合作、发展海洋伙伴关系奠定民意基础。弘扬海洋文化是灵魂,着力推动海洋文化向传承开放型转变。实现中国海洋文化向传承开放型转变是实现中华民族伟大复兴中国梦的关键推力之一。既要以自豪的心态认同、传承、扬弃和内化传统海洋文化,更要以开放的心态包容、借鉴世界海洋文化。在交融互通中形成影响世界范围更广、程度更深的中国特色海洋文化,以中国气派、中国风格、中国特色影响世界。

(二)积极参与国际海洋事务合作

海洋事务和海洋法已经成为国际事务的一个重要领域。中国坚持和平利用海洋、合作处理国际海洋事务的基本政策,积极参与各种国际海洋事务。积极参与涉及海洋事务的各种国际机构的活动,参与《联合国海洋法公约》及涉及海洋事务的各种国际公约的制定和实施,积极参与国际组织发起的全球性海洋科研和业务化活动,参与国际海底管理局、国家海洋法法庭和大陆架界限委员会的有关工作,积极参与和推动区域性海洋事务的合作。中国已经成为国际和地区性海洋事务的重要参与者,并发挥越来越重要的作用。

1. 积极参与联合国海洋法律事务

积极参与《联合国海洋法公约》的有关讨论和发展；积极参与国际海底管理局、国际海洋法法庭、大陆架界限委员会等机构的各种活动，掌握并力争引导其发展方向，为维护国家海洋权益服务。

2. 推动地区海洋事务合作与发展

深入参与亚太地区涉海合作机制，倡导建立海洋政策区域性合作机制和论坛，认真实施区域海洋合作项目，推动区域性海洋事务合作的发展。

3. 积极参与国际海洋科技合作

积极参加重大国际海洋科技计划，大力发展双边海洋科技合作，建立和完善经费支持和项目管理机制，加强国际海洋科技合作的组织体系建设，提高参与国际重大海洋科技计划的深度，逐步占据国际海洋科技前沿阵地。

4. 积极参与国际海洋生态环境保护

从维护海洋权益的高度，密切关注和积极参与"公海海洋保护区"建设的策划，参与全球环境评价、生物多样性保护、珊瑚礁保护监测等计划；开展二氧化碳海底封存的研究和相关实验，储备技术、积累资料，为减少二氧化碳排放的国际合作奠定基础。

5. 稳妥参与区域海洋安全合作

本着积极稳妥、趋利避害、掌握主动的原则，参与马六甲海峡安全合作；参与反海盗、防海上恐怖及打击海上跨国犯罪等海上合作；在海洋科研、环保、防灾减灾等低敏感领域，同南海国家开展合作，为地区安全和稳定创造有利的条件。

03 第三章

中国的海洋规划体系

规划是阐明国家战略意图，明确政府工作重点和描绘一定时期内国民经济社会发展宏伟蓝图的行动纲领。海洋是国土的重要组成，海洋规划是指在一定时期内对海洋开发、利用、治理及保护活动进行统筹安排的战略方案和指导性计划，是对海洋资源开发利用和海洋经济协调发展的总体部署。目前，为了更好地衔接海域与陆域规划，厘清规划层级之间、规划主体之间、海洋规划与其他涉海规划之间的关系，正在持续推进"多规合一"，以主体功能区规划为基础统筹各类空间性规划，以形成国家空间规划体系。①

---

① 本章是在梳理作者相关研究成果基础上编写而成的。文中所用信息除特别注明外，均源于《中国海洋报》和《中国自然资源报》。特此声明并致谢！

第一节 海洋规划发展历程

海洋规划是海洋综合管理的重要手段，是引领海洋事业发展的重要抓手。多年来，中国在海洋规划方面开展了大量卓有成效的工作，国家海洋规划体系逐步形成并在不断完善之中。

一、规划概述

（一）规划的属性与定位

以规划引领经济社会发展，是党治国理政的重要方式，是中国特色社会主义发展模式的重要体现。[①]2005 年，《国务院关于加强国民经济和社会发展规划编制工作的若干意见》（国发〔2005〕33 号文）正式提出规划体系并对之进行界定，明确了三级三类的发展规划体系，即规划体系是一个由纵向逐层规划和横向并行规划组成的网状体系。该体系按行政层级可分为国家级规划、省（区、市）级规划、市县级规划，按对象和功能类别可分为总体规划、专项规划和区域/空间规划。国家总体规划和地方总体规划分别由同级人民政府组织编制，并由同级人民政府发展改革部门会同有关部门负责起草；专项规划由各级人民政府有关部门组织编制和实施；区域空间规划是总体规划在特定区域的细化和落实。规划衔接要遵循专项规划和区域空间规划服从本级和上级总体规划，下级政府规划服从上级政府规划，专项规划之间不得相互矛盾的原则。编制跨省级的区域规划，还要充分考虑土地利用总体规划、城市规划等相关领域规划的要求。

2007 年由中华人民共和国国家发展和改革委员会发布的《国家级专

---

①《关于统一规划体系　更好发挥国家发展规划战略导向作用的意见》。

项规划管理暂行办法》(发改规划〔2007〕794号),明确指出,"国家级专项规划是指国务院有关部门以经济社会发展的特定领域为对象编制的、由国务院审批或授权有关部门批准的规划"。海洋规划属于"关系国民经济和社会发展全局的重要领域","涉及重大产业布局或重要资源开发的领域",应归于国家级专项规划。

2018年9月20日,中央全面深化改革委员会第四次会议审议通过了《关于统一规划体系 更好发挥国家发展规划战略导向作用的意见》(中发〔2018〕44号文)(以下简称"44号文"),提出要加快统一规划体系建设,更好发挥国家发展规划的战略导向作用。区域/空间规划是经济、社会、文化和生态政策的地理表达,也是一门跨学科的综合性科学学科、管理技术和政策,旨在依据总体战略形成区域均衡发展。44号文明确了我国规划体系是以国家发展规划为统领,以空间规划为基础,以专项规划、区域规划为支撑,由国家、省、市县各级规划共同组成,定位准确、边界清晰、功能互补、统一衔接的国家规划体系。44号文提出"国家发展规划居于规划体系最上位,是其他各级各类规划的总遵循。国家级专项规划、区域规划、空间规划,均须依据国家发展规划编制"。国家层面的海洋规划属于海洋领域宏观指导性规划,海洋规划区域应涵盖中国管辖海域、公海和国际海底区域。①

(二)探索"多规融合"下的海洋空间规划

多年来,由于我国各类规划间存在技术障碍,规划体系不成熟以及缺乏海域与陆域规划的衔接等问题,致使各规划中存在着内容重叠、规划部门盘根错节和空间事权分散等问题和矛盾。②为了厘清规划层级之

---

① 刘佳,李双建. 世界主要沿海国家海洋规划发展对我国的启示[J]. 海洋开发与管理, 2011(3).
② 王鸣岐,等."多规合一"的海洋空间规划体系设计初步研究[J]. 海洋通报, 2017, 36(6).

间、规划主体之间、海洋规划与其他涉海规划之间的关系，2014 年 5 月，国家发改委颁发《关于 2014 年深化经济体制改革重点任务的意见》，将"三规合一"作为 2014 年深化改革重点任务之一，并将推进市县"多规合一"确定为经济体制和生态文明体制的一项重要任务。"多规合一"，是指将国民经济和社会发展规划、城乡规划、土地利用规划、生态环境保护规划等多个规划融合到一个区域上，实现一个市（县）一本规划、一张蓝图，解决现有各类规划自成体系、内容冲突、缺乏衔接等问题。"多规合一"是优化生态文明建设，加强规划编制体系、规划标准体系、规划协调机制等制度建设的重要手段，体现了我国坚持陆海统筹，坚持在经济发展、空间布局、环境保护等方面全方位协调发展陆域、海洋的基本原则。[①]

海洋是国土空间的重要组成，海洋空间规划的编制、审批、实施和修订，既存在陆域空间规划所具有的共性矛盾，还因海洋的自然特征而具备自身的特殊性，需综合整合多学科多方面技术，不仅要注重生态系统的完整性，还要考虑社会、经济和管理等因素。[②]2018 年 11 月 18 日《中共中央 国务院关于建立更加有效的区域协调发展新机制的意见》明确提出，推动陆海统筹发展，加强海洋经济发展顶层设计，完善规划体系和管理机制，研究制定陆海统筹政策措施；要求以规划为引领，促进陆海在空间布局、产业发展、基础设施建设、资源开发、环境保护等方面全方位协同发展。

---

① 于大涛，等. 海洋开发建设中的"多规合一"常见问题及对策措施[J]. 中国人口·资源与环境，2016(11).

② 王鸣岐，等."多规合一"的海洋空间规划体系设计初步研究[J]. 海洋通报，2017, 36(6).

二、国家"五年规划"对海洋的部署和要求

（一）"五年规划"概况

"五年规划"原称"五年计划"，我国的"五年计划"始于中华人民共和国成立初期。除 1949 年 10 月至 1952 年底为国民经济恢复时期和 1963 年至 1965 年为国民经济调整时期外，中国从 1953 年开始制定第一个"五年计划"。从 2006 年"十一五"起，"五年计划"改为"五年规划"，全称为"中华人民共和国国民经济和社会发展五年规划纲要"，是中国国民经济计划的重要部分，属长期计划，主要是对国家重大建设项目、生产力分布和国民经济重要比例关系等做出规划，为国民经济发展远景规定目标和方向。

"五年规划"作为国家大政方针引领一个时期的发展方向。海洋是国家建设的重要领域，"五年规划"对海洋事业发展也有越来越明确的部署和要求，国家的海洋政策亦随着"五年规划"不断演变和完善。回顾"五年规划"，不仅能看到一个时期国家社会经济发展的大体脉络，也能从中探索中国经济发展的规律。通过对比与检视，可以从规划的发展历程中获得宝贵的经验，从而指导未来发展。同理，从"五年规划"中也可以寻觅到海洋事业发展的轨迹及海洋在国家社会经济发展中的地位，各个时期的"五年规划"都对海洋领域有相关表述，提出了明确的任务和要求，引领了各时期的海洋政策走向和海洋事业的发展方向。

（二）"五年规划"对海洋事业的部署

中国自 2006 年以来的四个"五年规划"，都有独立的章节对海洋规划进行表述，主要集中在海洋资源开发与保护、海洋生态环境、海洋产业与经济、海洋权益及海洋治理等方面。从图 3-1 和表 3-1 可以看出，随着国家社会经济的发展，规划对海洋的要求也随之调整，在内容上也

随着世情、国情、海情的发展而更加全面。

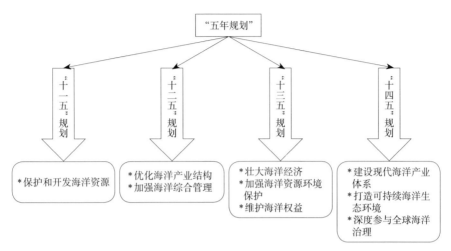

"五年规划"中有关海洋的章节内容

图 3-1 "五年规划"中的涉海章节

表 3-1：近年"五年规划"中有关海洋的章节具体表述

"五年规划"	篇、章	主要内容	要点
"十一五"规划（2006—2010年）	第六篇 建设资源节约型、环境友好型社会 第二十六章 合理利用海洋和气候资源	第一节 保护和开发海洋资源 强化海洋意识，维护海洋权益，保护海洋生态，开发海洋资源，实施海洋综合管理，促进海洋经济发展。综合治理重点海域环境，遏制渤海、长江口和珠江口等近岸海域生态恶化趋势。恢复近海海洋生态功能，保护红树林、海滨湿地和珊瑚礁等海洋、海岸带生态系统，加强海岛保护和海洋自然保护区管理。完善海洋功能区划，规范海域使用秩序，严格限制开采海砂。有重点地勘探开发专属经济区、大陆架和国际海底资源。	保护海洋生态，开发海洋资源，实施海洋综合管理。

续表

"五年规划"	篇、章	主要内容	要点
"十二五"规划（2011—2015年）	第三篇 转型升级提高产业核心竞争力 第十四章 推进海洋经济发展	第一节 优化海洋产业结构 科学规划海洋经济发展，合理开发利用海洋资源，积极发展海洋油气、海洋运输、海洋渔业、滨海旅游等产业，培育壮大海洋生物医药、海水综合利用、海洋工程装备制造等新兴产业。加强海洋基础性、前瞻性、关键性技术研发，提高海洋科技水平，增强海洋开发利用能力。深化港口岸线资源整合和优化港口布局。制定实施海洋主体功能区规划，优化海洋经济空间布局。推进山东、浙江、广东等海洋经济发展试点。 第二节 加强海洋综合管理 加强统筹协调，完善海洋管理体制。强化海域和海岛管理，健全海域使用权市场机制，推进海岛保护利用，扶持边远海岛发展。统筹海洋环境保护与陆源污染防治，加强海洋生态系统保护和修复。控制近海资源过度开发，加强围填海管理，严格规范无居民海岛利用活动。完善海洋防灾减灾体系，增强海上突发事件应急处置能力。加强海洋综合调查与测绘工作，积极开展极地、大洋科学考察。完善涉海法律法规和政策，加大海洋执法力度，维护海洋资源开发秩序。加强双边多边海洋事务磋商，积极参与国际海洋事务，保障海上运输通道安全，维护我国海洋权益。	坚持陆海统筹，制定和实施海洋发展战略，提高海洋开发、控制、综合管理能力。

"五年规划"	篇、章	主要内容	要点
"十三五"规划(2016—2020年)	第九篇 推动区域协调发展 第四十一章 拓展蓝色经济空间	第一节 壮大海洋经济 优化海洋产业结构,发展远洋渔业,推动海水淡化规模化应用,扶持海洋生物医药、海洋装备制造等产业发展,加快发展海洋服务业。发展海洋科学技术,重点在深水、绿色、安全的海洋高技术领域取得突破。推进智慧海洋工程建设。创新海域海岛资源市场化配置方式。深入推进山东、浙江、广东、福建、天津等全国海洋经济发展试点区建设,支持海南利用南海资源优势发展特色海洋经济,建设青岛蓝谷等海洋经济发展示范区。 第二节 加强海洋资源环境保护 深入实施以海洋生态系统为基础的综合管理,推进海洋主体功能区建设,优化近岸海域空间布局,科学控制开发强度。严格控制围填海规模,加强海岸带保护与修复,自然岸线保有率不低于35%。严格控制捕捞强度,实施休渔制度。加强海洋资源勘探与开发,深入开展极地大洋科学考察。实施陆源污染物达标排海和排污总量控制制度,建立海洋资源环境承载力预警机制。建立海洋生态红线制度,实施"南红北柳"湿地修复工程和"生态岛礁"工程,加强海洋珍稀物种保护。加强海洋气候变化研究,提高海洋灾害监测、风险评估和防灾减灾能力,加强海上救灾战略预置,提升海上突发环境事故应急能力。实施海洋督察制度,开展常态化海洋督察。 第三节 维护海洋权益 有效维护领土主权和海洋权益。加强海上执法机构能力建设,深化涉海问题历史和法理研究,统筹运用各种手段维护和拓展国家海洋权益,妥善应对海上侵权行为,维护好我管辖海域的海上航行自由和海洋通道安全。积极参与国际和地区海洋秩序的建立和维护,完善与周边国家涉海对话合作机制,推进海上务实合作。进一步完善涉海事务协调机制,加强海洋战略顶层设计,制定海洋基本法。	坚持陆海统筹,发展海洋经济,科学开发海洋资源,保护海洋生态环境,维护海洋权益,建设海洋强国。

续表

"五年规划"	篇、章	主要内容	要点
"十四五"规划（2021—2025年）	第九篇优化区域经济布局 促进区域协调发展 第三十三章积极拓展海洋经济发展空间	第一节 建设现代海洋产业体系 围绕海洋工程、海洋资源、海洋环境等领域突破一批关键核心技术。培育壮大海洋工程装备、海洋生物医药产业，推进海水淡化和海洋能规模化利用，提高海洋文化旅游开发水平。优化近海绿色养殖布局，建设海洋牧场，发展可持续远洋渔业。建设一批高质量海洋经济发展示范区和特色化海洋产业集群，全面提高北部、东部、南部三大海洋经济圈发展水平。以沿海经济带为支撑，深化与周边国家涉海合作。 第二节 打造可持续海洋生态环境 探索建立沿海、流域、海域协同一体的综合治理体系。严格围填海管控，加强海岸带综合管理与滨海湿地保护。拓展入海污染物排放总量控制范围，保障入海河流断面水质。加快推进重点海域综合治理，构建流域—河口—近岸海域污染防治联动机制，推进美丽海湾保护与建设。防范海上溢油、危险化学品泄露等重大环境风险，提升应对海洋自然灾害和突发环境事件能力。完善海岸线保护、海域和无居民海岛有偿使用制度，探索海岸建筑退缩线制度和海洋生态环境损害赔偿制度，自然岸线保有率不低于35%。 第三节 深度参与全球海洋治理 积极发展蓝色伙伴关系，深度参与国际海洋治理机制和相关规则制定与实施，推动建设公正合理的国际海洋秩序，推动构建海洋命运共同体。深化与沿海国家在海洋环境监测和保护、科学研究和海上搜救等领域务实合作，加强深海战略性资源和生物多样性调查评价。参与北极务实合作，建设"冰上丝绸之路"。提高参与南极保护和利用能力。加强形势研判、风险防范和法理斗争，加强海事司法建设，坚决维护国家海洋权益。有序推进海洋基本法立法。	坚持陆海统筹、人海和谐、合作共赢，协同推进海洋生态保护、海洋经济发展和海洋权益维护，加快建设海洋强国

三、海洋规划的发展

世界各沿海国都很重视海洋规划工作，美国、日本和澳大利亚均已建立了完备的海洋规划体系，并有效保障海洋规划的实施。中国海洋资源的开发利用与综合治理经历了由弱到强、由无序无度到有序有效的发展过程。海洋规划是资源开发和海洋治理的重要工具，各个时期的海洋规划的编制和实施与当时的时代背景和国家经济与社会发展密切相关，从而具有不同的时代特点。

（一）海洋规划发展历程

我国的海洋规划是随着国家海洋经济和海洋事业的发展需要而逐步发展和完善起来的，其发展历程大致可分为四个阶段，每个阶段都与当时的时代背景息息相关，从而体现出各个时期的时代特征。

1.规划起步阶段：20 世纪 50 年代至 80 年代末

20 世纪 50 年代至 80 年代末，海洋事业与海洋规划在探索中前进，这个时期的海洋规划主要侧重于对海洋科学研究工作的安排和部署。国家先后编制了《1956—1967 年海洋科学发展远景规划》《1963—1972 年海洋科学发展规划》和《1975—1985 年全国海水淡化科学技术发展规划》。20 世纪 80 年代末国家计划委员会、国土资源局组织编制完成《全国国土总体规划纲要》[①]，并将"海岸带和海洋资源开发利用规划设想"作为其中内容之一。1988 年国务院机构改革，确定国家海洋局是国务院管理海洋事务的职能部门，海洋管理的内容也从过去的组织科研调查拓展到海域使用、环境保护和维护权益等多个领域，海洋规划开始步入快速发展轨道。[②]这一时期，海洋事业与海洋规划在探索和实践中前进。海洋规划虽多局限于科技领域，但已被纳入国家宏观管理范畴。

---

① 《全国国土总体规划纲要》规划编制开始于1981年。1990年，当时的国家计委完成了《全国国土总体规划纲要（草案）》，但是由于多种原因，这个规划草案最终没有获批。

② 刘佳,李双建. 我国海洋规划历程及完善规划发展研究初探[J]. 海洋开发与管理,2011(5).

2.快速发展阶段：20 世纪 90 年代初至 20 世纪末

我国改革开放特别是国务院机构改革后，随着国家工作重心向经济转移，海洋产业和涉海行业迅速发展，海洋管理工作扩展到海洋事业发展的多个领域。1989 年，中国开始了小比例尺海洋功能区划研究试点工作。1991 年，《全国海洋开发规划》编制工作启动。随后，《九十年代我国海洋政策和工作纲要》（1991 年）、《海洋技术政策（蓝皮书）》（1993 年）相继出台，1994 年，第一个具有全局性和战略性的海洋规划出台——《全国海洋开发规划》，标志着海洋规划工作正式拉开大幕并步入快速发展轨道。之后，《海洋 21 世纪议程及其行动行动计划》（1996 年）、《全国海洋生态环境保护与建设规划》、《中国海洋生物多样性保护行动计划》、《国家海洋环保"九五"（1996—2000 年）计划和 2010 年远景目标》及《"九五"（1996—2000 年）和 2010 年全国科技兴海实施纲要》（1996 年）等海洋规划相继出台。[①] 海洋规划工作进入了快速发展阶段，逐步延伸到国家和地方诸多层次。

3.全面发展阶段：21 世纪初至党的十八大前

21 世纪是海洋世纪，海洋政策与规划引领我国海洋事业迅速发展。2000 年，温家宝总理对海洋工作做出批示："国家海洋局要把工作重点放在规划、立法和管理上。"海洋规划工作进一步加强，先后编制和出台了一系列重要海洋规划。2001 年，中国制定和出台了《中华人民共和国海域使用管理法》。作为《中华人民共和国海域使用管理法》和《中华人民共和国海洋环境保护法》两部法律共同确立的一项基本制度，《全国海洋功能区划》于 2002 年正式获批，并成为编制地方各级海洋功能区划及各级各类涉海政策、规划，开展海域管理、海洋环境保护等海洋管理工作

---

① 刘佳，李双建. 我国海洋规划历程及完善规划发展研究初探[J]. 海洋开发与管理，2011(5).

的重要依据。沿海省市也开始编制沿海省、市、县三级海洋功能区划。

2003 年,《全国海洋经济发展规划纲要》正式由国务院批准实施,同期,沿海省级海洋经济规划工作也全面开展。2008 年,国家发展改革委员会和国家海洋局联合编制的《国家海洋事业发展规划纲要》经国务院批复正式实施,这是第一个由国家批准的海洋领域总体规划,我国海洋规划进入了全新的发展阶段。2010 年 12 月,国务院印发《全国主体功能区规划》(以下简称"规划"),这是中国第一个国土空间开发规划,是战略性、基础性、约束性的规划。"规划"明确指出:"我国辽阔的陆地国土和海洋国土,是中华民族繁衍生息和永续发展的家园。"海洋国土被赋予与陆地国土同等重要的地位。"规划"第五节专门对"陆海统筹"协调发展做出具体部署,要求根据陆地国土空间与海洋国土空间的统一性,以及海洋系统的相对独立性进行开发,促进陆地国土空间与海洋国土空间协调开发。"规划"还明确要求沿海地区陆地主体功能区与海洋主体功能区要相互衔接,主体功能定位要相互协调。省级主体功能区规划范围须覆盖所辖全部陆地国土空间和海域。2011 年 3 月,《中华人民共和国国民经济和社会发展第十二个五年规划纲要》正式发布,"十二五"规划纲要首次以单独成章的形式提出了"推进海洋经济发展"的战略要求,提出了以发展海洋经济为主线的海洋工作百字方针。这充分说明国家把海洋工作摆在了国民经济和社会发展的重要位置,并纳入国家宏观决策范畴。

与此同时,为推进沿海地区海洋经济大发展,一系列沿海区域发展规划也被纳入国家战略。国务院先后印发或批复了《辽宁沿海经济带发展规划》《黄河三角洲高效生态经济区发展规划》《江苏沿海地区发展规划》《长江三角洲地区区域规划》《珠江三角洲地区改革发展规划纲要(2008—2020 年)》《广西北部湾经济区发展规划》等多部区域发展规划和政策性文件。此外,《海水利用专项规划》(2005 年)、《国家"十一五"海洋科学和技术规划纲要》(2006 年)、《渤海环境保护总体规划(2008—2020)》《全国科技兴海规划纲要(2008—2020)》等多部专项规划出台,对海洋资源开发利用、重点海域环境保护、海洋科学技术发展等多个重点领域海洋工作进行了细化和专门部署。这一时期,国务院印发或批复了海洋总体规划及各类海洋专项规划和地方海洋规划,标志着海洋规划被纳入了国家重点领域专项规划范畴,并进入了全面发展的新阶段。

4.调整改革阶段:党的十八大之后至今

中共十八大以后,随着国家社会经济的大发展,海洋事业发展进入新阶段。2015 年 8 月 1 日,国务院印发了《全国海洋主体功能区规划(2015—2020 年)》,作为推进形成海洋主体功能区布局的基本依据。2016 年,《中华人民共和国国民经济和社会发展第十三个五年规划纲要》明确了未来五年经济社会发展的宏伟目标、主要任务和重大举措,勾勒了中国未来五年的发展路线图。该规划将"拓展蓝色经济空间"作为推动区域协调发展的重要举措,并对海洋经济发展、海洋资源环境保护和维护海洋权益提出了明确要求。围绕着国家"十三五"规划的总体部署,海洋领域编制出台了一系列专项规划,涉及海洋资源、海洋经济、海洋科技、海洋生态环境保护等方方面面,如:《全国海岛保护工作"十三五"规划》《全国海洋经济发展"十三五"规划》《渔港升级改造和整治维护规划》《全国海水利用"十三五"规划》《海洋可再生能源发展"十三五"规划》《"十三五"全国远洋渔业发展规划(2016—2020 年)》《全国海洋生态环境保护规划(2017 年—2020 年)》《全国生态岛礁工程"十三五"规划》《全国海洋观测网规划(2014—2020 年)》《全国科技兴海规划(2016—2020 年)》《"十三五"海洋领域科技创新专项规划》《海洋观测预报和防灾减灾"十三五"规划》《全国海洋计量"十三五"发展规划》《全国海洋标准化"十三五"发展规划》等。这些规划的出台，规范和引领了海洋事业的全面发展。同时，《自然资源科技创新发展规划纲要》《"十三五"生物产业发展规划》等专项规划，也对海洋领域的发展提出了明确的目标和任务要求。这一时期，为推动沿海地方经济发展和海洋资源保护，广东、山东等沿海省份积极编制和出台相关规划，部署陆海统筹协调发展。

2017 年，党的十九大报告提出了中国发展新的历史方位——中国特色社会主义进入了新时代。从实践层面来说，"开启全面建设社会主义现代化国家新征程"。中国特色社会主义进入新时代，我国社会主要矛盾已经转化为人民日益增长的美好生活需要和不平衡不充分的发展之间的矛盾。为适应新时代发展需求，2018 年 9 月 20 日，中央全面深化改革委员会第四次会议审议通过了《关于统一规划体系更好发挥国家发展规划战略导向作用的意见》，强调了科学编制并有效实施国家发展规划的重要性，并强调要加快统一规划体系建设，更好发挥国家发展规划的战略导向作用。2019 年 1 月 23 日，中央全面深化改革委员会第六次会议审议通过了《关于建立国土空间规划体系并监督实施的若干意见》（中发〔2019〕18 号）等文件。目前，新的国土空间规划在"多规合一"的基础上，初步形成了五个层次、三个类别、四个体系的总体框架，将功能区建设、土地利用规划、城乡规划、海洋功能区建设纳入新的国家空间规划。在空间规划编制内容上，实行陆海统筹，兼顾地上、地下和一切要素，体现国土空间规划编制的全面性。[1]

"十四五"时期是我国推动实现第二个百年奋斗目标、全面建设美丽

---

① 杨继生. 我国新时代国土空间规划的建设与展望 [J]. 城镇建设, 2019(16).

中国的起步阶段。2021 年 3 月,《中华人民共和国国民经济和社会发展第十四个五年规划和 2035 年远景目标纲要》发布。在第九篇"优化区域经济布局 促进区域协调发展"部分,围绕着构建高质量发展的区域经济布局和国土空间支撑体系,提出海洋领域的战略部署,其中第三十三章"积极拓展海洋经济发展空间"明确提出要:坚持陆海统筹、人海和谐、合作共赢,协同推进海洋生态保护、海洋经济发展和海洋权益维护,加快建设海洋强国。

"十四五"规划有关海洋的内容从"建设现代海洋产业体系、打造可持续生态环境建设、深度参与全球海洋治理"三个方面进行阐述,与"十三五"规划的"壮大海洋经济、加强海洋资源环境保护、维护国家海洋权益"内容相比,突显出我国的海洋规划从关注国内海洋管理向建设海洋命运共同体的全球使命发展。

"十四五"时期是我国由全面建成小康社会向基本实现社会主义现代化迈进的关键时期,是积极应对国内社会主要矛盾转变和国际经济政治格局深刻变化的战略机遇期,也是加快推进生态文明建设和经济高质量发展的攻坚期。2019 年,自然资源部印发《自然资源"十四五"规划编制工作方案》,启动《自然资源保护与利用"十四五"规划》编制工作,该规划是海洋资源开发利用的顶层设计。在该项工作中,将海洋作为自然资源的重要领域进行了全面规划。2021 年 12 月 15 日,国务院批复《"十四五"海洋经济发展规划》(国函〔2021〕131 号)。根据文件要求,《"十四五"海洋经济发展规划》实施要以习近平新时代中国特色社会主义思想为指导,深入贯彻党的十九大和十九届历次全会精神,坚持稳中求进工作总基调,立足新发展阶段,完整、准确、全面贯彻新发展理念,构建新发展格局,推动高质量发展,以深化供给侧结构性改革为主线,以改革创新为根本动力，以满足人民日益增长的美好生活需要为根本目的，坚持系统观念，更好统筹发展和安全，优化海洋经济空间布局，加快构建现代海洋产业体系，着力提升海洋科技自主创新能力，协调推进海洋资源保护与开发，维护和拓展国家海洋权益，畅通陆海连接，增强海上实力，走依海富国、以海强国、人海和谐、合作共赢的发展道路，加快建设中国特色海洋强国。[①]多地陆续出台了"十四五"海洋经济发展规划。

（二）海洋规划特点分析

规划是人们根据现在的认识对未来目标和发展状态的构想，是实现未来目标或达到未来发展状态的行动顺序和步骤的决策，这是所有规划的共同特征。[②]海洋规划是随着国家海洋事业和海洋经济的发展需要而逐步发展和完善起来的，在过去几十年中，海洋功能区划、海洋主体功能区规划、海岛保护规划以及其他涉海专项规划在海洋管理中发挥了重要作用。

首先，用五年规划（计划）引领经济社会发展，是中国共产党治国理政的重要经验，这一方式接力落实了建设社会主义现代化国家的战略部署，有效发挥了社会主义集中力量办大事的制度优势。同样，海洋规划与海洋事业发展密不可分，起到了政策引导性作用。规划是阐明国家战略意图，明确政府工作重点和一定时期内国民经济社会发展宏伟蓝图的行动纲领，在国家规划的指导和框架下，海洋领域的各类发展规划引领了海洋事业发展的大方向。近年来，围绕着国家总体规划的涉海部署，海洋领域出台了海洋资源、海洋经济、海洋科技、海洋生态环境保护及

---

① 《国务院关于"十四五"海洋经济发展规划的批复》。

② 栾维新. 海洋规划的区域类型与特征研究 [J]. 人文地理, 2005(1).

海洋防灾减灾等一系列专项规划，这些涉海专项规划明确了各自领域发展的目标和任务，以支撑和满足国家发展的重大需求。

其次，从发展历程来看，海洋规划是随着中国海洋经济和海洋事业的发展需要而逐步发展和完善起来的，并且每个阶段都与当时的时代背景密切相关从而具有不同的特点。近十年来，海洋规划体系逐步成熟，空间规划正在逐渐成为海洋规划体系的核心，中国以往的海洋规划也体现出了这一特点，海洋功能区划和海洋主体功能区规划均体现了空间规划的理念，但侧重点有所不同，海洋功能区划体现的是对建设项目用海的约束和管理，而海洋主体功能区规划更体现区域政策和绩效评价。

再者，从规划的形式和要求来看，为了更好地衔接海域与陆域规划，厘清规划层级之间、规划主体之间、海洋规划与其他涉海规划之间的关系，正在持续推进"多规合一"，以主体功能区规划为基础统筹各类空间性规划，以形成国家空间规划体系。未来，要全面贯彻党的二十大精神，深入学习贯彻习近平生态文明思想和有关自然资源管理的重要论述，根据新时代国家发展面临的新形势新任务，在总结分析各项涉海规划落实情况的基础上，按照自然资源管理的新职责、新目标和新需求，研究探索将海洋国土融合在自然资源大框架下的空间规划模式，全面谋划支撑自然资源战略的海洋领域发展目标和任务，为自然资源中长期规划的编制奠定基础和提供参考。

第二节　海洋空间规划理论与实践探索

规划是某一特定领域全面长远的发展愿景，是融合多要素的，针对整体性、长期性、基本性问题的未来行动方案。国土空间规划是对一定区域内国土空间开发保护在空间和时间上做出的安排，包括总体规划、详细规划和相关专项规划。2019 年 5 月 9 日，中共中央、国务院印发《关于建立国土空间规划体系并监督实施的若干意见》，对国土空间规划的指导思想、目标任务、总体要求、框架体系、实施监管、工作保障等做出规定，标志着我国国土空间规划体系的四梁八柱已经形成。国土空间规划对于国家发展的战略意义重大。如何构建符合时代要求的国土空间规划体系，将海洋国土融入国土空间规划体系进行整体谋划，成为当前加快建设海洋强国的一项紧迫任务。

一、海洋空间规划的概念与内涵

海洋空间规划起源于国际社会建设海洋保护区的需要，是将空间规划概念应用到海洋管理中，在借鉴空间规划理论和实践经验的基础上，经过不断探索而诞生的。随着用海需求的增加，用海矛盾和海洋生态环境恶化等问题凸显，越来越多的国家开始关注海洋空间规划。虽然各国对海洋空间规划的界定不同，但是海洋空间规划在本质上都是分析和调整海洋区域内人类活动的公共管理过程，以期实现海洋环境的生态、经济及社会目标。

学界对空间规划的概念和内涵进行了研究探讨。20 世纪 90 年代，欧洲空间规划制度概要提出，空间规划是主要由公共部门使用的影响未来活动空间分布的方法，它的目的是创造一个更合理的土地利用和功能关系的领土组织，平衡保护环境和发展两个需求，以达成社会和经济发展的总目标。空间规划是社会经济、文化和生态政策的地理表达，通过空间组织形式把分散于地理空间的资源和要素联系起来，将时间发展序列投影在地域空间上，实现人口、资源、发展和环境的整合。海洋空间规划是对海洋空间进行管理的规划，是国家或地区为平衡海洋环境和经济社会发展而对海洋空间保护和利用结构进行调整和合理布局的管理决策，是从时间与空间上合理组织人类用海活动，强调和体现海洋可持续发展的理念。

海洋空间规划最初的理论依据主要是生态学相关理论，在此基础上，通过管理实践提出了空间类型管理、多目标导向管理、基于生态系统的管理等海洋空间规划理论。有研究认为，海洋空间规划以生态系统为基础对人类海洋活动进行管理，是对人类利用海洋做出综合的、有远见的、统一的决策规划过程。海洋空间规划强调空间特性和时间过程在海域使用中的重要性，是立体式的海洋管理。通过政治法律途径，根据利用形式来分析和划分"海洋三维空间"，最终达到预期的生态、经济、社会目标。基于学者们对海洋空间规划的研究，从科学术语定义看，海洋空间规划是以动态演化着的海洋空间为基础，以探讨海域的特征和规律为依托，协调人与海洋空间之间的关系，对海洋空间的演化提出各种层次的策略，并付诸实施和进行管理的过程性活动。①海洋空间规划旨在从海洋空间上合理组织人类用海活动，突出海域多宜性和立体利用，寻求可持续发展下平衡的区域发展和健康的海洋环境，强调现实冲突的协调。

2006 年，联合国教科文组织召开了第一届海洋空间规划国际论坛，提出"应用基于生态系统的方法制定海洋空间规划"的观点，指出海洋空

---

① 方春洪，刘堃，等. 生态文明建设下海洋空间规划体系的构建研究[J]. 海洋开发与管理，2017(12):89-93.

间规划的基本思想是应用生态系统的方式管理和规范海洋开发行为，保护生态环境，以保障生态系统支持社会经济发展的能力，同时考虑社会、经济和生态目标，为海域利用制定战略框架。2009 年，联合国教科文组织政府间海洋学委员会（IOC）发布了海洋空间规划的技术框架（Marine Space Planning: A Step By Step Approach）。2017 年，在法国巴黎召开的第二届海洋空间规划国际论坛确定了海洋空间规划发展的路线图，得到各沿海国的积极响应。2019 年 2 月，IOC 和欧盟启动了"全球海洋空间规划"项目（MSPglobal）。这个为期三年的项目旨在优化海洋空间规划，通过设立新型全球海洋空间规划（MSP）指导方针来改善跨境和跨界合作，以避免冲突并改善人类海上活动的管理，促进跨界海洋空间规划的发展。2020 年 7 月，自然资源部第一海洋研究所张志卫博士当选联合国环境规划署海洋空间规划顾问，其将协助东亚海协作体开展东亚九个成员国的海洋空间规划实施背景评估，促进国家和地区制定基于生态系统的海洋空间规划政策，提出相关行动建议。[1]

二、国外海洋空间规划概况

海洋空间规划是以生态系统方法为基础的综合性海洋管理新措施，欧洲国家广泛制定实施海洋空间规划。海洋空间规划是我国新国土空间规划体系建设的重要内容，随着国土空间规划体系全面构建并逐步完善，海洋空间规划体系建设也被提上议事日程。

（一）国外研究与实践

近年来，越来越多的国家开始关注和重视海洋空间规划，但由于自然资源禀赋及国家发展阶段不同，以及政治体制和行政管理体系各异，

---

[1] 自然资源部. 海洋一所科学家当选联合国环境规划署海洋空间规划顾问 [EB/OL]. [2022-09-07]. http://www.mnr.gov.cn/dt/hy/202007/t20200721_2533809.html.

规划体系模式差异较大。随着各国海域管理实践的不断加深,海洋空间
规划管理政策逐步完善并日趋成熟。

1. 欧盟

欧盟是海洋空间规划的先行者,制定了多项政策、法律来推进和
保障这一制度的有效实施。2007 年,欧盟成员国发布《海洋综合政策
蓝皮书》,将海洋空间规划定位为"海洋地区和沿海地区持续发展的基
础工具",提出"综合海洋空间规划"(Integrated Marine Space Planning,
IMSP)概念。2008 年,欧盟委员会发布《海洋空间规划路线图》,以促
进海洋空间规划的发展和完善。2014 年,欧盟通过"空间规划法案",旨
在推进欧盟及其成员国的海洋空间规划。法案要求,成员国在制定规划
时应全面考虑现有人类活动、陆地和海洋的互动以及最有效的管理方案,
加强与其他成员国的协调。从空间上来说,欧盟成员国对于近海的规划
包括了领海、内水和专属经济区;从时间上来说,各成员国制定有关执
行海洋空间规划的时间表不尽相同。①

在欧盟的立法实践中,海洋空间规划是一个包括海洋管理资料收集、
涉海利益相关者参与协商制定,以及贯彻、实施、评估和修订等阶段的
管理流程。②欧盟各成员国积极推行海洋空间规划,利用海洋空间规划
手段,推动本国的海洋开发利用管理工作。荷兰、比利时、德国和英国
等先后完成海域利用规划和领海区划计划。为了有效实施海洋空间规划,
2008 年,英国政府发布《英国海洋管理、保护与使用法》(简称《英国海

---

① 戴瑜. 欧盟海洋空间规划对中国发展蓝色经济的启示 [J]. 中国环保产业, 2021(5).

② Directive 2014/89/EU of the European Parliament and of the Council of 23 July 2014 Establishing
a Framework for Maritime Spatial Planning[EB/OL]. (2014-08-28)[2022-09-07]. https://eur-lex.
europa.eu/legal-content/ EN/TXT/?uri=uriserv:OJ.L_.2014.257.01.0135.01.ENG%20.

洋法》）①，其中重要内容之一是为英国所有管辖海区引进新的海洋空间规划体系，并成立了"海洋管理组织"来专门负责海洋空间规划的编制。荷兰制定的"北海2015海洋综合管理计划"，运用了欧盟委员会倡导的海洋空间规划管理手段。

2.美国

美国俄勒冈州从1991年开始编制领海区域海洋空间规划，即最初的《俄勒冈领海计划》，负责制定该计划的海洋政策咨询委员会由多方利益相关者构成，在海洋空间规划的制定过程中，充分考虑了多种利益和需求。②2008—2013年，历经五年时间的不断完善，《俄勒冈领海计划》修订后增加了新的"第5部分"。目前实施的是第二代海洋空间规划，目标是保护海洋生物和重要的海洋生物栖息地，使其免受能源开发可能产生的不利影响。

新英格兰地区是美国在海洋空间规划上取得最大进展的地区，其在2016年年底前编制完成了区域海洋规划——《美国东北部海洋规划》（Northeast Ocean Plan）。这个规划范围从美国新英格兰的海岸线延伸到专属经济区（200海里）的边界，在内容上跨越人类活动、文化资源和生态系统，主要将海洋资源和活动分为十种类型。《美国东北部海洋规划》制定了明确的实施框架，并配套一些细化的管理措施，覆盖数据搜集、管理措施及具体操作等全部过程。该规划更加关注海洋和沿海生态系统健康，注重政府间协调监管，加强与非政府利益相关方的协调，实行定期跟踪评估，建立东北海洋数据信息网站支持决策，通过基线数据评估

---

① 李景光，阎季惠. 英国海洋事业的新篇章——谈2009年《英国海洋法》[J]. 海洋开发与管理，2010(2):87-91.

② 滕欣，赵奇威. 比利时海洋空间规划的进展与特点[N]. 中国海洋报，2018-09-04(4).

沿海和海洋资源的空间分布和地位，重视对规划实施的监测、公众反馈和定期调整，评估人类活动对于海洋生态的空间影响。

3.英国

英国首先通过立法确立海洋空间规划制度，由 2009 年《海洋与海岸带准入法》确立制度、设立机构，再开展相关实践。英国利用海洋空间规划调整和分配海洋资源与空间利用，并在实施层面将海洋空间规划作为发放用海许可证的主要依据之一。

英国海洋空间规划的范围覆盖近海与远海区域，并且近海与远海规划同时进行。以英格兰东部海洋空间规划项目为例，陆地规划的边界一般延伸至平均大潮低潮线，而海洋空间规划的陆向边界是从平均大潮高潮线开始。英格兰陆地空间规划和海洋空间规划在海岸带区域存在重叠，重叠区域的规划以及具体项目审批由陆地规划机构和海洋管理机构协调合作，实施陆海统筹。

英国海洋空间规划编制所依据的主要数据和信息包括五类。第一类是海洋政策文件。《海洋政策声明》（Marine Policy Statement）是英国海洋开发利用与保护的总纲领，是所有海洋空间规划制定的依据。海洋空间规划就是将《海洋政策声明》中设定的总目标与原则、各海洋行业的发展要求，以及海洋环境保护要求在不同海域进行细化和落实。第二类数据来源于政府和学术机构对英国自然生态系统和海洋环境的研究报告以及海洋数据库，诸如 2011 年的《英国国家生态系统评估》及 2008 年建立的海洋环境数据和信息网（MEDIN）等。第三类数据来自利益相关者，包括一些非政府机构、慈善团体、行业协会、涉海企业等，尤其是关于人类用海活动的信息数据。第四类数据来自其他政府部门和相关海洋管理机构，如英国联合自然委员会（JNCC）提供了各类海洋保护区的数据信息，英国皇家地产（CE）提供了海上风能、波浪能，以及潜在碳捕获和储存区域的相关信息数据等。第五类数据来源于与海洋相关的陆地规划文件，还必须考虑到地方规划机构已编制的管理海洋、海岸带区域或资源的相关规划。另外还有委托其他科研机构专门为海洋空间规划的制定开展的新研究，补充了一些空缺数据。

4.比利时

比利时是最早编制和实施海洋空间规划的国家之一，2003 年首次编制了北海比利时部分空间规划——《北海总体计划》，规划了相关海洋活动。2012 年，比利时皇家法令规定设立咨询委员会，在北海比利时区域开展海洋空间规划。2014 年，比利时皇家法令批准了北海比利时区域海洋空间规划，这是比利时的第二轮海洋空间规划。

比利时海洋空间规划由联邦的海洋环境管理部门编制和实施。北海比利时区域海洋空间规划从环境、安全、经济、文化、社会和科学方面提出了具体目标。规划主要包括四部分内容：一是海域的空间分析，界定了比利时海域的适用法律，分析空间位置，描述比利时海域的物理特征、自然环境条件、用海活动、用海冲突概况及开展海洋空间规划的政策背景；二是规划的愿景、目标、指标和政策选择，提出规划的整体愿景和空间结构愿景，制定了具体目标和指标，以及用海者和用海活动空间管理的政策；三是实施海洋空间规划的行动；四是海洋空间规划的图鉴。

比利时海洋空间规划考虑到用海活动的兼容、海陆相互作用问题，并重视利益相关者参与，将海洋空间规划的协商分为部门协商、公众协商和国际磋商三个层次。规划制定过程中，比利时与荷兰、法国、英国进行了充分的跨界协商。①

5.韩国

2018 年 4 月，韩国海洋水产部颁布《韩国海洋空间规划与管理法》，对海洋空间规划的编制与实施、海洋空间的可持续利用与开发等事项进行了较为全面的规定。该法主要内容包括五部分：第一章总则，包括目的、各用语定义、基本原则、国家职责等；第二章海洋空间规划的制定，包括海洋空间基本规划的制定与公示、海洋空间管理规划的制定与公示、海洋空间管理地方委员会、与其他规划的关系、海洋空间规划的执行等；第三章海洋用途区的划分与管理，包括海洋用途区的划分，海洋空间特性评价，海洋用途区的管理，海洋空间适合性协商、协商程序、协商内容的实施等；第四章海洋空间信息管理，包括信息的收集与调查、海洋空间信息系统构建、海洋空间规划专业评估机构的指定等；第五章补充细则，包括促进科研项目和国际合作等。

韩国专属经济区、大陆架和其他总统令规定海域的海洋空间规划编制由海洋水产部负责，除此之外海域的空间规划由沿海市（道）负责编制。韩国每十年制定一次海洋空间规划。规划实施五年之后，海洋水产部开展规划实施评估，审核规划的可行性和合理性并提出修改建议。②

（二）国际海洋空间规划进展概况

2021 年 3 月，全球海洋空间规划项目发布五份报告：《确定海洋空间规划的现有和未来条件》《海洋空间规划与可持续蓝色经济》《气候变化与海洋空间规划》《海洋空间规划的能力建设》《海洋治理和海洋空间规

---

① 滕欣，赵奇威. 比利时海洋空间规划的进展与特点[N]. 中国海洋报，2018-09-04(4).
② 王晶，等. 韩国《海洋空间规划与管理法》概况及对我国的启示[J]. 海洋开发与管理，2019(3):10-16.

划》，强调了海洋空间规划对海洋可持续发展的重要性。[①] 报告指出，在海洋空间开发范围和强度日益增大的情况下，需要综合、合理和气候智能的海洋空间规划方法，为通过多重经济、生态和社会目标实现海洋可持续治理提供了具体实例和建议。

2021 年 10 月，联合国教科文组织政府间海洋学委员会（IOC）和欧盟海洋事务与渔业总司（DG MARE）联合发布《海洋空间规划全球指南》（MSPglobal International Guide on Marine/Maritime Spatial Planning），提出了一系列主题、案例研究和行动，以帮助各国政府、合作伙伴和从业人员开展海洋空间规划活动。该版指南面向基于生态系统的与管理有关的新问题，如蓝色经济和气候变化，并将海洋空间规划纳入 2030 年可持续发展议程的全球背景之中。截至 2021 年，全球超过 45 个国家正在实施或批准海洋空间规划，还有几十个国家正在奠定海洋空间规划的基础，其管理正在由独立的部门管理向海洋管辖权的综合性规划框架转型。

（三）国外海洋空间规划的共性特征

海洋空间规划是海洋管理的重要工具，多个沿海国已逐步形成基于各自国情、适应海洋行政管理体制的海洋空间规划体系，取得了比较丰富的成果和成功经验，并表现出一些共性特征。

第一，海洋空间规划是一个具有前瞻性和指导性的管理和保护海洋资源环境的战略计划。开展海洋空间规划工作，既要注重构建海洋空间规划的理论基础，也需重视建立海洋空间规划的实施框架和技术方法。从欧盟海洋空间规划的运行来看，强调海洋空间资源的生态性、综合性、地理性、适应性、战略性、预见性及参与性，完善法律制度和政策支持，

---

① 中国海洋发展研究中心."全球海洋空间计划"发布五份海洋空间规划政策概要[EB/OL].[2022-07-07]. http://aoc.ouc.edu.cn/2021/0519/c9829a323949/pagem.htm.

是取得成功的重要因素和保障。[①]

第二，信息资料是海洋空间规划编制的前提和基础。为了让政府、利益相关方、研究人员和社会公众能够有效、及时获取相关信息，可以将所有信息归于某一具体的平台进行统一整理和公示，这是欧盟海洋空间规划的有益经验。持续开展海洋科学研究与数据收集工作，通过专项研究，对已有数据和信息进行收集、整理和利用，同时建设信息平台，获取、掌握和共享最新数据，以解决海洋空间规划编制信息不足的问题。

第三，注重利益相关者参与。构建协调机制和公众参与制度，引导利益相关者和公众在海洋空间规划编制之初便开始参与，持续参与规划编制全过程，包括实施、评估、修订与监测等阶段。

第四，重视陆海统筹。除根据生物地理学、海洋学及生态系统来确定海洋管理边界外，还要综合考虑社会、经济和管理等因素。同时将已制定的陆地规划文件作为编制海洋空间规划的重要信息参考，统筹兼顾编制海洋空间规划，以避免海洋空间规划在实施过程中与其他规划出现矛盾或冲突。

三、我国海洋空间规划研究概况

我国的空间规划体系是以空间资源的合理保护和有效利用为核心，以空间资源（土地、海洋、生态等）保护、空间要素统筹、空间结构优化、空间效率提升、空间权利公平等方面为突破，探索"多规融合"模式下的规划编制、实施、管理与监督机制。空间规划体系改革是国土空间治理体制改革的重要内容，是生态文明体制改革的一项重要任务。海洋是重要的国土空间，近年来，各类空间规划涉海内容不断增加，如何协

---

① 王慧，王慧子. 欧盟海洋空间规划法制及其启示[J]. 江苏大学学报（社会科学版），2019(3):53-58.

调各类规划的关系，构建国土空间大框架下的符合新时代要求的海洋空间规划，形成科学的海洋空间治理体系，是海洋生态文明建设和海洋综合管理改革面临的重大课题。为此，诸多学者开展了相关问题研究。

许景权在对国家规划体系、国土空间规划体系等概念与基本关系进行辨析的基础上，指出当前我国规划体系与国土空间规划体系之间存在着规划体系整体效能最优化与局部效能最大化相冲突、对空间与非空间规划的认知存在偏差、纵向传导强化与横向衔接薄弱、对专项规划的"双重领导"等矛盾，严重制约我国规划体系整体效能的发挥。同时，其基于资本与空间、系统与子系统、集权与分权的逻辑视角，对矛盾成因进行了深入分析，进而提出我国规划体系将在一定时期内处于动态平衡与优化阶段，府际间规划事权仍存在调整可能。[1]

张瑜等对海洋空间资源管理进行了综述[2]，认为海洋资源与海洋空间资源应当分开讨论，海洋空间资源作为所有海洋资源的载体，是一个三维多层次的概念，包括海洋水体上方的大气、下方的海土、海床和中间的海水三个部分。[3]此外，还从海洋渔业、海洋矿产、海港建设、空间资源使用缺陷四个方面总结了目前开发利用的现状，并讨论产权效率流失与分层确权问题。

方春洪、刘堃等认为，海洋空间规划体系是由各类海洋空间规划组成的，具有一定逻辑组织关系的管理制度集合，是海洋空间发展与资源环境管理的基础性机制集合，其构建应满足时代发展要求和海洋空间治理需求，体现国家海洋生态文明意志和海洋空间治理现代化，以总结多

---

① 许景权. 国家规划体系与国土空间规划体系的关系研究[J]. 规划师, 2020,36(23):50-56.

② 张瑜, 王淼.海洋空间资源管理研究综述[J].中国渔业经济,2015,33(01):106-112.

③ 王淼,李蛟龙,江文斌. 海域使用权分层确权及其协调机制研究[J]. 中国渔业经济,2012, 30(02):37-42.

样化实践、建立完善协调机制和统一技术体系为基本路径。[①]周鑫等认为，对现行海洋功能区划的实施情况进行评价，是编制国土空间规划的重要基础。通过研究，他针对区划实施中存在的问题及新时期面临的形势，提出了突出重点、因地制宜，全面调查、摸清家底，完善分区、探索分类，严格兼容、加强管控，定期评价、动态调整等对策建议。[②]张翼飞、马学广认为，海洋空间规划是实现海洋综合管理的重要工具，海洋空间规划要重视数据的挖掘和实用工具的使用，设计更多利益相关者便捷参与的办法，更加关注人类活动对于生态要素的累积性影响，综合提高基于生态系统海洋管理的有效性。[③]

　　理论方面，王江涛在文献中谈到了我国经济供给侧改革对海洋空间资源结构和发展方向提出的新要求，[④]以及"多规合一"的空间规划改革，阐述了由海洋主体功能区规划、海洋功能区规划、海洋生态红线、围填海计划构成的规划体系。[⑤]翟伟康等探讨了我国海域空间立体开发的过程和面临的问题，讨论权限界定和海籍管理问题，为海域资源精细化管理提供了理论支撑。[⑥]孟雪从行政框架方面对中外在海域空间资源管理上的异同进行了比较，总结了海域资源管理的四要素：制度、规划、管理机构、申请审批程序，并采用多种方法探讨中、英、美、韩四国在海域空

① 方春洪,刘堃,王昌森. 生态文明建设下海洋空间规划体系的构建研究[J].海洋开发与管理,2017,34(12):89-93.DOI:10.20016/j.cnki.hykfygl.2017.12.036.
② 周鑫,陈培雄,相慧,向芸芸,张鹤,李欣曈.国土空间规划编制中的海洋功能区划实施评价及思考[J].海洋开发与管理,2020,37(05):19-24.DOI:10.20016/j.cnki.hykfygl.2020.05.004.
③ 张翼飞,马学广. 海洋空间规划的实现及其研究动态[J]. 浙江海洋学院学报(人文科学版),2017,34(03):17-26.
④ 王江涛. 我国海洋空间资源供给侧结构性改革的对策[J]. 经济纵横,2016(04):39-44.DOI:10.16528/j.cnki.22-1054/f.201604039.
⑤ 王江涛. 我国海洋空间规划的"多规合一"对策[J]. 城市规划,2018,42(04):24-27.
⑥ 翟伟康,王园君,张健. 我国海域空间立体开发及面临的管理问题探讨[J]. 海洋开发与管理,2015,32(09):25-27.DOI:10.20016/j.cnki.hykfygl.2015.09.006.

间资源配置管理方面的历史与差异，通过对比提出了完善中国海域管理的五条基本建议。①

经济开发与生态保护评价方面，针对海洋空间的管理目前基本在省市一级展开。张善坤分析了浙江省海洋资源开发现状，并呼吁优化海洋开发布局和完善管控机制。②李志伟和胡聪等分别研究了曹妃甸集约用海的评价方法问题，构建包括海洋生物资源、海洋空间资源、港口航道资源、滨海旅游资源和其他资源的综合评价指标体系，确认各指标权重等，③④类似的研究有许多⑤。薛山、胡聪研究了填海造地开发活动对海洋资源的影响，建议建立填海造地活动的评价标准，并为其监督与管理、防止海洋资源产权价值的流失提供理论依据。黄明娜基于厦门海洋开发现状，研究了海洋资源损害补偿机制。⑥叶亨利分析了广西的牡蛎养殖业对海洋空间资源承载力适配性评价问题。⑦刘慧等针对山东省海洋油气开发的生态补偿价值评估问题进行了研究。⑧陈凌珊等以珠江入海口为例研究了海洋污染的货币价值估算方法。⑨这些研究侧重于资源和生态价值的量化评估，可以为海洋空间资源规划建设提供数据支撑。

① 孟雪.中外海域空间资源配置管理比较研究[D].天津大学,2017.
② 张善坤.科学管控海洋空间资源 促进海洋经济持续发展[J].浙江经济,2015(16):8-9.
③ 李志伟,崔力拓.集约用海对海洋资源影响的评价方法[J].生态学报,2015,35(16):5458-5466.
④ 胡聪,尤再进,于定勇,等.集约用海对海洋资源影响评价方法研究[J].海洋环境科学,2017,36(02):173-178.DOI:10.13634/j.cnki.mes.2017.02.003.
⑤ 朱永贵.集约用海对海洋生态影响的评价研究[D].中国海洋大学,2012.
⑥ 黄明娜.海洋资源损害补偿机制[D].厦门大学,2008.
⑦ 叶亨利.基于牡蛎养殖业的广西茅尾海海洋空间资源承载力评价研究[D].国家海洋局第三海洋研究所,2018.
⑧ 刘慧,梅洪尧,高新伟.海洋油气资源日常开发的生态补偿价值评估[J].生态经济,2018,34(11):34-39+53.
⑨ 陈凌珊,陈平,李静.海洋环境污染损失的货币价值估算——以珠江入海口为例[J].海洋经济,2019,9(01):8-19.DOI:10.19426/j.cnki.cn12-1424/p.2019.01.002.

　　海岸带是位于海陆交界的特殊空间区域，是海洋生态系统与陆地自然系统的过渡单元，与人类的生产生活关系密切。近年来随着沿海地区的快速发展，海岸带的生态环境受到巨大影响，对海岸带的空间管制及生态保护问题成为构建海洋空间规划的一项重要而紧迫的研究任务。刘大海等研究了通过构建国土空间准入制度对海岸带的开发保护进行管理。文中提到海岸带的管理权归属界定困难、海域使用权与土地使用权会在海岸带处发生重叠等问题，并提议由自然资源管理部门制定空间准入规则，从行政上对海岸带的开发利用进行约束，将空间开发保护放在首位，实现资源保护、要素统筹、结构优化、效率提升和权利公平的有机统一。在开展陆海一体化生态保护和整治修复工作的基础上，适时启动海岸带管理的立法工作。① 文超祥等总结了陆海规划存在的差异，② 研究了陆海统筹管理的三种方法：综合管理、基于生态系统的管理、陆海保护规划，并对陆海统筹空间规划的研究与实践进行了展望，呼吁理论方面加强生态化、系统化、精细化研究，实践方面因海制宜、积极探索管理路径、兼顾利益平衡，推动陆海统筹的全新发展局面。③ 张震等针对我国的海岸线管理进行了概述，分析了目前海岸线管理存在的问题及其产生的原因，将着眼点放在发展理念、法律体系、统一监督格局、管理制度与历史遗留问题五个方面，并提出了相关对策建议。④ 林小如等以厦门市海岸带规

---

① 刘大海，管松，邢文秀.基于陆海统筹的海岸带综合管理：从规划到立法[J].中国土地，2019(02):8-11.

② 文超祥，刘健枭.基于陆海统筹的海岸带空间规划研究综述与展望[J].规划师，2019,35(07):5-11.

③ Pittman J, Armitage D. Governance Across the Land-sea Interface: A Systematic Review[J]. Environmental science & policy, 2016(64): 9-17.

④ 张震，禇鹏基，霍素霞.基于陆海统筹的海岸线保护与利用管理[J].海洋开发与管理，2019,36(04):3-8.

划为例，从陆域空间的关键要素、海域空间的利用方式、海洋环境的陆源污染控制及海洋资源的生态岸线保育四个方面对厦门海岸带海洋空间管理进行了探讨，给出了厦门海岸带生态敏感度评价分析方法和划分级别，为空间规划提供基础依据。[①]董少彧基于共生理论和演化模型，对我国沿海 11 省市海洋经济和陆地经济互动增长情况进行研究，从陆海互惠共生、偏利共生、寄生、竞争、并生等角度分析了各地的不同情况，并分析了生产要素的质和量在经济增长中的体现情况。[②]夏康以陆海复合经济地域系统为前提，运用 GML 指数模型测算沿海地带陆海统筹效率发展水平，并根据区域差异分为陆域效率驱动型、陆海效率复合型等。[③]

复旦大学戴瑜认为，海洋空间规划是重要的海洋空间管理工具，欧盟及其成员国通过创设海洋空间规划已经形成了较为成熟的理论和实施规则体系，在制度设计和政策执行上较为明确和灵活，在部门间和区域合作上能够实现数据分享。欧盟与我国类似的地缘政治环境和丰富的海洋资源使得欧盟在海洋空间规划上的成功经验可以供我国借鉴。[④]

---

① 林小如，王丽芸，文超祥.陆海统筹导向下的海岸带空间管制探讨——以厦门市海岸带规划为例[J].城市规划学刊，2018(04):75-80.

② 董少彧."陆海统筹"视域下的我国海陆经济共生状态研究[D].辽宁师范大学，2017.

③ 夏康.中国沿海地区陆海统筹发展水平测度及区域差异分析[D].辽宁师范大学，2018.

④ 戴瑜.欧盟海洋空间规划对中国发展蓝色经济的启示[J].中国环保产业，2021(05):14-18.

第三节　研究构建海洋空间规划体系

国土空间规划是国家发展的指南、可持续发展的空间蓝图，是各类开发保护建设活动的基本依据。我国管辖海域是国土的重要组成，应将陆地和海洋当作一个有机整体去构建国土空间规划体系，在国土空间规划大框架下尽快设计陆海统筹的海洋国土空间规划体系，实现"多规"信息在空间地理上的集中且统一表达。以海岸带专项规划作为陆海统筹的切入点，探索将海洋国土融入自然资源大框架下的空间规划模式，实现陆海国土空间统筹管理的全域覆盖，是构建和完善国土空间规划体系的重要任务之一。①

一、国土空间规划的时代背景

自 2015 年以来，国家陆续出台了《生态文明体制改革总体方案》《关于统一规划体系更好发挥国家发展规划战略导向作用的意见》《关于建立国土空间规划体系并监督实施的若干意见》《中共中央关于坚持和完善中国特色社会主义制度、推进国家治理体系和治理能力现代化若干重大问题的决定》等政策性文件，为建立全国统一、责权清晰、科学高效的国土空间规划体系，整体谋划新时代国土空间开发保护格局提供了政策遵循。我国海洋领域也存在多个空间类规划，亟需在国家空间规划思路和框架下开展海洋领域的"多规合一"。

（一）时代背景和政策依据

《生态文明体制改革总体方案》提出，要构建"以空间规划为基础……以空间治理和空间结构优化为主要内容，全国统一、相互衔接、

---

① 本节的数据信息截至 2021 年 6 月。

分级管理的空间规划体系"。2018年9月20日，中央全面深化改革委员会第四次会议审议通过了《关于统一规划体系更好发挥国家发展规划战略导向作用的意见》，强调要加快统一规划体系建设，更好发挥国家发展规划的战略导向作用。2019年5月23日发布的《关于建立国土空间规划体系并监督实施的若干意见》(以下简称《意见》)，明确了各级国土空间总体规划编制重点及审批程序。2019年7月24日，中央全面深化改革委员会第九次会议审议通过《关于在国土空间规划中统筹划定落实三条控制线的指导意见》，将三条控制线作为调整经济结构、规划产业发展、推进城镇化不可逾越的红线。同年11月5日，党的十九届四中全会通过《中共中央关于坚持和完善中国特色社会主义制度、推进国家治理体系和治理能力现代化若干重大问题的决定》，要求"加快建立健全国土空间规划和用途统筹协调管控制度，统筹划定落实生态保护红线、永久基本农田、城镇开发边界等空间管控边界以及各类海域保护线，完善主体功能区制度"。这些纲领性文件为建立全国统一、责权清晰、科学高效的国土空间规划体系，整体谋划新时代国土空间开发保护格局提供了依据。

国土空间规划为国家发展规划落地实施提供空间保障，是国家可持续发展的空间蓝图，是各类开发保护建设活动的基本依据。建立国土空间规划体系并监督实施，将主体功能区规划、土地利用规划、城乡规划等空间规划融合为统一的国土空间规划，实现"多规合一"，强化国土空间规划对各专项规划的指导约束作用是党中央、国务院做出的重大部署。"国土空间规划"已经入法，2019年修订的《中华人民共和国土地管理法》第十八条规定：国家建立国土空间规划体系。编制国土空间规划应当坚持生态优先，绿色、可持续发展，科学有序统筹安排生态、农业、城镇等功能空间，优化国土空间结构和布局，提升国土空间开发、保护的质量和效率。经依法批准的国土空间规划是各类开发、保护、建设活动的基本依据。

（二）总体要求与目标任务

近年来，"多规合一"成为空间规划改革的热点。为做好国土空间规划顶层设计，发挥国土空间规划在国家规划体系中的基础性作用，《意见》明确了各级国土空间总体规划编制重点及审批程序。2019年7月24日，中央全面深化改革委员会第九次会议审议通过《关于在国土空间规划中统筹划定落实三条控制线的指导意见》，要求到2020年年底，结合国土空间规划编制，完成三条控制线划定和落地实施，协调解决矛盾冲突，纳入全国统一、"多规合一"的国土空间基础信息平台，形成一张底图，实现部门信息共享，实行严格管控。到2035年，通过加强国土空间规划实施管理，严守三条控制线，引导形成科学适度有序的国土空间布局体系。

建立国土空间规划体系并监督实施，将主体功能区规划、土地利用规划、城乡规划等空间规划融合为统一的国土空间规划，实现"多规合一"，强调国土空间规划对各专项规划的指导约束作用是党中央、国务院做出的重大部署。同时，"国土空间规划体系"被正式写入法律条文。根据2019年最新修订的《中华人民共和国土地管理法》第十八条："经依法批准的国土空间规划是各类开发、保护、建设活动的基本依据。"国土空间规划为国家发展规划落地实施提供空间保障，是国家可持续发展的空间蓝图，是各类开发保护建设活动的基本依据。

《意见》明确提出，坚持"多规合一"，形成全国国土空间规划"一张图"，不在国土空间规划体系之外另设其他空间规划。国土空间规划体系的基本战略导向是促进永续发展。国土空间规划体系的提出，标志着规划的侧重点从政策体系向治理体系转变。

《意见》提出要分级分类建立国土空间规划。国土空间规划是对一定区域国土空间开发保护在空间和时间上做出的安排，包括总体规划、详细规划和相关专项规划。国家、省、市（县）编制国土空间总体规划，各地结合实际编制乡镇国土空间规划。相关专项规划是指在特定区域（流域）、特定领域，为体现特定功能，对空间开发保护利用做出的专门安排，是涉及空间利用的专项规划。国土空间总体规划是详细规划的依据、相关专项规划的基础；相关专项规划要相互协同，并与详细规划做好衔接。

"五级三类四体系"的国土空间规划，既突出"多规合一""一张蓝图"的统一性、一致性，又考虑了地方和空间尺度、领域的差异性。在层级上对应了国家行政管理层级，给了省级以下政府因地制宜开展工作很大自主权。"多规合一"的国土空间规划体系包括"四个体系"，即编制审批体系、实施监督体系、法规政策体系和技术标准体系。"多规合一"是一次系统性、整体性、重构性改革，要求规划工作不仅要有目标导向和问题导向，还要强化实施（运行）导向，着力改革完善规划管理体制和运行机制，处理好政府与市场、中央与地方、决策与实施及监督的关系，确保规划体系高效运行。

总体规划	详细规划		相关专项规划
全国国土空间规划			专项规划
省级国土空间规划			专项规划
市国土空间规划	（边界内）	（边界外）	专项规划
县国土空间规划	详细规划	村庄规划	
镇（乡）国土空间规划			

五级 ↓

国土空间总体规划是详细规划的依据、相关专项规划的基础；相关专项规划要互相协同，与详细规划做好衔接。

四体系

图2-2 "五级三类四体系"国土空间规划总体框架示意图

《意见》还明确了建立国土空间规划体系并监督实施的时间表：到2020年，基本建立国土空间规划体系，逐步建立起"多规合一"的规划编制审批体系、实施监管体系、法规政策体系和技术标准体系；基本完成市县以上各级国土空间总体规划的编制，初步形成全国国土空间开发保护的"一张图"。到2025年，健全国土空间规划的法规政策和技术标准体系。到2035年，全面提升国土空间治理体系和治理能力现代化水平。[①]

《关于在国土空间规划中统筹划定落实三条控制线的指导意见》从总体要求、科学有序划定、协调解决冲突、强化保障措施四方面进行了部署。提出的基本原则如下：一是底线思维，保护优先。以资源环境承载能力和国土空间开发适宜性评价为基础，科学有序统筹布局生态、农业、城镇等功能空间，强化底线约束，优先保障生态安全、粮食安全、国土安全。二是多规合一，协调落实。按照统一底图、统一标准、统一规划、

---

① 朱隽. 国土空间规划体系"四梁八柱"基本形成[N]. 人民日报, 2019-05-28(14).

统一平台要求，科学划定落实三条控制线，做到不交叉不重叠不冲突。三是统筹推进，分类管控。坚持陆海统筹、上下联动、区域协调，根据各地不同的自然资源禀赋和经济社会发展实际，针对三条控制线的不同功能，建立健全分类管控机制。

（三）国土空间规划工作进展

编制实施"多规合一"的国土空间规划，是国土空间规划体系的整体重构。为落实《意见》，2019 年 5 月 28 日，自然资源部印发《关于全面开展国土空间规划工作的通知》（自然资发〔2019〕87 号），全面启动国土空间规划编制审批和实施管理工作，并要求各地不再新编和报批主体功能区规划、土地利用总体规划、城镇体系规划、城市（镇）总体规划、海洋功能区划等。今后工作中，主体功能区规划、土地利用总体规划、城乡规划、海洋功能区划等统称为"国土空间规划"。

为有序推进国土空间规划工作，自然资源部会同有关部门编制我国第一部"多规合一"的《全国国土空间规划纲要（2020—2035 年）》。《全国国土空间规划纲要》作为全国国土空间保护、开发、利用、修复的政策和总纲，对全国国土空间做出全局安排和部署。新的国土空间规划将在"多规合一"的基础上，整体谋划新时代国土空间开发保护格局，初步形成五个层次、三个类别、四个体系的总体框架，将功能区建设、土地利用规划、城乡规划、海洋功能区建设纳入新的国土空间规划。在空间规划编制上，实行陆海统筹，兼顾地上、地下和一切要素，体现国土空间规划编制的全面性。[①]

为规范市县国土空间规划编制工作，2019 年 10 月，自然资源部正式发布《市县国土空间总体规划编制指南》，规定了市（地）级和县级国

---

① 杨继生. 我国新时代国土空间规划的建设与展望 [J]. 城镇建设, 2019（16）.

土空间总体规划的定位、任务、编制要求等主要内容。为推进省级国土空间规划编制，提高规划编制针对性、科学性和可操作性，2020年1月，自然资源部印发了《省级国土空间规划编制指南》(试行)，明确了省级国土空间规划的定位、编制原则、规划范围和期限、编制主体和程序、管控内容和要求等，为各省(区、市)规划编制提供了依据。该指南明确了规划范围包括省级行政辖区内管理的全部陆域和海域国土空间。文件要求，按照陆海统筹、保护优先原则，沿海县(市、区)要统筹确定一个主体功能定位。要统筹三条控制线，加强陆海统筹，促进城乡融合，形成主体功能约束有效、国土开发有序的空间发展格局。

2020年5月22日，为贯彻落实党中央国务院关于建立国土空间规划体系并监督实施的重大决策部署，依法依规编制规划，自然资源部办公厅发布《关于加强国土空间规划监督管理的通知》(自然资办发〔2020〕27号)，从规范规划编制审批、严格规划许可、健全规划全周期管理、加强干部队伍建设等方面，进一步明确和强调了国土空间规划监督管理要求，为国土空间规划相关法规出台前的过渡期做好规划监督管理提供了工作指引。该通知坚持问题导向直接明了，维护规划的严肃性和权威性态度坚决，实行终身负责制，立足长远、面向实施，强调规划工作纪律清晰明确、利于执行。[①]

《中共中央　国务院关于全面加强生态环境保护坚决打好污染防治攻坚战的意见》提出要坚持保护优先，落实生态保护红线、环境质量底线、资源利用上线硬约束，制定生态环境准入清单。2020年4月起，第一批"三线一单"省(市)的生态环境分区管控方案陆续发布，"三线一

---

① 杨浚. 坚决维护规划的严肃性和权威性——《自然资源部办公厅关于加强国土空间规划监督管理的通知》解读[EB/OL]. 2020-06-04[2021-05-29]. http://gi.mnr.gov.cn/202006/t20200605_2524965.html.

单"积累的技术、数据和成果将成为编制国土空间规划不可或缺的基础，为各省（市）国土空间规划等提供重要依据。

2020 年 6 月 3 日，自然资源部办公厅印发《自然资源部 2020 年立法工作计划》，作为论证储备类项目，《国土空间规划管理办法》也被列入其中，以明确国土空间规划编制审批要求。该管理办法属于自然资源部部门规章，由自然资源部国土空间规划局负责起草工作。同时还有《国土空间开发保护法》，以建立统筹协调的国土空间保护、开发、利用、修复、治理等法律制度，由自然资源部法规司牵头起草。该立法工作计划还提到，自然资源部将配合立法机关推进《国土空间规划法》立法工作。

2021 年 8 月，自然资源部办公厅印发《关于认真抓好〈国土空间规划城市体检评估规程〉贯彻落实工作的通知》，该通知强调，突出问题导向，注重依法依规，建立健全规划实时监测评估预警体系，完善规划定期评估、动态维护的实施监督机制，就评估规程的实施提出具体要求。①

二、海洋空间类规划回顾

我国曾探索建立相关的海洋空间规划管理制度，以协调用海矛盾，规范海域使用秩序。经过多年的发展，海洋管理理念与方法持续完善，海洋空间规划技术理论体系不断进步，海洋空间规划技术方法逐渐成熟，在以往的海洋开发与管理中发挥了重要作用。海洋空间类规划主要包括全国海洋主体功能区规划、全国海岛保护规划、海岸带综合保护与利用规划及全国沿海港口布局规划等涉海专项规划，内容上都涉及空间的布局与安排，均具有不同层面的法律效力，这些规划为构建新时代海洋空间规划体系奠定了相应基础。未来亟需在国土空间规划思路和框架下开

---

① 王中建. 自然资源部办公厅发文要求认真抓好国土空间规划城市体检评估规程贯彻落实 [N]. 中国自然资源报, 2021-08-05.

展海洋领域的"多规合一"工作，建立和完善符合时代要求的海洋空间规划体系。

(一)《全国主体功能区规划》的涉海目标和要求

国务院于 2010 年底印发了《全国主体功能区规划》，这是中国第一个国土空间开发规划，是具有战略性、基础性、约束性的规划。《全国主体功能区规划》对于海洋所确定的主要目标是：海洋主体功能区战略格局基本形成，海洋资源开发、海洋经济发展和海洋环境保护取得明显成效。该规划第五节专门对"陆海统筹"协调发展做出具体部署，要求根据陆地国土空间与海洋国土空间的统一性，以及海洋系统的相对独立性进行开发，促进陆地国土空间与海洋国土空间协调开发。①海洋主体功能区的划分要充分考虑维护我国海洋权益、海洋资源环境承载能力、海洋开发内容及开发现状，并与陆地国土空间的主体功能区相协调。②沿海地区集聚人口和经济的规模要与海洋环境承载能力相适应，统筹考虑海洋环境保护与陆源污染防治。③严格保护海岸线资源，合理划分海岸线功能，做到分段明确，相对集中，互不干扰。港口建设和涉海工业要集约利用岸线资源和近岸海域。④各类开发活动都要以保护好海洋自然生态为前提，尽可能避免改变海域的自然属性。控制围填海造地规模，统筹海岛保护、开发与建设。⑤保护河口湿地，合理开发利用沿海滩涂，保护和恢复红树林、珊瑚礁、海草床等，修复受损的海洋生态系统。

该规划还明确要求沿海地区陆地主体功能区与海洋主体功能区要相互衔接，主体功能定位要相互协调。省级主体功能区规划范围须覆盖所辖全部陆地国土空间和海域。根据实际情况，沿海省级人民政府可独立编制省级海洋主体功能区规划。

（二）全国海洋主体功能区规划

作为主体功能区规划在海洋的延伸，2006 年我国启动了海洋主体功能区规划研究。2015 年 8 月，国务院印发《全国海洋主体功能区规划》。该规划将海洋空间划分为优化开发区域、重点开发区域、限制开发区域和禁止开发区域四类主体功能区域，明确了在内水和领海主体功能区、专属经济区和大陆架及其他管辖海域开发的基础性和约束性规划。该规划以县域海域空间为基本单元，确定海域主体功能，并按照主体功能定位调整完善区域政策和绩效评价，实行分类分区指导和管理，构筑科学、合理、高效的海洋国土空间开发格局。

《全国海洋主体功能区规划》的主要目标是到 2020 年，主体功能区布局基本形成，海洋空间利用格局清晰合理，海洋空间利用效率提高，海洋可持续发展能力提升，并明确要求大陆自然岸线保有率不低于 35%，海洋保护区占管辖海域面积的比重增加到 5%，沿海岸线受损生态得到修复与整治。《全国海洋主体功能区规划》是《全国主体功能区规划》的重要组成部分，是推进形成海洋主体功能区布局的基本依据，其突出海洋空间保护与利用和海岸带经济布局的统筹谋划，强调海洋生态服务功能和保障海洋水产品供给理念，明确各类型海洋空间的差别化开发方向与管控政策措施。2015 年国务院批准实施全国海洋主体功能区规划，省级海洋主体功能区规划也已经全部编制完成。

（三）海洋功能区划

海洋功能区划是《海域使用管理法》和《海洋环境保护法》两部法律共同确立的一项基本制度，1989 年和 1998 年国家海洋行政主管部门分别开展了小比例尺和大比例尺海洋功能区划工作。2012 年国务院批准实施新一轮全国海洋功能区划（2011—2020 年），对我国管辖海域未来 10

年的开发利用和环境保护做出全面部署和安排，形成以维护海洋基本功能为核心思想、以海域用途管制为表现形式、以功能区管理要求为执行依据的海洋功能区划体系。作为这一时期中国海洋空间开发、控制和综合管理的整体性、基础性、约束性文件，它是编制地方各级海洋功能区划及各级各类涉海政策、规划，开展海域管理、海洋环境保护等海洋管理工作的重要依据。

（四）全国海岛保护规划

为保护海岛及其周边海域生态系统，合理开发利用海岛资源，维护国家海洋权益，促进经济社会可持续发展，依据《中华人民共和国海岛保护法》等法律法规、国民经济和社会发展规划、全国海洋功能区划，结合《全国土地利用总体规划纲要（2006—2020年）》和《国家海洋事业发展规划纲要》等相关规划，经国务院批准，2012年4月19日国家海洋局正式公布《全国海岛保护规划》。该规划主要阐明规划期内海岛保护的指导思想、基本原则、目标和主要任务，是引导全社会保护和合理利用海岛资源的纲领性文件，是从事海岛保护、利用活动的依据。规划期限为2011—2020年，展望到2030年。该规划的范围为中华人民共和国所属海岛。2017年初，《全国海岛保护工作"十三五"规划》出台。该规划确定以保护优先、绿色发展、惠民共享、改革创新为基本原则，将"生态＋"的思想贯穿于海岛保护全过程，明确了到2020年的海岛工作蓝图，提出到2020年，我国海岛工作实现海岛生态保护开创新局面、海岛开发利用跨上新台阶、权益岛礁保护取得新成果、海岛综合管理能力取得新进展的"四新"目标。

（五）海洋生态保护红线制度

海洋生态红线是依据海洋自然属性及资源、环境特点，划定对维护国家和区域生态安全及经济社会可持续发展具有关键作用的重要海洋生态功能区、海洋生态敏感区/脆弱区并实施严格分类管控,旨在为区域海洋生态保护与生态建设、优化区域开发与产业布局提供合理边界。2016年《中华人民共和国海洋环境保护法》明确要求,国家在重点海洋生态功能区、生态环境敏感区和脆弱区等海域划定生态保护红线,实行严格保护。2016年,国家海洋局印发《关于全面建立实施海洋生态红线制度的意见》,并配套印发《海洋生态红线划定技术指南》,我国现已全面建立海洋生态红线制度,并逐步在全海域实施海洋生态保护红线制度。

(六)海岸带综合保护与利用规划及试点

为全面贯彻党的十九大精神,坚持陆海统筹,加快建设海洋强国,主动适应并引领沿海地区经济发展新常态,探索建立陆海统筹的海岸带地区协调发展新模式和综合管理新机制,2017年,国家海洋局印发《关于开展编制省级海岸带综合保护与利用总体规划试点工作的指导意见》,明确了编制原则、规划定位、规划空间时间范围、规划指标。在强化海洋空间资源管控方面,指导意见提出,按照严格保护、限制开发和优化利用三种类型分类分段精细化管控海岸线;加强海岛功能管控,严格保护海岛及其周边海域生态系统,严守海岛自然岸线保有率,节约集约利用近岸海岛资源;科学管控建设用海空间,推进生态用海、生态管海,构建区域节约集约用海的新模式。指导意见要求试点省(自治区、直辖市)在海岸带规划技术方法、管理机制、政策导向、保障措施、相关标准等方面,要认真全面总结,形成一系列试点工作成果,为编制和实施全国海岸带综合保护与利用总体规划积累经验。

为推动沿海地方经济发展和海洋资源保护,广东、山东等沿海省份积极编制和出台相关规划,部署陆海统筹协调发展。广东是海洋大省,海岸带是陆海一体化发展的核心区域，海岸带功能布局决定着全省经济社会发展布局。2017 年 11 月，广东省政府与国家海洋局联合印发《广东省海岸带综合保护与利用总体规划》。《广东省海岸带综合保护与利用总体规划》是中国首个省级海岸带综合保护与利用总体规划。该规划秉持陆海统筹、以海定陆的理念，遵循"以海定陆，陆海统筹；生态优先，绿色发展；因地制宜，有序利用；以人为本，人海和谐"的原则，将全省海岸带划分为优化利用、限制开发、严格保护三种类型，实施分类分段精细化管控，把陆地主体功能区规划与海洋主体功能区规划有效衔接。实施该规划可推动形成海陆协调的生态、生活、生产空间总体架构，从而构建各具特色、功能互补的海岸带综合保护与利用新格局。广东省是中国首个海岸带规划编制试点，该规划探索了海岸带利用的新模式、新路径，为全国开展海岸带综合利用规划编制提供可推广的模式和经验。

三、国土空间规划体系下的涉海规划概况

2016 年 3 月，《中华人民共和国国民经济和社会发展第十三个五年规划纲要》提出建立国家空间规划体系，要求"以主体功能区规划为基础统筹各类空间性规划，推进'多规合一'"。近年来，各类空间规划中涉海内容不断增加，如何协调各类规划的关系，构建国土空间大框架下的符合新时代要求的海洋空间规划，形成科学的海洋空间治理体系，是海洋生态文明建设和海洋强国建设面临的重大课题。

（一）涉海相关规划现状

国土空间规划包括总体规划、详细规划和相关专项规划。专项规划是指在特定区域流域、特定领域，为体现特定功能对空间开发保护利用做出的专门安排，是涉及空间利用的专项规划。海洋空间规划是国土空间规划的重要组成，其特定区域和领域又必须做出专门的安排，如海岸

带规划、海洋产业规划、海洋专业领域规划等，必须开展专项规划工作。

《全国国土规划纲要（2016—2030年）》。2017年国务院印发的《全国国土规划纲要（2016—2030年）》目前仍在有效期内。该规划纲要部署全面协调和统筹推进国土集聚开发、分类保护、综合整治和区域联动发展，是我国首个国土空间开发与保护的战略性、综合性、基础性规划，对涉及国土空间开发、保护、整治的各类活动具有指导和管控作用。《全国国土规划纲要（2016—2030年）》对海洋国土开发进行了战略布局，强调了陆海统筹、联动和综合整治、修复，以开发开放为依托构建陆海国土生态安全格局。

《粤港澳大湾区发展规划纲要》。2019年2月18日，中共中央、国务院印发《粤港澳大湾区发展规划纲要》。该规划纲要是指导粤港澳大湾区当前和今后一个时期合作发展的纲领性文件。规划近期至2022年，远期展望到2035年。《粤港澳大湾区发展规划纲要》明确要求，大力发展海洋经济，实行最严格生态环境保护制度，加强海岸线保护与管控，加强海洋资源环境保护，更加重视以海定陆。为积极有效贯彻落实中央对粤港澳大湾区建设的决策部署，广东省启动编制《粤港澳大湾区海洋经济发展专项规划》，充分考虑了粤港澳海洋资源开发利用、管理保护的现状，研究提出了粤港澳大湾区海洋经济发展专项规划的目标、主要任务和保障措施。该规划将会在进一步推进粤港澳大湾区资源融合、充分发挥海洋资源、促进海洋经济开放合作发展等方面发挥重要的作用。

《西部陆海新通道总体规划》。为了深化陆海双向开放，充分发挥西部地区连接"一带"和"一路"的纽带作用，2019年8月国家发展和改革委员会印发《西部陆海新通道总体规划》，其战略定位是：推进西部大开发形成新格局的战略通道，连接"一带"和"一路"的陆海联动通道，支撑西部地区参与国际经济合作的陆海贸易通道，促进交通物流经济深度融合的综合运输通道。该规划还明确了到 2020 年、2025 年、2035 年的发展目标。加快西部陆海新通道建设，对于海洋强国建设具有重大现实意义和深远历史意义。

《全国国土空间规划纲要》。为进一步推动国土空间规划工作迈上新水平，自然资源部正会同有关部门编制中国第一部"多规合一"的《全国国土空间规划纲要（2020—2035 年）》。国土空间规划是国家空间发展的指南和可持续发展的空间蓝图，是各类开发保护建设活动的基本依据，是国土空间规划体系中的顶层设计。坚持陆海统筹，以资源环境承载能力和国土空间开发适宜性评价为基础，全面分析海洋资源环境本底特征及资源环境风险，统筹划定陆海生态保护红线，优化海岸带开发利用，开展重点区域生态修复，形成陆海一体化的国土空间开发保护和整治修复格局。

（二）研究构建海洋空间规划体系

《中共中央关于制定国民经济和社会发展第十四个五年规划和二〇三五年远景目标的建议》在"优化国土空间布局，推进区域协调发展和新型城镇化"一节中，明确提出"坚持陆海统筹，发展海洋经济，建设海洋强国"。"多规合一"和陆海统筹是我国空间规划体系改革的政策性要求。自然资源部在指导和督促各地做好省级国土空间规划编制中，要求省级国土空间规划在编制过程中要加强陆海统筹，协调匹配陆地与海域功能。在推进全国国土空间规划纲要编制方面，要坚持以陆、海资源环境承载能力与国土空间开发适宜性评价为基础，逐级划定落实生态保护红线及各类海域保护线，研究提出陆、海生态保护红线分布建议，完善主体功能区制度，促进实现以生态优先、绿色发展为导向的高质量发展。作为推进陆海统筹的重要切入点,自然资源部加快研究编制《全国海岸带综合保护利用规划》,统筹海岸带陆海空间功能分区,优化海岸带利用空间布局,实施以生态系统为基础的海岸带综合管理,推动海岸带地区生态、社会、经济的协调发展。[①]

目前,我国已拥有较为扎实的海洋空间规划工作基础,包括相对完善的海洋空间规划法律法规制度保障,比较专业的海洋空间规划管理机构,较为丰富的海洋资源本底调查数据,易于推广实践的海洋空间规划技术方法以及基础雄厚的海洋专业技术人才队伍等。在"多规合一"的国土空间规划体系改革背景下,"十四五"海洋领域将以国家深化改革为契机,以满足人民对美好生活期盼的需求为核心,合理优化配置海域空间资源,把海洋生态红线、低碳绿色发展、以生态系统为基础的海洋综合管理等新理念、新思路、新格局融入海洋空间规划编制中。[②]在国土空间规划体系构建中合理编制海洋空间规划,除了对现有各涉海规划内容及相关法律和政策进行整合调整,还要强化规划编制、实施和监测部门的合作,不断完善海洋国土空间规划的公众参与制度,将公众与利益相关者的参与贯穿整个海洋空间规划编制和实施的过程中。同时要借助国土空间基础信息平台,建立和完善海洋自然科学和社会经济数据信息系统,并实现数据共享。

（三）海岸带相关规划工作

国土空间规划是重要统领,专项规划是基础支撑。海岸带规划作为目前国土空间规划体系中的涉海专项规划之一,是海岸带地区实施国土空间用途管制的重要基础,是做好陆海统筹的主要抓手。为了加强陆海

---

① 《关于政协十三届全国委员会第三次会议第 0260 号（资源环境类 18 号）提案答复的函》。
② 王江涛. 我国海洋空间规划的"多规合一"对策[J]. 城市规划,2018,42(04):24-27.

统筹，推动海洋经济高质量发展，近年来，在国家大政方针的引领下，我国正在积极推进全国海岸带综合保护与利用规划工作，积累的经验为在国土空间规划大框架下建立和完善海洋空间规划体系奠定了基础。

1. 海岸带规划

为贯彻落实《中共中央 国务院关于建立国土空间规划体系并监督实施的若干意见》和《关于全面开展国土空间规划工作的通知》，2020年，自然资源部印发《省级国土空间规划编制指南（试行）》，强调了省级国土空间规划要综合统筹相关专项规划的空间需求，协调各专项规划空间安排。专项规划经依法批准后纳入同级国土空间基础信息平台，叠加到国土空间规划"一张图"上，实施严格管理。

在国土空间规划体系总体框架下，自然资源部组织编制《全国海岸带综合保护利用规划》，该规划是国土空间规划在海岸带区域针对特定问题的细化、深化和补充。规划重点考虑陆海统筹视角下的资源节约集约利用、生态环境保护修复和空间合理性等。同时，完善海岸线保护与利用的法律体系，建立海岸线修测机制，开展新一轮海岸线修测，为陆海统一规划和统筹开发保护提供基础。目前，国土空间总体规划和海岸带专项规划工作处于同步推进的状态，必须处理好二者之间相互衔接和内容重叠的问题。

为加速推进海岸带专项规划试点工作，2019年自然资源部将山东确定为海岸带专项规划编制试点，试方法、试指标、试制度，探索一条以生态优先、绿色发展为导向的陆海统筹高质量发展的新路。在《山东省海岸带保护与利用规划》编制中坚持问题导向，强调海岸带保护与利用规划与国土空间规划的衔接，重点考虑陆海统筹视角下的资源节约集约利用和生态保护，以及空间合理性的相对关系，实现海岸带陆海统筹、多规合一，解决生态环境保护问题，处理好保护和开发的关系，解决陆海统筹的矛盾。在《山东省海岸带保护与利用规划》编制研究取得经验和进展的基础上，2020年加快推进《山东省海岸带保护与利用规划编制导则》，探索海岸带专项规划与国土空间规划的关系。

自然资源部注重在海洋强国战略实施中加强陆海统筹，积极推进全国海岸带综合保护与利用规划编制工作。省级海岸带规划是对全国海岸带规划的落实，是对省级国土空间总体规划的补充与细化，在国土空间总体规划确定的主体功能定位及规划分区基础上，统筹安排海岸带保护与开发活动，有效传导到下位总体规划和详细规划。为贯彻落实《意见》，有序推进与规范省级海岸带综合保护与利用规划编制，2021年7月，自然资源部发布了《省级海岸带综合保护与利用规划编制指南（试行）》，主要包括总体要求、基础分析、战略和目标、规划分区、资源分类管控、生态环境保护修复、高质量发展引导和规划实施保障等内容。该指南要求因地制宜确定海岸带规划范围，其中海域规划范围为省级人民政府管辖海域和海岛，陆域研究范围为沿海县级行政区（不设区的地市级行政区）管理陆域，规划范围可根据陆海自然地理格局和保护开发要求实际确定。陆海分界线以最新修测的海岸线为准。[1]

2022年2月，国家海洋信息中心发布了《海岸带规划编制技术指南》编制说明的征求意见稿，对省级海岸带综合保护与利用规划编制工作技术标准进行了全面的解释和说明，以推进和规范相关工作的开展。

2.海岸带生态保护和修复重大工程

2020年6月，国家发展改革委和自然资源部联合印发《全国重要生态系统保护和修复重大工程总体规划（2021—2035年）》，提出了"坚持

---

[1]《省级海岸带综合保护与利用规划编制指南（试行）》。

保护优先，自然恢复为主""坚持科学治理，推进综合施策"等基本原则，该规划是推进全国重要生态系统保护和修复重大工程建设的总体设计，是编制和实施有关重大工程专项建设规划的重要依据。

海岸带是《全国重要生态系统保护和修复重大工程总体规划（2021—2035年）》布局的重点区域，"海岸带生态保护和修复重大工程建设规划"是九大专项规划之一，重点围绕海岸带生态系统保护和修复的主要对象开展七个方面的专题研究，[①]为保护和修复重点区域布局、规划目标的确定和重大工程布设等工作提供支撑。

对于海岸带生态保护和修复重大工程，该规划提出了要推进"蓝色海湾"整治，开展退围还海还滩，岸线岸滩修复，河口海湾生态修复，红树林、珊瑚礁、柽柳等典型海洋生态系统保护修复，热带雨林保护，防护林体系等工程建设，加强互花米草等外来入侵物种灾害防治。重点提升粤港澳大湾区和渤海、长江口、黄河口等重要海湾、河口生态环境，推进陆海统筹、河海联动治理，促进近岸局部海域海洋水动力条件恢复；维护海岸带重要生态廊道，保护生物多样性；恢复北部湾典型滨海湿地生态系统结构和功能；保护海南岛热带雨林和海洋特有动植物及其生境，加强海南岛水生态保护修复，提升海岸带生态系统服务功能和防灾减灾能力。[②]

（四）海洋"两空间内部一红线"试点

2020年，按照中央关于建立国土空间规划体系、划定并严守生态保护红线的有关要求，在已有实践基础上，依据自然资源管理对海域管理的要求，自然资源部启动海洋"两空间内部一红线"试点工作，明确提出

---

①② 《关于印发〈全国重要生态系统保护和修复重大工程总体规划 (2021-2035年)〉的通知》。

将海洋国土空间划分为"两空间内部一红线",即海洋生态空间和海洋开发利用空间,海洋生态空间内划定海洋生态保护红线,并在各级各类国土空间规划中落实。[①]

近年来沿海省市结合国土空间规划编制工作,加快评估海洋类空间规划实施情况,加快开展海洋"两空间内部一红线"试划工作。广东省是开展海洋"两空间内部一红线"的试点省份之一。2020年11月,为推进广东省海洋"两空间内部一红线"试划工作,广东省围绕"两空间内部一红线"的试行划定方法,研究如何在不同类型的可开发利用空间上处理不同类型区域的重叠、交叉区域,红线的划定是否会影响海岛的开发利用,是否可采用单元来管控海岸带的规划,海洋国土空间规划的管理制度如何践行等重点问题,并从海洋管控的角度,探索提出对生态空间制定负面清单,在生态红线内制定正面清单。

为推动国土空间规划体系下海洋国土空间规划及海岸带专项规划编制,2020年,青岛市组织编制了《青岛市海岸带及海域空间专项规划(2020—2035年)》(以下简称《专项规划》)并划定海洋"两空间内部一红线"。规划坚持生态文明和"以人民为中心"的发展理念,按照陆海统筹、区域协调发展和高质量发展战略要求,构建海岸带保护与利用格局,协同推进陆海生态保护,节约集约利用海岸带资源,调整优化海岸带产业布局,打造高品质的海岸带人居环境。

(五)推进海洋空间规划国际合作

空间规划是以空间资源的合理保护和有效利用为核心的,海洋空间规划以其综合性和海洋生态系统保护为基本特征,已成为沿海国家海洋治理的重要工具之一,受到世界沿海国家高度关注。中国海洋管理理念

---

① 《关于落实海洋"两空间内部一红线"及开展相关试点工作的函》。

与方法不断完善，在海洋空间规划方面有着较为健全的法律制度、先进的技术方法、丰富的实践经验，海洋空间规划技术方法逐渐得到国际社会的广泛认可。自然资源部在积极开展海洋国土空间开发保护等重点专题研究，在努力做好海岸带综合保护与利用规划等专项规划编制的基础上，积极推进海洋规划的国际合作。

2019 年 2 月，联合国教科文组织政府间海洋学委员会和欧盟委员会启动了"全球海洋空间规划 2030"（MSPglobal），这是一项促进全球跨界海洋空间规划的新联合倡议。项目为期三年，包括在西地中海、东南太平洋地区建立数据、知识、政策和决策工具库的试点子项目，并期望制定海洋空间规划的国际准则，以规范近岸和海洋水域的人类活动，促进蓝色经济增长。

自然资源部国家海洋技术中心与柬埔寨环境部开展了《柬埔寨海洋空间规划（2018—2023 年）》合作编制工作，并将其作为柬埔寨第一个海洋领域的资源保护与开发指导性文件。同时，技术中心与柬埔寨环境部自然保护管理司探索出海洋空间规划国际合作的新模式，进一步深化中柬在海洋空间规划和海洋观测领域的合作。柬埔寨海洋空间规划是我国首例为 21 世纪海上丝绸之路共建国家编制的覆盖全海域的海洋空间规划，目前该规划编制已进入收尾阶段。除柬埔寨外，技术中心还与孟加拉国、巴基斯坦、马达加斯加、马来西亚、塞舌尔、毛里求斯、缅甸等国家展开海洋空间规划交流和合作。

2019 年 8 月，中国海洋发展基金会、自然资源部第一海洋研究所与巴拿马国际海事大学共同签署了《海洋空间规划合作谅解备忘录》，约定了三方在海洋空间规划及相关领域开展合作的内容、形式等事项。该谅解备忘录的签署，有助于将我国海洋管理的理念与技术在"一带一路"共建国家推广，为构建海洋命运共同体贡献中国智慧和中国方案。

2019年9月中国与泰国正式开展海洋空间规划合作。中泰两国在应对气候变化、开发与保护海洋资源、海洋防灾减灾等领域已形成诸多共识。双方同意将海洋空间规划升级为正式合作项目，进一步加强海洋数据中心建设。两国代表团还原则批准了中泰海洋领域合作第二个五年规划（2019—2023）。

附件：国家有关政策白皮书中的涉海内容

《中国武装力量的多样化运用》（2013 年）

文字表述	要点
● 个别邻国在涉及中国领土主权和海洋权益上采取使问题复杂化、扩大化的举动，日本在钓鱼岛问题上制造事端。恐怖主义、分裂主义、极端主义"三股势力"威胁上升	● 海洋权益 ● 钓鱼岛
● 坚定不移实行积极防御军事战略，防备和抵抗侵略，遏制分裂势力，保卫边防、海防、空防安全，维护国家海洋权益和在太空、网络空间的安全利益	● 海洋权益
● 海军是海上作战行动的主体力量，担负着保卫国家海上方向安全、领海主权和维护海洋权益的任务，主要由潜艇部队、水面舰艇部队、航空兵、陆战队、岸防部队等兵种组成。按照近海防御的战略要求，海军注重提高近海综合作战力量现代化水平，发展先进潜艇、驱逐舰、护卫舰等装备，完善综合电子信息系统装备体系，提高远海机动作战、远海合作与应对非传统安全威胁能力，增强战略威慑与反击能力	● 海洋权益
● 中国有 2.2 万多千米陆地边界和 1.8 万多千米大陆海岸线，是世界上邻国最多、陆地边界最长的国家之一。中国有 500 平方米以上的岛屿 6500 多个，岛屿岸线 1.4 万多千米。中国武装力量对陆地边界和管辖海域实施防卫、管辖，维护边海防安全的任务复杂繁重	● 中国的地理概况
● 海军加强海区的控制与管理，建立完善体系化巡逻机制，有效掌握周边海域情况，严密防范各类窜扰和渗透破坏活动，及时处置各种海空情况和突发事件。推进海上安全合作，维护海洋和平与稳定、海上航行自由与安全。在中美海上军事安全磋商机制框架下，定期开展海上信息交流，避免发生海上意外事件。根据中越签署的北部湾海域联合巡逻协议，两国海军从 2006 年起每年组织两次联合巡逻	● 海区控制和管理，体系化巡逻，海空突发事件 ● 海上安全合作，海洋和平和稳定，海上航行自由与安全 ● 海上信息交流，中越北部湾海域联合巡逻

文字表述	要点
● 公安边防部队是国家部署在边境沿海地区和开放口岸的武装执法力量，担负保卫国家主权、维护边境沿海地区和海上安全稳定、口岸出入境秩序等重要职责，遂行边境维稳、打击犯罪、应急救援、边防安保等多样化任务。公安边防部队在边境一线划定边防管理区，在沿海地区划定海防工作区，在毗邻香港、澳门陆地边境和沿海一线地区20至50米纵深划定边防警戒区，在国家开放口岸设立边防检查站，在沿海地区部署海警部队。近年来，对边境地区和口岸实行常态化严查严管严控，防范打击"三股势力"、敌对分子的分裂破坏和暴力恐怖活动。集中整治海上越界捕捞活动，强化海上治安巡逻执法，严厉打击海上违法犯罪活动	● 在沿海地区部署海警部队 ● 强化海上治安巡逻执法
● 海军部队的日常战备，以维护国家领土主权和海洋权益为重点，按照高效用兵、体系巡逻、全域监控的原则，组织和实施常态化战备巡逻，在相关海域保持军事存在	● 海洋权益
● 海军探索远海作战任务编组训练模式，组织由新型驱护舰、远洋综合补给舰和舰载直升机混合编成的远海作战编队编组训练，深化复杂战场环境下使命课题研练，突出远程预警及综合控制、远海拦截、远程奔袭、大洋反潜、远洋护航等重点内容训练。通过远海训练组织带动沿海有关部队进行防空、反潜、反水雷、反恐怖、反海盗、近岸防卫、岛礁破袭等对抗性实兵训练。2007年以来，在西太平洋共组织远海训练近20批90多艘次。训练中采取有效措施应对某些国家军用舰机的抵近侦察和非法干扰活动。2012年4月至9月，"郑和"号训练舰进行环球航行训练，先后访问及停靠14个国家和地区	● 远海作战，编组训练，对抗性实兵训练
● 中国是陆海兼备的大国，海洋是中国实现可持续发展的重要空间和资源保障，关系人民福祉，关乎国家未来。开发、利用和保护海洋，建设海洋强国，是国家重要发展战略。坚决维护国家海洋权益，是人民解放军的重要职责	● 海洋地位，建设海洋强国，维护海洋利益

文字表述	要点
● 海军结合日常战备为国家海上执法、渔业生产和油气开发等活动提供安全保障，分别与海监、渔政等执法部门建立协调配合机制，建立完善军警民联防机制。协同地方有关部门开展海洋测绘与科学调查，建设海洋气象监测、卫星导航、无线电导航及助航标志系统，及时发布气象和船舶航行等相关信息，建立和完善管辖海域内的航行安全保障体系	● 海上活动安全保障，协调配合，警民联防，测绘、科学调查，建设监测导航系统，发布信息，航行安全保障
● 海军与海监、渔政部门多次举行海上联合维权执法演习演练，不断提高军地海上联合维权斗争指挥协同和应急处置能力。2012年10月，在东海海域举行"东海协作—2012"海上联合维权演习，共有11艘舰船、8架飞机参演	● 联合维权演习演练
● 公安边防部队作为海上重要武装执法力量，对发生在我国内水、领海、毗连区、专属经济区和大陆架违反公安行政管理法律、法规、规章的违法行为或者涉嫌犯罪的行为行使管辖权。近年来，公安边防部队大力开展平安海区建设，加强北部湾海上边界和西沙海域巡逻监管，有效维护了海上治安稳定	● 公安边防海警 ● 平安海区，北部湾、西沙巡逻监管，海上治安稳定
● 根据联合国安理会有关决议并经索马里过渡联邦政府同意，中国政府于2008年12月26日派遣海军舰艇编队赴亚丁湾、索马里海域实施护航。主要任务是保护中国航经该海域的船舶、人员安全，保护世界粮食计划署等国际组织运送人道主义物资船舶的安全，并尽可能为航经该海域的外国船舶提供安全掩护。截至2012年12月，共派出13批34艘次舰艇、28架次直升机、910名特战队员，完成532批4984艘中外船舶护航任务，其中中国大陆1510艘、香港地区940艘、台湾地区74艘、澳门地区1艘；营救遭海盗登船袭击的中国船舶2艘，解救被海盗追击的中国船舶22艘	● 索马里海域护航
● 中国海军履行国际义务，在亚丁湾、索马里海域开展常态化护航行动，与多国护航力量进行交流合作，共同维护国际海上通道安全。截至2012年12月，中国海军护航编队共为4艘世界粮食计划署船舶、2455艘外国船舶提供护航，占护航船舶总数的49%。救助外国船舶4艘，接护被海盗释放的外国船舶4艘，解救被海盗追击的外国船舶20艘	● 亚丁湾、索马里常态化护航

文字表述	要点
• 中国海军护航编队在联合护航、信息共享、协调联络等方面与多国海军建立了良好的沟通机制。与俄罗斯开展联合护航行动，与韩国、巴基斯坦、美国海军舰艇开展反海盗等联合演习演练，与欧盟协调为世界粮食计划署船舶进行护航。与欧盟、北约、多国海上力量、韩国、日本、新加坡等护航舰艇举行指挥官登舰互访活动，与荷兰开展互派军官驻舰考察活动。积极参与索马里海盗问题联络小组会议以及"信息共享与防止冲突"护航国际会议等国际机制	• 构建联合护航、信息共享、协调联络的共享机制
• 近年来，中国海军连续参加在阿拉伯海由巴基斯坦举办的"和平—07""和平—09""和平—11"多国海上联合演习。中俄两国海军以海上联合保交作战为课题，在中国黄海海域举行"海上联合—2012"军事演习。中泰两国海军陆战队举行"蓝色突击—2010""蓝色突击—2012"联合训练。中国海军结合舰艇互访等活动，与印度、法国、英国、澳大利亚、泰国、美国、俄罗斯、日本、新西兰、越南等国海军举行通信、编队运动、海上补给、直升机起降、对海射击、联合护航、登临检查、联合搜救、潜水等科目的双边或多边海上演练	• 海上联演联训
• 当今时代，和平与发展面临新的机遇和挑战。紧紧把握机遇，共同应对挑战，合作维护安全，携手实现发展，是时代赋予各国人民的历史使命	• 原则
• 走和平发展道路，是中国坚定不移的国家意志和战略抉择。中国始终不渝奉行独立自主的和平外交政策和防御性国防政策，反对各种形式的霸权主义和强权政治，不干涉别国内政，永远不争霸，永远不称霸，永远不搞军事扩张。中国倡导互信、互利、平等、协作的新安全观，寻求实现综合安全、共同安全、合作安全	• 外交政策 • 新安全观
• 建设与中国国际地位相称、与国家安全和发展利益相适应的巩固国防和强大军队，是中国现代化建设的战略任务，也是中国实现和平发展的坚强保障。中国武装力量适应国家发展战略和安全战略的新要求，坚持科学发展观的指导思想地位，加快转变战斗力生成模式，构建中国特色现代军事力量体系，与时俱进加强军事战略指导，拓展武装力量运用方式，为国家发展提供安全保障和战略支撑，为维护世界和平和地区稳定做出应有贡献	• 发展方向 • 重要任务

文字表述	要点
● 新世纪以来，世界发生深刻复杂变化，和平与发展仍然是时代主题。经济全球化、世界多极化深入发展，文化多样化、社会信息化持续推进，国际力量对比朝着有利于维护世界和平方向发展，国际形势保持总体和平稳定的基本态势。与此同时，世界仍然很不安宁，霸权主义、强权政治和新干涉主义有所上升，局部动荡频繁发生，热点问题此起彼伏，传统与非传统安全挑战交织互动，国际军事领域竞争更趋激烈，国际安全问题的突发性、关联性、综合性明显上升。亚太地区日益成为世界经济发展和大国战略博弈的重要舞台，美国调整亚太安全战略，地区格局深刻调整	● 国际形势总体和平稳定 ● 霸权主义、强权政治和新干涉主义有所上升，局部动荡，热点问题，安全问题 ● 亚太地区，美国亚太安全战略
● 中国仍面临多元复杂的安全威胁和挑战，生存安全问题和发展安全问题、传统安全威胁和非传统安全威胁相互交织，维护国家统一、维护领土完整、维护发展利益的任务艰巨繁重。有的国家深化亚太军事同盟，扩大军事存在，频繁制造地区紧张局势。个别邻国在涉及中国领土主权和海洋权益上采取使问题复杂化、扩大化的举动，日本在钓鱼岛问题上制造事端。恐怖主义、分裂主义、极端主义"三股势力"威胁上升。"台独"分裂势力及其分裂活动仍然是两岸关系和平发展的最大威胁。重大自然灾害、安全事故和公共卫生事件频发，影响社会和谐稳定的因素增加，国家海外利益安全风险上升。机械化战争形态向信息化战争形态加速演变，主要国家大力发展军事高新技术，抢占太空、网络空间等国际竞争战略制高点	● 亚太军事同盟 ● 海洋权益问题，钓鱼岛问题 ● 三股势力，态度问题 ● 自然灾害、安全事故、公共卫生 ● 海洋利益风险 ● 军事高技术，太空、网络空间
● 维护国家主权、安全、领土完整，保障国家和平发展 ● 立足打赢信息化条件下局部战争，拓展和深化军事斗争准备 ● 树立综合安全观念，有效遂行非战争军事行动任务 ● 深化安全合作，履行国际义务 ● 严格依法行动，严守政策纪律	● 主权、安全、领土完整 ● 局部战争、军事斗争 ● 综合安全观，非战争军事任务 ● 安全合作，国际义务 ● 依法行动，政策纪律

《中国的军事战略》(2015年)

关键词	文字表述	要 点
形势	● 随着世界经济和战略重心加速向亚太地区转移,美国持续推进亚太"再平衡"战略,强化其地区军事存在和军事同盟体系。日本积极谋求摆脱战后体制,大幅调整军事安全政策,国家发展走向引起地区国家高度关注。个别海上邻国在涉及中国领土主权和海洋权益问题上采取挑衅性举动,在非法"占据"的中方岛礁上加强军事存在。一些域外国家也极力插手南海事务,个别国家对华保持高频度海空抵近侦察,海上方向维权斗争将长期存在。一些陆地领土争端也依然存在。朝鲜半岛和东北亚地区局势存在诸多不稳定和不确定因素。地区恐怖主义、分裂主义、极端主义活动猖獗,也对中国周边安全稳定带来不利影响	● 亚太再平衡 ● 日本调整军事安全政策 ● 海洋权益挑衅性举动,非法的占礁加强军事存在 ● 插手南海事务
积极防御战略方针应坚持的原则	● 实行新形势下积极防御军事战略方针,坚持以下原则:服从服务于国家战略目标,贯彻总体国家安全观,加强军事斗争准备,预防危机、遏制战争、打赢战争;营造有利于国家和平发展的战略态势,坚持防御性国防政策,坚持政治、军事、经济、外交等领域斗争密切配合,积极应对国家可能面临的综合安全威胁;保持维权维稳平衡,统筹维权和维稳两个大局,维护国家领土主权和海洋权益,维护周边安全稳定;努力争取军事斗争战略主动,积极运筹谋划各方向各领域军事斗争,抓住机遇加快推进军队建设、改革和发展;运用灵活机动的战略战术,发挥联合作战整体效能,集中优势力量,综合运用战法手段;立足应对最复杂最困难情况,坚持底线思维,扎实做好各项准备工作,确保妥善应对、措置裕如;充分发挥人民军队特有的政治优势,坚持党对军队的绝对领导,重视战斗精神培育,严格部队组织纪律性,纯洁巩固部队,密切军政军民关系,鼓舞军心士气;发挥人民战争的整体威力,坚持把人民战争作为克敌制胜的重要法宝,拓展人民战争的内容和方式方法,推动战争动员以人力动员为主向以科技动员为主转变;积极拓展军事安全合作空间,深化与大国、周边、发展中国家的军事关系,促进建立地区安全和合作架构	● 保持维权维稳平衡,统筹维权和维稳两个大局,维护国家领土主权和海洋权益,维护周边安全稳定

关键词	文字表述	要　点
海军建设	● 海军按照近海防御、远海护卫的战略要求，逐步实现近海防御型向近海防御与远海护卫型结合转变，构建合成、多能、高效的海上作战力量体系，提高战略威慑与反击、海上机动作战、海上联合作战、综合防御作战和综合保障能力	● 近海防御、远海护卫
海上军事体系	● 海洋关系国家长治久安和可持续发展。必须突破重陆轻海的传统思维，高度重视经略海洋、维护海权。建设与国家安全和发展利益相适应的现代海上军事力量体系，维护国家主权和海洋权益，维护战略通道和海外利益安全，参与海洋国际合作，为建设海洋强国提供战略支撑	● 维护海权 ● 现代海上军事力量体系 ● 国家主权和海洋权益 ● 战略通道和海外利益安全 ● 海洋国际合作，支撑海洋强国建设
军民融合	● 加快重点建设领域军民融合式发展。加大政策扶持力度，全面推进基础领域、重点技术领域和主要行业标准军民通用，探索完善依托国家教育体系培养军队人才、依托国防工业体系发展武器装备、依托社会保障体系推进后勤社会化保障的方法路子。广泛开展军民合建共用基础设施，推动军地海洋、太空、空域、测绘、导航、气象、频谱等资源合理开发和合作使用，促进军地资源互通互补互用	● 军民合建基础设施 ● 军地海洋资源合理开发和使用

《中国的亚太安全合作政策》（2017 年）

关键词	文字表述	要　点
前言	亚洲和太平洋地区地域广阔，国家众多，拥有全世界60%的人口，经济和贸易总量分别占全球总额的近六成和一半，在世界格局中具有重要战略地位。近年来，亚太地区的发展日益引人注目，成为全球最具发展活力和潜力的地区，地区国家进一步加大对亚太地区的重视和投入。随着国际关系格局的深刻调整，亚太地区格局也在发生重要深刻变化。	● 亚太战略地位
	中国一直致力于维护亚太地区的和平与稳定，坚持走和平发展道路，坚持互利共赢的开放战略，坚持在和平共处五项原则基础上同所有国家发展友好合作，全面参与区域合作，积极应对传统安全和非传统安全挑战，为推动建设持久和平、共同繁荣的亚太不懈努力。	● 合作理念
安全形势	当前，亚太地区形势总体稳定向好，和平与发展的势头依然强劲，是当前全球格局中的稳定板块。促和平、求稳定、谋发展是多数国家的战略取向和共同诉求。亚太国家间政治互信不断增强，大国互动频繁并总体保持合作态势。通过对话协商处理分歧和争端是各国主要政策取向，地区热点和争议问题基本可控。亚太经济保持平稳较快增长，处于世界经济增长"高地"。区域一体化加速推进，次区域合作蓬勃发展。各类自贸安排稳步推进，互联互通建设进入新一轮活跃期。同时，亚太地区仍面临诸多不稳定、不确定因素。朝鲜半岛问题复杂敏感，阿富汗和解进程进展缓慢，领土主权和海洋权益争端继续发酵。一些国家加大在亚太军事部署，个别国家推动军事松绑，部分国家经历复杂政治社会转型，恐怖主义、自然灾害、跨国犯罪等非传统安全威胁日益突出。受自身结构性问题和外部经济金融风险等影响，亚洲经济仍面临较大下行压力。作为亚太大家庭中的重要一员，中国深知自身和平发展与亚太未来息息相关，一直以来以促进亚太繁荣稳定为己任。中国愿同地区国家秉持合作共赢理念，扎实推进安全对话合作，共同维护亚太和平与稳定的良好局面。	● 总体稳定向好 ● 领土主权和海洋权益争端持续发酵

关键词	文字表述	要点
政策主张	第一，促进共同发展，夯实亚太和平稳定的经济基础。第二，推进伙伴关系建设，筑牢亚太和平稳定的政治根基。第三，完善现有地区多边机制，巩固亚太和平稳定的框架支撑。第四，推动规则建设，完善亚太和平稳定的制度保障。第五，密切军事交流合作，增强亚太和平稳定的保障力量。第六，妥善处理分歧矛盾，维护亚太和平稳定的良好环境。	● 六大政策主张
主张一：促进共同发展	着眼于共同发展，中国提出并积极推动"一带一路"建设，倡议成立了亚洲基础设施投资银行和丝路基金。中国欢迎各国继续积极参与，实现互利共赢。	● "一带一路"亚投行，丝路基金
主张四：推进规则建设	中国致力于维护地区海上安全和秩序，加强机制规则建设。2014年中国推动在华举行的西太平洋海军论坛年会通过《海上意外相遇规则》。中国将与东盟国家继续全面有效落实《南海各方行为宣言》，争取在协商一致基础上早日达成"南海行为准则"。	● 海上机制规则建设
主张六：妥善处理分歧矛盾	对于领土和海洋权益争议，应在尊重历史事实的基础上，根据公认的国际法和现代海洋法，包括《联合国海洋法公约》所确定的基本原则和法律制度，通过直接相关的主权国家间的对话谈判寻求和平解决。	● 对话谈判和平解决领土和海洋权益争议
中国的亚太安全理念	（一）共同、综合、合作、可持续的安全观；（二）完善地区安全架构。	● 安全观 ● 地区架构
中国与地区其他主要国家的关系	（一）中美关系。（二）中俄关系。（三）中印（度）关系。（四）中日关系。	● 主要国家
四、中国在地区热点问题上的立场和主张	（一）朝鲜半岛核问题。（二）反导问题。（三）阿富汗问题。（四）打击恐怖主义问题。（五）海上问题。	● 热点问题和立场

续表

关键词	文字表述	要 点
（五）海上问题	亚太地区海上形势总体保持稳定，维护海上和平安全和航行飞越自由是各方共同利益和共识。但非传统海上安全威胁呈上升之势，不少海域的生态环境遭到破坏，海洋自然灾害频发，溢油、危险化学品泄漏事故时有发生，海盗、偷渡、贩毒等活动频发。部分国家在传统安全领域存在误解，互信不足，也给海上安全带来风险。	● 总体稳定，非传统安全威胁上升，部分国家在传统安全存在误解
	中国一贯提倡平等、务实、共赢的海上安全合作，坚持以《联合国宪章》的宗旨和原则，公认的国际法和现代海洋法，包括《联合国海洋法公约》所确定的基本原则和法律制度以及和平共处五项原则为处理地区海上问题的基本准则，坚持合作应对海上传统安全威胁和非传统安全威胁。维护海上和平安全是地区国家的共同责任，符合各方的共同利益。中国致力于与各方加强合作，共同应对挑战，维护海上和平稳定。	● 海上安全合作
	中国对南沙群岛及其附近海域拥有无可争辩的主权。中国始终坚持通过谈判协商和平解决争议，坚持通过制定规则和建立机制管控争议，坚持通过互利合作实现共赢，坚持维护南海和平稳定及南海航行和飞越自由。中国与东盟国家就南海问题保持密切沟通对话，在全面有效落实《南海各方行为宣言》框架下深化海上务实合作，稳步推进"南海行为准则"磋商，不断取得积极进展。中国坚决反对个别国家为一己私利在本地区挑动是非。对于侵犯中国领土主权和海洋权益、蓄意挑起事端破坏南海和平稳定的挑衅行动，中国将不得不做出必要反应。任何将南海问题国际化、司法化的做法都无助于争议的解决，相反只会增加解决问题的难度，危害地区和平与稳定。	● 拥有南海主权，协商合作解决南海问题，反对侵害南海权益、破坏南海稳定的行为，反对南海问题国际化、司法化
	中日在东海存在钓鱼岛问题和海域划界问题。钓鱼岛及其附属岛屿是中国的固有领土，中国对钓鱼岛的主权有着充足的历史和法理依据。中日就东海有关问题保持对话，举行了多轮海洋事务高级别磋商，围绕东海海空危机管控、海上执法、油气、科考、渔业等问题进行沟通，达成多项共识。中方愿继续通过对话磋商妥善管控和解决有关问题。	● 钓鱼岛、东海管控

关键词	文字表述	要 点
（五）海上问题	中韩就海域划界有关问题广泛深入交换了意见，并于2015年12月启动海域划界谈判。	● 海域划界
五、中国参与亚太地区主要多边机制	（一）中国—东盟合作。（二）东盟与中日韩（10+3）合作。（三）中日韩合作。（四）东亚峰会。（五）东盟地区论坛。（六）东盟防长扩大会。（七）澜沧江—湄公河合作。（八）上海合作组织。（九）亚洲相互协作与信任措施会议。	●
六、中国参与地区非传统安全合作	（一）救灾合作。（二）反恐合作。（三）打击跨国犯罪合作。（四）网络安全。（五）海上安全合作。（六）防扩散与裁军合作。	●
（五）海上安全合作	2015年是中国—东盟海洋合作年，海洋合作是建设"21世纪海上丝绸之路"的重点领域，中国与东盟国家在海上安全、科研环保等领域开展一系列交流合作活动。中国与泰国共同实施安达曼海科学考察，成功举行中泰海洋领域合作联委会第四次会议。与马来西亚签署《关于建立中马联合海洋研究中心的谅解备忘录》。中国与印尼海洋与气候中心和联合海洋观测站建设工作有序开展。成功举办第三届中国—东南亚国家海洋科研与环保合作论坛。	● 海洋合作
	中国积极参与和推动海上安全对话合作。2015年以来，举办亚太海事局长会议、北太平洋地区海岸警备执法机构论坛"执法协作2015"多任务演练、亚太航标管理人员培训班、亚太地区大规模海上人命救助（MRO）培训及桌面演习等项目。中国继续与澳大利亚、马来西亚配合，推进马航MH370客机搜寻工作，并提供2000万澳元用于后续搜救。积极支持《亚洲地区反海盗及武装劫船合作协定》（ReCAAP）"信息分享中心"能力建设和发展，向"中心"派驻中国海警职员。2016年6月，应越南请求，中国出动舰艇及飞机协助搜救越方失事飞机和机组成员。2008年12月至2016年1月，前往亚丁湾、索马里海域执行护航任务的中国海军护航编队共完成909批6112艘中外船舶的护航任务。	● 海上安全对话合作

04 第四章
中国的海洋管理制度

海洋管理制度是海洋治理活动的依据，有利于建立和维护海洋保护与利用秩序、调节社会涉海关系。根据《辞海》的解释，制度是"经制定而为大家共同遵守认同的办事准则"。本章所指的海洋管理制度，是国家立法和行政管理机构为规范海洋保护利用活动和调节各类涉海利益而制定实施的规章或准则，包括政策指导、规划、审批、所有权行使及开发实施中的监督、协调等活动，具有法律或行政约束力。[①]为推动和监督制度的实施，实现海洋管理目标，需要构建海洋管理的组织机构，对涉海人、财、物进行配置，进而形成海洋管理体制。各项海洋管理体制机制和具体制度随着国家海洋保护利用形势和需求的变化而不断完善、调整或优化。本章主要讨论中国海洋管理体制和由法律、法规及规章所确立并实施的各项正式海洋管理制度。

---

① 龚洪波. 海洋政策与海洋管理概论[M]. 北京: 海洋出版社, 2016:103.

第一节　中国海洋管理体制历史沿革

中华人民共和国成立后，特别是改革开放以来，中国的海洋管理进入了一个新的发展阶段，海洋管理事业取得了长足的进步。海洋行政管理体制从 20 世纪 50 年代至今，经历了从行业管理到海洋综合管理与分部门分级管理相结合的变迁，海洋管理的综合协调力度不断加强。

一、行业管理阶段（20世纪50年代至80年代末）

20 世纪 50 年代至 80 年代末，海洋管理以行业管理为主，按照海洋自然资源的属性进行分部门管理，基本是陆地自然资源管理部门的职能向海洋的延伸。中央和各级政府的渔业部门负责海洋渔业的管理，交通部门负责海洋交通安全的管理，石油部门负责海上油气的开发管理，轻工业部门负责海盐业的管理，旅游部门负责滨海旅游的管理等。

随着国家社会经济的不断发展，海洋权益和海洋资源问题越来越引起人们的重视，海洋开发利用已超出了行业生产的局部问题，事关国家利益和经济发展大局。海洋事业的发展需要建立相应的海洋综合管理机构。为加强对全国海洋工作的领导，1964 年我国设立国家海洋局。国家海洋局成立后，迅速整合已有的资源和队伍，完善组织机构，于 1965 年在青岛、上海和广州分别设立国家海洋局北海、东海和南海三个分局。在 1983 年的体制改革中，形成了把海洋基础性、公益性和协调性工作统一管理的思想，国家海洋局的主要任务更加明确，除负责组织协调全国海洋工作外，还担负组织实施海洋调查、海洋科研、海洋管理和海洋公益服务四个方面的具体任务。

二、综合协调阶段（20世纪90年代至2018年）

从20世纪80年代起，中国海洋事业快速发展，海洋管理体制日益完善，在综合管理方面突出表现在地方管理机构的建立及国家海洋局综合协调职能进一步加强两个方面。在1989年的海洋管理体制改革中，中国沿海省、市、区逐步建立起地方海洋行政管理机构，开始地方用海管海的新阶段。地方海洋行政机构的设立，为实行分级管理创造了必要的条件。中国所有沿海省、自治区、直辖市及计划单列市和沿海县（市）都设立了海洋管理职能部门，承担地方的海洋综合管理任务。国家海洋局与地方海洋管理机构间是"业务指导"关系。2008年，国家海洋局作为国家海洋行政主管部门的职责再次拓展，被明确授权"加强海洋战略研究和对海洋事务的综合协调"，主要职责从七条增加到十一条。

2013年的机构改革重组了国家海洋局。国家海洋局所辖中国海监、公安部边防海警、农业部中国渔政、海关总署海上缉私警察的队伍和职责整合，重新组建国家海洋局。国家海洋局以中国海警局的名义开展海上维权执法，接受公安部业务指导。

三、陆海统筹阶段（2018年至今）

中国海洋事业发展的历史阶段是海洋管理体制的现实基础，同时海洋管理体制及运行机制直接影响中国海洋事业的发展。2018年，根据中国海洋事业所处的历史阶段和新时代国家发展对海洋资源环境的需求，国家海洋管理体制发生了较大变革，形成以陆海统筹为突出特征的海洋管理体制和格局。

（一）2018年海洋管理体制改革

2018年，根据党的十九大和十九届三中全会部署，在新一轮党和国家机构改革中，国务院对国家海洋管理体制进行了系统性、整体性重构，将海洋资源管理职责整合到新组建的自然资源部，同时调整了海洋环境保护和海洋自然保护区等管理职能，构建海洋资源环境陆海统筹新格局。[1]

2018 年国家海洋管理体制改革将海洋资源管理职责整合到新组建的自然资源部。[2]自然资源部负责监督实施海洋战略规划和发展海洋经济、海洋开发利用和保护的监督管理，负责海域使用和海岛保护利用管理等工作。

整合原国土资源部和原国家海洋局等部委机构的有关职责，组建自然资源部，作为国务院组成部门。自然资源部对外保留国家海洋局牌子，不再保留国土资源部和国家海洋局。自 2018 年 7 月 1 日起，中国海警队伍整体划归中国人民武装警察部队领导指挥，调整组建中国人民武装警察部队海警总队，称中国海警局。将原国家海洋局的海洋环境保护职责整合到新组建的生态环境部。同时，与海洋环境治理密切相关的排污口设置管理、流域水环境保护、监督指导农业面源污染治理等项职责整合到生态环境部。原国家海洋局的海洋自然保护区管理职责整合并入新组建的国家林业和草原局，由自然资源部管理。原农业部的渔船检验和监督管理职责划入交通运输部（见表 4-1）。

---

①②《国务院机构改革方案》。

表 4-1: 主要涉海职能分工

部门	涉海职能
自然资源部（国家海洋局）	● 履行全民所有自然资源资产所有者职责和所有国土空间用途管制职责。拟订自然资源和国土空间规划及测绘、极地、深海等法律法规草案，制定部门规章并监督检查执行情况 ● 负责建立空间规划体系并监督实施。组织拟订并实施土地、海洋等自然资源年度利用计划。负责土地、海域、海岛等国土空间用途转用工作 ● 负责统筹国土空间生态修复。负责海洋生态、海域海岸线和海岛修复等工作 ● 负责监督实施海洋战略规划和发展海洋经济。研究提出海洋强国建设重大战略建议。组织制定海洋发展、深海、极地等战略并监督实施。会同有关部门拟订海洋经济发展、海岸带综合保护利用等规划和政策并监督实施。负责海洋经济运行监测评估工作 ● 负责海洋开发利用和保护的监督管理工作。负责海域使用和海岛保护利用管理。制定海域海岛保护利用规划并监督实施。负责无居民海岛、海域、海底地形地名管理工作，制定领海基点等特殊用途海岛保护管理办法并监督实施。负责海洋观测预报、预警监测和减灾工作，参与重大海洋灾害应急处置 ● 组织开展自然资源领域对外交流合作，组织履行有关国际公约、条约和协定。配合开展维护国家海洋权益工作，参与相关谈判与磋商。负责极地、公海和国际海底相关事务 ● 海洋自然保护区管理（国家林业和草原局）
生态环境部	● 海洋环境保护；与海洋环境治理密切相关的排污口设置管理、流域水环境保护、监督指导农业面源污染治理
农业农村部	● 海洋渔业管理
交通运输部	● 渔船检验和监督管理
中国海警局	● 海上执法

（二）国家海洋管理体制

根据陆海统筹政策，海洋资源和环境实行陆海一体化管理，自然资源部管理陆地和海洋的自然资源保护利用及生态修复，生态环境部负责陆海环境保护，农业农村部负责内陆和海洋渔业资源管理。

自然资源部在北海、东海和南海三个海区分别设立自然资源部北海局、东海局、南海局，作为履行相应海区海洋自然资源工作的派出机构，承担海区海洋监督和管理工作。各海区局主要职责包括：贯彻执行海洋自然资源有关法律法规及自然资源部规章、制度和标准规范；根据自然资源部的授权或委托，履行海区全民所有海洋自然资源资产所有者职责、海区海洋国土空间用途管制和生态保护修复职责；负责海区海洋自然资源管理涉及的宏观调控、区域协调和陆海统筹政策的实施；负责海区海洋事务的综合协调。

（三）沿海地方海洋管理体制

在新一轮机构改革中，沿海省市根据各地海洋自然资源禀赋和社会经济基础，设置了各具特色的海洋管理机构。为更好发挥海洋优势，山东、广西两省（区）分别组建自然资源厅、海洋局。为加强省委对海洋工作的领导和统筹协调，山东还组建了省委海洋发展委员会，作为省委议事协调机构。福建组建省自然资源厅，在省海洋与渔业厅有关统筹海洋经济发展和渔业管理相关职责的基础上，组建省海洋与渔业局，为正厅级省政府直属机构。海南组建了省自然资源和规划厅，加挂省海洋局牌子。河北、浙江、广东三省分别组建省自然资源厅，加挂省海洋局牌子。天津市、上海市组建市规划和自然资源局，作为市政府组成部门。天津保留市海洋局牌子，上海市水务局加挂海洋局牌子。辽宁、江苏组建省自然资源厅，不再保留原辽宁省海洋与渔业厅、原江苏省海洋与渔业局（见表4-2）。

表4-2: 沿海省市 (含计划单列市) 海洋管理协调机构设置及职能

	省市	改革举措	改革后省级海洋管理机构
1.	辽宁	组建省自然资源厅, 不再保留原省海洋与渔业厅	自然资源厅
	大连	组建市海洋发展局, 负责统筹推进全市海洋发展, 负责海域、海岛保护开发利用和渔业渔政管理等工作。	海洋发展局
2.	河北	组建省自然资源厅, 加挂省海洋局牌子	自然资源厅 (海洋局)
3.	天津	组建市规划和自然资源局, 保留市海洋局牌子, 不再保留单设的市海洋局	规划和自然资源局 (海洋局)
4.	山东	组建省海洋局, 作为省自然资源厅的部门管理机构, 不再保留原山东省海洋与渔业厅 组建山东省委海洋发展委员会, 办公室设在省自然资源厅	省委海洋发展委员会、海洋局
	青岛	组建市委海洋发展委员会, 作为市委议事协调机构。组建市海洋发展局, 作为市政府工作部门。市委海洋发展委员会办公室设在市海洋发展局	海洋发展局 (市海洋发展委员会)
5.	江苏	组建省自然资源厅, 不再保留原省海洋与渔业局	自然资源厅
6.	上海	组建市规划和自然资源局, 上海市水务局挂海洋局牌子	水务局 (海洋局)
7.	浙江	组建省自然资源厅, 加挂省海洋局牌子	自然资源厅 (海洋局)
	宁波	将市海洋与渔业局的海洋管理等职责整合, 组建市自然资源和规划局, 作为市政府工作部门, 加挂市海洋局牌子	自然资源和规划局 (海洋局)
8.	福建	组建省海洋与渔业局, 不再保留原省海洋与渔业厅	海洋与渔业局
	厦门	在市海洋与渔业局有关统筹海洋经济发展和渔业管理相关职责的基础上, 组建市海洋发展局。将市海洋与渔业局的渔船检验和监督管理职责划入厦门港口管理局。不再保留市海洋与渔业局	海洋发展局

续表

	省市	改革举措	改革后省级海洋管理机构
9.	广东	组建省自然资源厅,加挂省海洋局牌子,不再保留原省海洋与渔业厅	自然资源厅(海洋局)
	深圳	将市规划和国土资源委员会(市海洋局),市经济贸易和信息化委员会的渔业管理等管理职责整合,组建市规划和自然资源局,加挂市海洋渔业局、市林业局牌子	规划和自然资源局(海洋渔业局)
10.	广西	组建自治区海洋局,不再保留自治区海洋和渔业厅	海洋局
11.	海南	组建省自然资源和规划厅,加挂省海洋局牌子,不再保留原省海洋与渔业厅	自然资源和规划厅(海洋局)

第二节　海洋资源管理制度

　　海洋资源是分布在海洋地理区域内的自然资源。关于自然资源，联合国环境规划署给出的定义是：在一定的时间和技术条件下，能够产生经济价值，提高人类当前和未来福利的自然环境因素的总称。《大英百科全书》中的定义是：人类可以利用的自然生成物，以及形成这些成分源泉的环境功能。人们对海洋资源的理解随着技术的进步及对海洋认识水平的提升而不断发展。狭义上讲，海洋资源指的是在海水中生存的生物、溶解于海水中的化学元素和淡水、海水中所蕴藏的能量及海底的矿产资源等。这些都是与海水水体有着直接关系的物质和能量。广义的海洋资源，除了上述能量和物质，还包括港湾、海洋航线、海洋上空风能、海底地热、海洋景观、海洋空间乃至海洋纳污能力等。基于以上对海洋资源内涵的解释，本书将海洋资源定义为：在一定的海洋地理区域内，在当前和可预见的未来，人类可以利用并能够产生经济价值，带给人类福利的物质、能量和空间。海洋资源是一个集合概念，不同的资源门类需要不同的管理制度。海洋资源管理是政府部门和具有权限的机构对一切从事海洋资源开发利用与保护活动的企事业单位、组织和个人及其相关活动的调控、干预的行政行为。海洋资源管理制度是指国家为可持续利用和科学保护海洋资源所制定实施的各项准则，主要由法规规章、政策规划和管理措施组成。本章所涉海洋资源管理制度主要是指国家立法机关和行政管理部门制定的关于资源管理的行为准则，重点关注海洋空间、海洋渔业、海港和海上交通等领域的主要管理原则和制度。

一、海洋资源的特征

　　海洋中蕴藏着可再生和不可再生的各类资源，海洋资源具有有限性、流动性和立体性等特征。海洋是一个相对独立的整体，具有与陆地不同的特征，海洋资源保护与利用不仅关系到资源储量、技术设备与开发前景，还与政治和外交等密切相关。

（一）有限性

有限性是自然资源的本质特征。海洋矿物的形成不仅需要特定的地质条件，还必须经过千百万年甚至是上亿年漫长的物理、化学和生物作用过程，具有不可再生性。对于生物等可再生资源，由于其再生能力受自身遗传因素和外界客观条件的限制，如果过度利用，也会演化成为不可再生资源。潮汐能、波浪能、风能等资源似乎取之不尽、用之不竭，但就某一时间段或特定地区来考虑，其所能提供的能量也往往是有限的。

（二）流动性

海水是流动的而不是静止的，会发生水平和垂直方向的位移。除海底矿产、岛礁等少数资源不能移动外，其他海洋资源，包括海洋生物及溶解于海水中的物质均随着海水的流动而在海洋中产生大范围的位移和扩散。这种流动性不仅是作为介质的海水所具有的特性，而且鱼类等海洋生物本身有洄游习性，并不受人类所划定的界线的限制。

（三）立体性

海洋是一个三维立体的庞大水系结构，由巨大的连续水体、上覆大气圈空间及其下覆海底空间三大部分组成。在二维平面上，海洋约占据地球表面积的71%；在垂直方向上，海洋形成了平均3800米深的水体空间。与陆地相比，海洋具有明显的三维特性。海洋从其表层开始，向下可以延伸数千米，这一特点决定了在海洋的不同深度分布有不同的海洋资源。海洋空间的立体性特征大大增加了海洋资源的丰度，也为海域空间立体使用提供了条件。

二、海洋资源管理制度概述

在节约资源的基本国策和生态文明思想的指导下，我国海洋资源管理的总体要求是科学有序开发，节约集约利用。我国高度重视包括海洋资源在内的自然资源开发与保护，将节约资源作为一项基本国策长期坚持。2019年4月，习近平主席在集体会见出席海军成立70周年多国海军活动外方代表团团长时指出，要实现海洋资源有序开发利用。10月，习近平总书记在致2019中国海洋经济博览会的贺信中强调，"要高度重视海洋生态文明建设，加强海洋环境污染防治，保护海洋生物多样性，实现海洋资源有序开发利用"。习近平总书记关于海洋资源的重要论述为新时期海洋资源管理指明了方向。

我国的自然资源、农业、能源和交通等多个部门根据职责分工承担海洋资源管理任务。在山水林田湖草生命共同体理念和陆海统筹政策的指引下，随着统一的国土空间规划体系的逐步建立，海洋资源管理正由分散向统一规划、综合协调、集约节约利用转变。海洋资源的所有权是海洋资源管理制度的核心内容，在所有权基础上衍生出用益物权。在保护利用的管理实践中，我国各级海洋管理部门根据节约资源的基本国策、绿色新发展理念和陆海统筹原则，建立并实施各项管理制度。

（一）海洋资源的所有权

海洋资源的所有权除受沿海国的国内法规范外，还受到以《联合国海洋法公约》为主的国际海洋法的制约。根据以上法律，我国拥有对内水和领海的水面、水体、海床和底土及位于这些空间中的所有海洋资源的所有权，拥有在专属经济区和大陆架上开发利用海洋自然资源的排他性主权权利，包括生物资源和非生物资源。

《中华人民共和国宪法》（2018修正）第9条规定了自然资源的所有

权:"矿藏、水流、森林、山岭、草原、荒地、滩涂等自然资源,都属于国家所有;由法律规定属于集体所有的森林和山岭、草原、荒地、滩涂除外。"《中华人民共和国民法典》(以下简称《民法典》)进一步明确"矿藏、水流、海域属于国家所有"。[1] 对于滩涂自然资源,法律承认集体所有权的存在,即"森林、山岭、草原、荒地、滩涂等自然资源,属于国家所有,但是法律规定属于集体所有的除外"。[2]《中华人民共和国海域使用管理法》(以下简称《海域使用管理法》)明确规定:我国内水、领海的水面、水体、海床和底土属于国家所有,国务院代表国家行使海域所有权。任何单位或者个人不得侵占、买卖或者以其他形式非法转让海域。单位和个人使用海域,必须依法取得海域使用权。[3] 我国所属的无居民海岛属于国家所有,国务院代表国家行使无居民海岛所有权(见表4-3)。[4]

我国对位于所管辖的专属经济区和大陆架的自然资源具有主权权利,包括勘查、开发、养护和管理海床上覆水域、海床及其底土的自然资源,以及进行其他经济性开发和勘查活动,如利用海水、海流和风力生产能源等。[5]

表4-3: 主要海洋资源所有权类型及依据

序号	资源类别	所有权	法律依据
1	滩涂	国家所有、集体所有	《中华人民共和国宪法》《民法典》
2	内水、领海以及内水和领海内的海洋资源	国家所有	《联合国海洋法公约》《海域使用管理法》

---

[1]《民法典》,2020年5月通过,第247条。

[2]《民法典》,2020年5月通过,第250条。

[3]《海域使用管理法》,2001年10月通过,第2条、第3条。

[4]《中华人民共和国海岛保护法》,2009年12月通过,第4条。

[5]《中华人民共和国专属经济区和大陆架法》,1998年6月通过,第3条、第4条。

序号	资源类别	所有权	法律依据
3	无居民海岛	国家所有	《中华人民共和国海岛保护法》
4	专属经济区和大陆架的自然资源	国家拥有主权权利	《联合国海洋法公约》《中华人民共和国专属经济区和大陆架法》

（二）海洋资源的用益物权

对海洋资源依法取得的用益物权受法律保护。《民法典》规定依法取得的海域使用权受法律保护。依法取得的探矿权、采矿权、取水权和使用水域、滩涂从事养殖、捕捞的权利受法律保护。[①]《海域使用管理法》同样明确规定，"海域使用权人依法使用海域并获得收益的权利受法律保护，任何单位和个人不得侵犯"。[②]海域使用权人在享有用益物权的同时，有依法保护和合理使用海域的义务，且海域使用权人对不妨害其依法使用海域的非排他性用海活动，不得阻挠。[③]

（三）节约资源的基本国策

节约资源是我国长期坚持的基本国策。党的十九大报告进一步提出了坚持节约优先、保护优先、自然恢复为主的方针，形成节约资源和保护环境的空间格局、产业结构、生产方式、生活方式。国家"十三五"规划提出，必须坚持节约资源和保护环境的基本国策，坚持可持续发展，坚定走生产发展、生活富裕、生态良好的文明发展道路，加快建设资源节约型、环境友好型社会。国家"十四五"规划要求，全面提高资源利用效率，推进资源总量管理、科学配置、全面节约、循环利用，协同推进经济高质量发展和生态环境高水平保护。

[①]《民法典》，2020年5月通过，第328条、第329条。

[②]《中华人民共和国海域使用管理法》，2002年1月施行，第23条。

[③]《中华人民共和国海域使用管理法》，2002年1月施行，第23条。

（四）绿色新发展理念

海洋资源具有复合性，加之海水的流动性和连通性，决定了海洋资源的开发利用与海洋生态环境的保护密切相关。我国的海洋资源管理制度普遍重视海洋资源的保护和修复，坚持开发和保护并重。2013 年 7 月，习近平总书记在主持中共中央政治局第八次集体学习时强调，要提高海洋资源开发能力，保护海洋生态环境，着力推动海洋开发方式向循环利用型转变。要把海洋生态文明建设纳入海洋开发总布局之中，坚持开发和保护并重、污染防治和生态修复并举，科学合理开发利用海洋资源，维护海洋自然再生产能力。

党的十九大报告提出的"创新、协调、绿色、开放、共享"五大发展理念中，"绿色"的可持续发展理念需要体现在各项海洋资源管理制度中。党的十九大报告要求坚持人与自然和谐共生的原则，坚持节约资源和保护环境的基本国策，像对待生命一样对待生态环境，统筹山水林田湖草系统治理，实行最严格的生态环境保护制度，形成绿色发展方式和生活方式。党的二十大报告也提出了要发展海洋经济，保护海洋生态环境，加快建设海洋强国。

（五）实施陆海统筹政策

陆海统筹是我国开展海洋强国建设的一项重要政策，从国家经济社会发展的高度对陆地和海洋进行整体部署，促进陆海在空间布局、产业发展、基础设施建设、资源开发、环境保护等方面全方位协同发展。实施陆海统筹对于从政策和管理上解决陆海管理分割、行业部门分割、行政辖区分割等问题意义重大。[1] 自党的十九大做出"坚持陆海统筹，加快

---

① 刘大海,管松,邢文秀. 基于陆海统筹的海岸带综合管理:从规划到立法[J].中国土地,2019(02): 8-11.DOI:10.13816/j.cnki.cn11-1351/f.2019.02.003.

建设海洋强国"的部署以来，陆海统筹在体制机制、产业、资源、环境和区域协同发展等领域取得重要进展。

《关于建立更加有效的区域协调发展新机制的意见》（2018年）明确提出，推动陆海统筹发展，加强海洋经济发展顶层设计，完善规划体系和管理机制，研究制定陆海统筹政策措施；以规划为引领，促进陆海在空间布局、产业发展、基础设施建设、资源开发、环境保护等方面全方位协同发展；编制实施海岸带保护与利用综合规划，严格围填海管控，促进海岸地区陆海一体化生态保护和整治修复，推动海岸带管理立法。

2019年发布实施的《关于建立国土空间规划体系并监督实施的若干意见》进一步明确，国家将建立国土空间规划体系，将主体功能区规划、土地利用规划、城乡规划等空间规划融合为统一的国土空间规划，实现"多规合一"。该意见明确海岸带、自然保护地等专项规划及跨行政区域或流域的国土空间规划，由所在区域或上一级自然资源主管部门牵头组织编制，报同级政府审批。国土空间规划制度和体系的建立对于统一行使所有国土空间用途管制、加强海域和海岸带生态保护修复具有重要意义。

陆海统筹政策紧密衔接区域发展战略。陆海统筹政策的重要内容是将北、东、南三大海洋经济区发展同京津冀协同发展、雄安新区建设、长三角区域一体化、粤港澳大湾区、海南自由贸易试验区等重大区域发展战略实施有机结合。例如在海南自由贸易试验区的建设中，要求深度融入建设海洋强国等国家重大战略，坚持统筹陆地和海洋保护与发展；加强海洋生态文明建设，加大海洋保护力度，科学有序开发利用海洋资源，培育壮大特色海洋经济，形成陆海资源、产业、空间互动协调发展新格局。①

三、海岸带保护利用制度

海洋为我国经济社会可持续发展提供广阔的空间资源。我国拥有滩涂、海岸线、海岛、港口岸线等类型多样的海洋空间资源。我国濒临渤海、黄海、东海、南海及台湾以东海域，跨越温带、亚热带和热带。大陆海岸线北起鸭绿江口，南至北仑河口，长达1.8万多千米，岛屿岸线长达1.4万多千米。海岸类型多样，拥有大于10平方千米的海湾160多个，大中河口10多个，自然深水岸线400多千米。随着我国海洋经济由高速发展向高质量发展阶段迈进，以及生态文明建设的深入推进，海洋空间管理的主要任务是统筹协调海洋开发利用和生态环境保护修复，合理配置海域资源，优化海洋空间开发布局，促进海洋经济高质量发展。我国海洋空间资源管理的总原则是严格保护、有效修复、集约利用。我国海洋空间管理制度不断调整优化，从海洋功能区划、海洋主体功能区规划制度发展到统一的国土空间规划制度，不断加强陆海统筹协调，划定海洋生态红线，加强对自然岸线的保护修复，全面禁止新增围填海。

（一）海洋生态红线制度

海洋生态红线制度是指为维护海洋生态健康与生态安全，将重要海洋生态功能区、生态敏感区和生态脆弱区划定为重点管控区域并实施严格分类管控的制度安排。2016年，国家海洋局印发《关于全面建立实施海洋生态红线制度的意见》，并配套印发《海洋生态红线划定技术指南》，建立实施海洋生态红线制度，守住海洋生态安全根本底线。海洋生态红线划定的基本原则是保住底线、兼顾发展、分区划定、分类管理、从严

---

① 《中共中央　国务院关于支持海南全面深化改革开放的指导意见》。

管控；组织形式是国家指导监督、地方划定执行，由各沿海省（区、市）按照国家下达的指标和要求，划定红线并制定管控措施；管控指标包括海洋生态红线区面积、大陆自然岸线保有率、海岛自然岸线保有率、海水质量四项。

海洋生态红线制度自建立以来在国家法律和政策中逐步得到强化。《中华人民共和国海洋环境保护法》在 2017 年的修订中做出"在重点海洋生态功能区、生态环境敏感区和脆弱区等区域划定生态保护红线，实行严格保护"的原则性规定。《国务院关于加强滨海湿地保护　严格管控围填海的通知》（国发〔2018〕24 号）要求严守生态保护红线，对已经划定的海洋生态保护红线实行最严格的保护和监管，全面清理非法占用红线区域的围填海项目，确保海洋生态保护红线面积不减少、大陆自然岸线保有率标准不降低、海岛现有砂质岸线长度不缩短。全国海洋生态红线划定已基本完成，全国 30% 的近岸海域和 35% 的大陆岸线纳入红线管控范围，筑牢了海洋生态环境保护防线。

（二）自然岸线保有率控制制度

海岸线是海洋与陆地的分界线，具有重要的生态功能和资源价值，是发展海洋经济的前沿阵地。20 世纪 90 年代以来，随着沿海地区经济社会快速发展，海岸线和近岸海域开发强度不断加大，保护与开发的矛盾日益凸显。由于海岸线管理法律法规体系不健全、开发利用缺少统筹规划，以及多头管理、管控手段和措施不足等，出现了港口开发、临海工业、城镇建设大量占用海岸线，自然岸线资源日益缩减，海岸景观和生态功能遭到破坏，公众亲海空间严重不足等问题。

2017 年，经中央全面深化改革领导小组会议审议通过，国家海洋局印发实施《海岸线保护与利用管理办法》（以下简称《办法》）。该《办法》

明确规定，海岸线保护与利用管理应遵循保护优先、节约利用、陆海统筹、科学整治、绿色共享、军民融合原则，严格保护自然岸线，整治修复受损岸线，拓展公众亲海空间，与近岸海域、沿海陆域环境管理相衔接，实现海岸线保护与利用的经济效益、社会效益、生态效益与军事效益相统一。《办法》在管理方式上确立了以自然岸线保有率目标为核心的机制，明确国家建立自然岸线保有率控制制度。将全国大陆自然岸线保有率不低于35%的目标分解落实到各沿海省（自治区、直辖市），省级有关部门制定自然岸线保护与控制的年度计划，并分解落实。《办法》在管理手段上引入了海洋督察和区域限批措施，提出将自然岸线保护纳入沿海地方政府政绩考核。不能满足自然岸线保有率管控目标要求的围填海项目，用海不予批准。国家对海岸线实施分类保护与利用，根据海岸线自然资源条件和开发程度，分为严格保护、限制开发和优化利用三个类别。

《全国海洋经济发展"十三五"规划》将大陆自然岸线保有率不低于35%确定为一项约束性指标。《国务院关于加强滨海湿地保护 严格管控围填海的通知》（2018年）规定，除国家重大战略项目外，全面停止新增围填海，确保大陆自然岸线保有率标准不降低。国家"十四五"规划明确要求完善海岸线保护制度，"探索海岸建筑退缩线制度和海洋生态环境损害赔偿制度，自然岸线保有率不低于35%"。《"十四五"海洋生态环境保护规划》亦将自然岸线保有率确定为一项主要指标。

（三）滨海湿地保护制度

滨海湿地（含沿海滩涂、河口、浅海、红树林、珊瑚礁等）是近海生物重要栖息繁殖地和鸟类迁徙中转站，是珍贵的湿地资源，具有重要的生态功能。由于长期以来的大规模围填海活动，滨海湿地大面积减少，自然岸线锐减，对海洋和陆地生态系统造成损害。为切实提高滨海湿地保护水平，国家实行了严格的围填海管控制度，严控新增围填海造地，取消围填海地方年度计划指标，除国家重大战略项目外，全面停止新增围填海项目审批。

《国务院关于加强滨海湿地保护　严格管控围填海的通知》明确了我国今后一个时期滨海湿地保护制度的指导思想，要求牢固树立绿水青山就是金山银山的理念，坚持生态优先、绿色发展，坚持最严格的生态环境保护制度，切实转变"向海索地"的工作思路，统筹陆海国土空间开发保护，实现海洋资源严格保护、有效修复、集约利用。

（四）海岸建筑退缩线制度

为有效降低海洋灾害风险、保护海岸生态环境，促进人与自然和谐共生，国家"十四五"规划明确提出"探索海岸建筑退缩线制度"。海岸建筑退缩线是根据岸线属性和自然环境特征，综合考虑海洋灾害影响、生态系统完整性保护、亲海空间拓展等因素，以海岸线为基准，向陆一侧后退一定的距离，划定的禁止或限制建筑活动的控制线。海岸建筑退缩线为海岸带地区开发建设提供规划控制依据，划定需综合考虑海岸线的自然地理格局、海洋灾害影响、生态系统分布和演变过程等因素，技术路线一般包括基础数据收集、退缩距离确定、边界初划、方案协调、社会公示、结果入库等环节。[①]海岸建筑退缩线参照生态保护红线制度管理要求，结合实际情况制定避让区域内建设活动准入清单，严格限制规划建设滨海公路。分析避让区内建筑物现状，按照拆除、迁移或保留等类型提出处置要求。[②]

海岸建筑退缩线已在沿海省市的海洋治理实践中逐步得到应用。

---

①②《省级海岸带综合保护与利用规划编制指南(试行)》。

2020 年，大连市通过《大连市海洋环境保护条例》，明确要实施"海岸建筑退缩线"制度。退缩线内不得新建、改建、扩建建筑物及构筑物，已建成的应逐步调整至线外；除国家重大项目外，禁止围填海。[1]2022 年，山东省自然资源厅、山东省发改委等 11 部门印发《关于建立实施山东省海岸建筑退缩线制度的通知》，要求沿海各市统筹考虑海岸线类型、海洋灾害、生态环境、亲海空间等要素，科学划定海岸建筑核心退缩线和一般控制线；海岸线与海岸建筑核心退缩线之间形成的海岸建筑核心退缩区内，除准入项目外，不得新建、扩建建筑物。确需开展准入建设活动的，原则上不得占用自然岸线。

四、海域保护利用制度

海域保护利用制度由一系列具体制度构成，包括海域有偿使用制度、海洋功能区划制度、海域使用权登记制度、用海项目环境影响评价制度、海域使用论证制度等。这些制度主要由《海域使用管理法》确立。

（一）海域有偿使用制度

《海域使用管理法》确立了海域有偿使用制度，规定单位和个人使用海域，应当按照国务院的规定缴纳海域使用金。海域使用金应当按照国务院的规定上缴财政。根据不同的用海性质或者情形，海域使用金可以按照规定一次缴纳或者按年度逐年缴纳。

（二）海洋功能区划制度

海洋功能区划制度由《海域使用管理法》确立，是开发利用海洋资源、保护海洋生态环境的法定依据。[2]海洋功能区划根据海域区位、自然

---

[1] 杨少明. 大连实施"海岸建筑退缩线"制度 保护海岸带[N]. 辽宁日报, 2020-05-19.
[2] 《海域使用管理法》，2001 年 10 月 27 日通过，第 4 条。

资源、环境条件和开发利用的要求，按照海洋功能标准，将海域划分为不同类型的功能区，为海域使用管理和海洋环境保护工作提供科学依据，为国民经济和社会发展提供用海保障。[①] 自该制度实施以来，国务院于2002年和2012年共批准实施两部国家级海洋功能区划。

《海域使用管理法》明确了海洋功能区划的编制原则，也是我国海洋空间管理的基本原则。主要包括：(1)按照海域的区位、自然资源和自然环境等自然属性，科学确定海域功能；(2)根据经济和社会发展的需要，统筹安排各有关行业用海；(3)保护和改善生态环境，保障海域可持续利用，促进海洋经济的发展；(4)保障海上交通安全；(5)保障国防安全，保证军事用海需要。[②]

为统筹协调各有关行业用海，海洋功能区划制度规定养殖、盐业、交通、旅游等行业规划涉及海域使用的，应当符合海洋功能区划。沿海土地利用总体规划、城市规划、港口规划涉及海域使用的，应当与海洋功能区划相衔接。[③]

2012年，国务院正式批准《全国海洋功能区划(2011—2020年)》(以下简称《区划》)，强调海洋功能区划是合理开发利用海洋资源、有效保护海洋生态环境的法定依据，必须严格执行。该《区划》是国家依据《海域使用管理法》《海洋环境保护法》等法律法规和国家有关海洋开发保护的方针、政策，对我国管辖海域开发利用和环境保护做出的全面部署和具体安排。《区划》范围为我国的内水、领海、毗连区、专属经济区、大陆架及管辖的其他海域。

[①]《全国海洋功能区划》。
[②]《海域使用管理法》，2001年10月27日通过，第11条。
[③]《海域使用管理法》，2001年10月27日通过，第15条。

《区划》的指导思想为合理配置海域资源，统筹协调行业用海，优化海洋开发空间布局，提高海域资源利用效率，实现规划用海、集约用海、生态用海、科技用海、依法用海，促进沿海地区经济平稳较快发展和社会和谐稳定。《区划》确立了以自然属性为基础、科学发展为导向、保护渔业为重点、保护环境为前提、陆海统筹为准则、国家安全为关键六项原则，划分了农渔业、港口航运、工业与城镇用海、矿产与能源、旅游休闲娱乐、海洋保护、特殊利用、保留八类海洋功能区，确定了渤海、黄海、东海、南海及台湾以东海域的主要功能和开发保护方向，并据此制定了保障《区划》实施的政策措施。

（三）海域使用权登记制度

海域使用权登记制度是《海域使用管理法》建立的三大基本制度之一，规定依法登记的海域使用权受法律保护。海域使用申请经依法批准后，国务院批准用海的，由国务院海洋行政主管部门登记造册，向海域使用申请人颁发海域使用权证书；地方人民政府批准用海的，由地方人民政府登记造册，向海域使用申请人颁发海域使用权证书。[1]国家建立海域使用统计制度，定期发布海域使用统计资料。[2]

（四）海域等自然资源确权登记制度

为推进自然资源确权登记法治化，推动建立归属清晰、权责明确、保护严格、流转顺畅、监管有效的自然资源资产产权制度，2019年7月11日，自然资源部、财政部等五部门联合印发《自然资源统一确权登记暂行办法》和《自然资源统一确权登记工作方案》。《办法》明确，国家实行自然资源统一确权登记制度。《办法》适用于对水流、森林、山岭、草

---

① 《海域使用管理法》，2001年10月27日通过，第19条。

② 《海域使用管理法》，2001年10月27日通过，第6条。

原、荒地、滩涂、海域、无居民海岛及探明储量的矿产资源等自然资源的所有权和所有自然生态空间统一进行确权登记。自然资源统一确权登记以自然资源登记单元为基本单位。其中，海域可单独划定自然资源登记单元，范围为我国的内水和领海。以海域作为独立登记单元的，依据沿海县市行政管辖界线，自海岸线起至领海外部界线划定登记单元。无居民海岛按照"一岛一登"的原则，单独划定自然资源登记单元，进行整岛登记。海域范围内的自然保护地、湿地、探明储量的矿产资源等，不再单独划定登记单元。①

五、海岛保护利用制度

海岛是壮大海洋经济、拓展发展空间的重要依托，是保护海洋环境、维护生态平衡的重要平台。我国拥有面积大于 500 平方米的海岛 7300 多个，海岛陆域总面积近 8 万平方千米，海岛岸线总长 14000 多千米。②其中有居民海岛 400 多个，总体呈无人岛多、有人岛少，近岸岛多、远岸岛少，南方岛多、北方岛少的特点。我国海岛生物种类繁多，具有相对独立的生态系统和特殊生境。③我国海岛广布温带、亚热带和热带海域，生物种类繁多，不同区域海岛的岛体、海岸线、沙滩、植被、淡水和周边海域的各种生物群落和非生物环境共同形成了各具特色、相对独立的海岛生态系统。一些海岛还具有红树林、珊瑚礁等特殊生境。海岛及其周边海域自然资源丰富，有港口、渔业、旅游、油气、生物、海洋能等优势资源和潜在资源。

---

① 《自然资源统一确权登记暂行办法》。
② 《全国海岛保护规划》。规划中数据与本书164页所引政策白皮书中数据有出入，在此均作原文引用，不加甄别。
③ 《全国海洋主体功能区规划》。

国家对海岛实行科学规划、保护优先、合理开发、永续利用的原则。2010 年《中华人民共和国海岛保护法》颁布实施后，国务院有关部门先后出台了《全国海岛保护规划》《关于海域、无居民海岛有偿使用的意见》等相关政策及规划，基本构建了无居民海岛管理制度体系，规范无居民海岛开发利用秩序，在无居民海岛规划管控、有偿使用、监督检查等方面建立了管理机制。依法安排相关生态保护修复专项资金，用于海岛保护及生态修复。

（一）海岛有偿使用制度

无居民海岛属于国家所有，国务院代表国家行使无居民海岛所有权。海岛有偿使用制度是指单位和个人利用无居民海岛，应当经国务院或者沿海省、自治区、直辖市人民政府依法批准，并按照有关规定缴纳无居民海岛使用金。[1]未足额缴纳无居民海岛使用金的，海洋主管部门不得办理无居民海岛使用权证书。无居民海岛使用权出让最低价标准由国务院财政部门会同国务院海洋主管部门根据无居民海岛的等别、用岛类型和方式、离岸距离等因素，适当考虑生态补偿之后确定，并适时进行调整。无居民海岛使用权出让价款不得低于无居民海岛使用权出让最低价。[2]

（二）海岛保护规划制度

海岛保护规划是从事海岛保护、利用活动的依据。[3]全国海岛保护规划应当按照海岛的区位、自然资源、环境等自然属性及保护、利用状况，确定海岛分类保护的原则和可利用的无居民海岛，以及需要重点修复的海岛等。[4]沿海县级人民政府可以组织编制全国海岛保护规划确定

①《中华人民共和国海岛保护法》，2009 年 12 月 26 日通过，第 31 条。
②《无居民海岛使用金征收使用管理办法》。
③《中华人民共和国海岛保护法》，第 8 条。
④《中华人民共和国海岛保护法》，第 9 条。

的可利用无居民海岛的保护和利用规划。[①]经国务院批准,《全国海岛保护规划》于 2012 年 4 月 19 日由国家海洋局正式公布实施,规划期限为 2011—2020 年。该规划是引导全社会保护和合理利用海岛资源的纲领性文件,是从事海岛保护、利用活动的依据。《规划》提出了保护优先、分类管理等原则,明确了海岛分类、分区保护的具体要求,并在组织领导、法制建设、能力建设、公众参与、工程管理和资金保障等方面提出了具体保障措施。[②]为贯彻落实《全国海岛保护规划》,国家海洋局于 2017 年印发实施《全国海岛保护工作"十三五"规划》,引导政府、企业和公众全面参与海岛保护。

海岛管理制度对有居民海岛和无居民海岛实行分类管理。有居民海岛的开发、建设应当遵守有关城乡规划、环境保护、土地管理、海域使用管理、水资源和森林保护等法律、法规的规定,保护海岛及其周边海域生态系统。[③]对于无居民海岛,未经批准利用的无居民海岛,应当维持现状;禁止采石、挖海砂、采伐林木以及进行生产、建设、旅游等活动。从事全国海岛保护规划确定的可利用无居民海岛的开发利用活动,应当遵守可利用无居民海岛保护和利用规划,采取严格的生态保护措施,避免造成海岛及其周边海域生态系统破坏。开发利用无居民海岛,应当向省、自治区、直辖市人民政府海洋主管部门提出申请,并提交项目论证报告、开发利用具体方案等申请文件,由海洋主管部门组织有关部门和专家审查,提出审查意见,报省、自治区、直辖市人民政府审批。无居民海岛的开发利用涉及利用特殊用途海岛,或者确需填海连岛以及其他

[①]《中华人民共和国海岛保护法》,第 12 条。
[②]《全国海岛保护规划》。
[③]《中华人民共和国海岛保护法》,第 23 条。

严重改变海岛自然地形、地貌的，由国务院审批。[①]经批准开发利用无居民海岛的，应当依法缴纳使用金。[②]

近年来，我国全面贯彻新发展理念，不断加大生态保护和修复力度，实施更严格的无居民海岛保护利用政策，对未开发的无居民海岛进行战略"留白"。[③]自然资源部发布的《省级海岸带综合保护与利用规划编制指南（试行）》（2021年）提出，将领海基点所在海岛及领海基点保护范围内海岛、国防用途海岛、自然保护地内海岛及具有珍稀濒危野生动植物、栖息地、重要自然遗迹等特殊保护价值和未开发利用的无居民海岛原则上划入生态保护红线，纳入生态保护区；将生态保护区以外的已开发利用无居民海岛纳入海洋发展区其他无居民海岛纳入生态控制区，限制开发利用。要求沿海省市将全部无居民海岛以清单形式逐岛（岛群）明确海岛功能、管控要求和保护措施。优化利用有居民海岛，划定保护范围，明确保护要求，提出开发利用规模和强度等管控要求。

六、海洋渔业管理制度

中国海岸线漫长，近海拥有以舟山、闽东等52个传统渔场为主的丰富渔业资源。海洋渔业资源利用包括海水养殖、海洋捕捞、远洋捕捞、海洋渔业服务业和海洋水产品加工等。20世纪70年代以来，为遏制渔业资源衰退趋势，促进渔业可持续发展，我国建立了由国家渔业主管部门制定或推行，地方渔业主管部门配合实施或落实的管理机制和一系列管理政策。[④]《中华人民共和国渔业法》是渔业资源管理的基本法，对渔

---

① 《中华人民共和国海岛保护法》，第30条。
② 《中华人民共和国海岛保护法》，第31条。
③ 陆昊. 全面推动建设人与自然和谐共生的现代化[J]. 求是，2022(11).
④ 刘子飞.我国近海捕捞渔业管理政策困境、逻辑与取向[J].生态经济,2018,34(11):47-53.

业养殖、捕捞、增殖和保护做出了详细规定，各省据此制定相应实施办法和管理规定。

我国近海渔业管理制度可主要分为扩大增量和降低产量两类。在扩大增量方面，主要通过海洋生态环境污染养护、改善渔业资源生存环境的技术措施实现，包括建立水质净化与改善标准、海洋牧场建设、水产种质资源保护、渔港建设、增殖放流、伏季休渔等。建设海洋牧场，开展增殖放流是扩大渔业资源增量的主要手段。在减少产量方面，主要通过减船、减人、减少违规或不合理作业方式等措施实现管控渔业捕捞活动，重点包括渔业捕捞许可制度、渔船双控、渔政执法、渔民转产转业、渔船"三证"、网具规定、禁捕休渔等。[①] "十三五"期间，首次实现内陆七大流域、四大海域休禁渔制度全覆盖。压减海洋捕捞渔船超过 4 万艘、总功率 150 万千瓦，创建国家级海洋牧场示范区 136 个，增殖放流各类苗种超过 1500 亿单位。[②]

（一）渔业捕捞许可制度

根据农业农村部制定的《渔业捕捞许可管理规定》，渔业捕捞许可制度指在中国管辖水域从事渔业捕捞活动，以及中国籍渔船在公海从事渔业捕捞活动，应当经审批机关批准并领取渔业捕捞许可证，按照渔业捕捞许可证核定的作业类型、场所、时限、渔具数量和规格、捕捞品种等作业。对已实行捕捞限额管理的品种或水域，应当按照规定的捕捞限额作业。禁止在禁渔区、禁渔期、保护区从事渔业捕捞活动。海洋渔业捕捞许可证的使用期限为五年。[③]

---

① 刘子飞,孙慧武,岳冬冬,等. 中国新时代近海捕捞渔业资源养护政策研究[J]. 中国农业科技导报,2018,20(12):1-8.DOI:10.13304/j.nykjdb.2018.0043.
②《"十四五"全国渔业发展规划》。
③《渔业捕捞许可管理规定》。

（二）海洋渔业资源总量管理制度

我国严格控制海洋捕捞强度，优化捕捞作业结构，实施海洋渔业资源总量管理，根据渔业资源状况控制全国年度海洋捕捞总产量。2020年前的目标为到2020年，国内海洋捕捞总产量减少到1000万吨以内，与2015年相比沿海各省减幅均不得低于23.6%，年度减幅原则上不低于5%。2020年后，根据海洋渔业资源评估情况和渔业生产实际，"十四五"期间，我国海洋渔业资源总量管理制度的目标为将国内海洋捕捞产量控制在1000万吨以内，努力实现海洋捕捞总产量与海洋渔业资源承载能力相协调。

（三）海洋渔船"双控"制度

海洋渔船"双控"制度指通过压减海洋捕捞渔船船数和功率总量，逐步实现海洋捕捞强度与资源可捕量相适应，是坚持渔船投入和渔获产出双向控制中的重要一环。坚持并不断完善海洋渔船"双控"制度，重点压减老旧、木质渔船，特别是双船底拖网、帆张网、三角虎网等作业类型渔船。除淘汰旧船、再建造和更新改造外，禁止新造、进口用于在我国管辖水域进行渔业生产的渔船。[1]《"十四五"全国渔业发展规划》确定的目标是全国海洋捕捞机动渔船数量在"十四五"期间与2020年相比实现负增长。

（四）海洋伏季休渔制度

海洋伏季休渔制度是为保护中国周边海域鱼类等生物资源在夏季繁殖生长而采取的季节性禁捕措施，自1995年全面实施。实施过程中，渔业主管部门根据我国海洋渔业资源状况、保护管理和生态文明建设需要，多次对休渔制度进行调整完善。休渔范围、时间和作业类型不断扩大，

---

[1]《关于进一步加强国内渔船管控 实施海洋渔业资源总量管理的通知》。

目前海洋伏季休渔制度覆盖渤海、黄海、东海及北纬12度以北的南海（含北部湾）海域，休渔时间为三个半月到四个半月。2022年，不同海域的休渔期有所不同，北纬35度以北的渤海和黄海海域为5月1日12时至9月1日12时；北纬35度至26度30分之间的黄海和东海海域为5月1日12时至9月16日12时，该海域的桁杆拖虾、笼壶类、刺网和灯光围（敷）网休渔时间为5月1日12时至8月1日12时；北纬26度30分至北纬12度的东海和南海海域为5月1日12时至8月16日12时。休渔渔船原则上需回所属船籍港休渔。[①]

七、海港和海上交通管理制度

（一）港口岸线使用管理制度

《港口岸线使用审批管理办法》规定，港口岸线的开发利用应当符合港口规划，坚持深水深用、节约高效、合理利用、有序开发的原则。港口岸线分为港口深水岸线和非深水岸线。交通运输部主管全国的港口岸线工作，会同国家发展改革委具体实施对港口深水岸线的使用审批工作。需要使用港口岸线的建设项目，应当在报送项目申请报告或者可行性研究报告前，向港口所在地港口行政管理部门提出港口岸线使用申请。港口岸线使用有效期不超过五十年。超过期限继续使用的，港口岸线使用人应当在期限届满三个月前向原批准机关提出申请。

（二）海上交通安全管理制度

海上交通安全管理主要依据《中华人民共和国海上交通安全法》（以下简称《海上交通安全法》）建立的六项法律制度，主要包括船员管理、货物与旅客运输安全管理、维护海洋权益有关法律、海上搜寻救助、交

---

① 《农业农村部关于调整海洋伏季休渔制度的通告》。

通事故调查处理等制度。2020 年 9 月，为履行相关国际条约规定义务、维护海上客货运输安全，国务院常务会议通过《海上交通安全法（修订草案）》，决定将草案提请全国人大常委会审议。该修订草案在防范海上安全事故、强化海上交通管理、健全搜救和事故调查处理机制等方面做了完善，新增防污染管理制度、船舶保安制度、海上交通资源规划制度、海上无线电通信保障制度、特定的外国籍船舶进出领海报告制度、海上渡口管理制度等。2021 年 9 月 1 日，新修订的《海上交通安全法》正式实施，这是自 1983 年该法案颁布以来的首次全面修订。

在外国籍船舶管理方面，相关法律规定，外国籍非军用船舶，未经主管机关批准，不得进入中华人民共和国的内水和港口。外国籍军用船舶，未经我国政府批准，不得进入我国领海。外国籍船舶进出我国港口或在港内航行、移泊以及靠离港外系泊点、装卸点站等，必须由主管机关指派引航员引航。①

八、海洋资源领域中央与地方财政事权和支出责任

为充分发挥中央和地方两个体制机制的积极性，优化政府间事权和财权划分，形成稳定的与各级政府事权、支出责任和财力相适应的制度，促进自然资源的保护和合理利用，国务院办公厅于 2020 年 6 月印发《自然资源领域中央与地方财政事权和支出责任划分改革方案》（以下简称《方案》）。《方案》从自然资源调查监测、自然资源产权管理、国土空间规划和用途管制、生态保护修复、自然资源安全、自然资源领域灾害防治等方面划分自然资源领域中央与地方财政事权和支出责任。《方案》要求，要将适宜由地方更高一级政府承担的自然资源领域基本公共服务支

---

① 《中华人民共和国海上交通安全法》，1983 年 9 月 2 日通过，2016 年 11 月 7 日修订，第 11 条、第 13 条。

出责任上移，避免基层政府承担过多支出责任。[①]

在自然资源调查监测方面，海域的基础性地质调查，海洋科学调查和勘测等事项，确认为中央财政事权，由中央承担支出责任。海域海岛调查、海洋生态预警监测等事项，确认为中央与地方共同财政事权，由中央与地方共同承担支出责任。

在自然资源产权管理方面，海洋经济发展和运行监测，确认为中央与地方共同财政事权，由中央与地方共同承担支出责任。

在国土空间规划和用途管制方面，各类海域保护线的划定，资源环境承载能力和国土空间开发适宜性评价等事项，确认为中央与地方共同财政事权，由中央与地方共同承担支出责任。

在生态保护修复方面，对生态安全具有重要保障作用、生态受益范围较广的海域海岸带和海岛修复，确认为中央与地方共同财政事权，由中央与地方共同承担支出责任。将生态受益范围地域性较强的海域海岸带和海岛修复、地方各级自然保护地建设与管理，确认为地方财政事权，由地方承担支出责任。

在自然资源安全方面，深远海和极地生态预警监测，中央政府直接行使所有权的海域、无居民海岛保护监管，海洋权益维护，自然资源领域国际合作和履约、公海、国际海底和极地相关国际事务管理等，确认为中央财政事权，由中央承担支出责任。中央政府委托地方政府代理行使所有权的海域、无居民海岛保护监管，确认为中央与地方共同财政事权，由中央与地方共同承担支出责任。

在自然资源领域灾害防治方面，我国管辖海域的海洋观测预报，国家全球海洋立体观测网的建设和运行维护，全球海平面变化及影响评估，

①《自然资源领域中央与地方财政事权和支出责任划分改革方案》。

参与重大海洋灾害应急处置等事项，确认为中央财政事权，由中央承担支出责任。地方行政区域毗邻海域的海洋观测预报、灾害预防、风险评估、隐患排查治理等，其他林业草原防灾减灾等事项，确认为地方财政事权，由地方承担支出责任。

第三节　海洋生态环境保护修复制度

海洋是高质量发展战略要地，保护好海洋生态环境是完整、准确、全面贯彻新发展理念、建设美丽中国和海洋强国的重要任务。海洋生态环境保护修复工作坚持生态优先、以人为本、陆海统筹、公众参与、改革创新、强化法治等原则，建立健全陆海统筹的生态环境治理制度。

一、中央生态环境保护督察制度[①]

为压实生态环境保护责任，推进生态文明建设，建设美丽中国，中央实行生态环境保护督察制度，设立专职督察机构，对省、自治区、直辖市党委和政府、国务院有关部门及有关中央企业等组织开展生态环境保护督察。生态环境保护督察制度的重点是解决突出生态环境问题、改善生态环境质量、推动高质量发展，夯实生态文明建设和生态环境保护政治责任，强化督察问责、形成警示震慑、推进工作落实、实现标本兼治。

中央生态环境保护督察包括例行督察、专项督察和"回头看"等。中央生态环境保护督察实施规划计划管理。原则上在每届党的中央委员会任期内，应当对各省、自治区、直辖市党委和政府，国务院有关部门以及有关中央企业开展例行督察，并根据需要对督察整改情况实施"回头看"；针对突出生态环境问题，视情组织开展专项督察。

在组织机构方面，成立中央生态环境保护督察工作领导小组，负责组织协调推动中央生态环境保护督察工作，组成部门包括中央办公厅、中央组织部、中央宣传部、国务院办公厅、司法部、生态环境部、审计

[①]《中央生态环境保护督察工作规定》。

署和最高人民检察院等。根据中央生态环境保护督察工作安排，经党中央、国务院批准，组建中央生态环境保护督察组，承担具体生态环境保护督察任务。中央生态环境保护督察办公室设在生态环境部，负责中央生态环境保护督察工作领导小组的日常工作，承担中央生态环境保护督察的具体组织实施工作。

二、海洋倾废管理制度

为严格控制向海洋倾倒废弃物，防止污染损害海洋环境，《中华人民共和国海洋倾废管理条例》（1985 年发布，2017 年第 2 次修订）（以下简称《条例》）建立了海洋倾废管理制度。需要向海洋倾倒废弃物的单位，应事先向主管部门提出申请，按规定的格式填报倾倒废弃物申请书，并附报废弃物特性和成分检验单。主管部门在接到申请书之日起两个月内予以审批，对同意倾倒者应发给废弃物倾倒许可证。任何单位和船舶、航空器、平台及其他载运工具，未依法经主管部门批准，不得向海洋倾倒废弃物。《条例》规定，外国的废弃物不得运至中国管辖海域进行倾倒，包括弃置船舶、航空器、平台和其他海上人工构造物。在中国管辖海域以外倾倒废弃物，造成中国管辖海域污染损害的，主管部门可责令其限期治理，支付清除污染费，向受害方赔偿由此所造成的损失。

三、重点海域排污总量控制制度

国家建立并实施重点海域排污总量控制制度，确定主要污染物排海总量控制指标，并对主要污染源分配排放控制数量。建立并实施重点海域排污总量控制制度，是贯彻落实党的十九大关于"实施流域环境和近岸海域综合治理"精神的重要举措，是《中华人民共和国海洋环境保护法》的明确要求，是有效遏制近岸海域环境质量恶化趋势的重要手段。

党和国家高度重视重点海域排污总量控制工作,《中共中央 国务院关于加快推进生态文明建设的意见》明确提出,"严格控制陆源污染物排海总量,建立并实施重点海域排污总量控制制度"。《水污染防治行动计划》要求"研究建立重点海域排污总量控制制度"。

20 世纪 90 年代末以来,国家海洋局先后在宁波象山港、福建九龙江—厦门湾、天津等地开展总量排污控制研究试点,形成了一系列成果和可借鉴可推广的经验。2018 年 1 月,国家海洋局印发《关于率先在渤海等重点海域建立实施排污总量控制制度的意见》,配套印发《重点海域排污总量控制技术指南》,推动排污总量控制制度率先在渤海等污染问题突出、前期工作基础较好以及开展"湾长制"试点的重点海域,逐步在全国沿海全面实施。

在原则上,重点海域排污总量控制制度突出四个方面:一是以质定量。以改善海洋环境质量为核心,通过近岸海域水质考核指标确定污染物总量控制指标。二是以海定陆。根据海洋环境质量改善目标和管理要求确定陆域海域减排控制要求,并进一步将减排控制要求上溯至流域。三是以点率面。率先在渤海等污染问题突出、前期工作基础较好,及开展"湾长制"试点的重点海域建立实施总量控制制度,逐步在全国沿海全面实施。四是政府抓总。以地方政府作为组织实施主体,充分发挥其统一领导、协调各方的积极作用。[①]

四、生态环境监测和评价制度

生态环境监测和评价制度是我国生态环境保护的一项基础性工作,也是推进生态文明建设的重要保障。我国从 20 世纪 70 年代起就开展了

---

① 赵婧. 遏制近海环境恶化的重要举措——海洋局局长详解重点海域排污总量控制 [EB/OL].
(2018-01-04)[2021-09-08]. http://www.gov.cn/xinwen/2018/01/04/content_5253156.htm.

生态环境监测评价工作，但由于长期以来生态环境监测事权主要在地方，各地区监测数据指标不一致、技术力量参差不齐，使得数据的科学性、权威性难以保证，难以适应统筹解决跨区域、跨流域环境问题的新要求。

党的十八大以来，党中央高度重视生态环境监测工作，推出并实施了一系列制度性改革创新，包括推进生态环境监测网络建设、实行省以下环保机构监测监察执法垂直管理制度、提高环境监测数据质量等一批重要改革举措。按照"谁考核、谁监测"的原则，将空气和地表水环境质量监测事权上收至中央，推动将地方生态环境质量监测事权上收至省级。建成了规模庞大的环境监测网络，国家层面形成了由 1400 余个城市环境空气质量自动监测站、2700 余个地表水环境监测断面和 1800 余个水质自动监测站、1500 余个海洋环境监测点位等构成的生态环境监测网络，由国家级监测机构统一组织开展监测和运维；地方层面也积极构建和优化地方监测网络，形成了覆盖所有建制区县的生态环境监测网络；确立了环境空气、地表水、噪声、固定污染源、生态、固体废物、土壤、生物、电磁辐射使用这 9 个环境要素的监测技术路线，建立了覆盖监测评价各个环节和多种手段的监测技术体系，建立和完善了"国家—区域—机构"三级质量控制体系。监测业务产品从单一的环境质量报告书，发展到以例行报告为主干、实时数据为基础、专题报告为特色、预测预防为亮点的业务产品体系。特别是基于监测数据进行的环境质量评价和考核排名，有效督促地方政府履行保护和改善环境质量主体责任，保障了人民群众对环境质量的知情权、参与权和监督权。①

2019 年 10 月，党的十九届四中全会通过的《中共中央关于坚持和完

---

① 共产党员网. 为什么要健全生态环境监测和评价制度?[EB/OL]. [2021-07-02]. https://www.12371.cn/2020/06/02/VIDE1591041304011303.shtml.

善中国特色社会主义制度、推进国家治理体系和治理能力现代化若干重大问题的决定》(以下简称《决定》),要求"健全生态环境监测和评价制度"。落实《决定》关于健全生态环境监测和评价制度的要求,需要紧紧围绕生态文明建设要求,深化生态环境监测评价改革创新。一是统一监测和评价技术标准规范,推进监测评价统一规划布局、统一监督管理,依法明确各方监测事权,建立部门间分工协作、有效配合的工作机制,完善生态环境监测网络。全面完成省以下环保机构监测、监察、执法、垂直管理制度改革。二是适应山水林田湖草统一监管、系统治理的要求,统筹考虑自然生态各要素、陆地海洋及流域上下游,统筹实施覆盖环境质量、城乡各类污染源、生态状况的生态环境监测评价。三是强化监测能力建设,加快构建陆海统筹、天地一体、上下协同、信息共享的生态环境监测网络,完善生态环境监测技术体系,全面提高监测自动化、标准化、信息化水平,推动实现环境质量预报预警,确保监测数据真实、准确、全面。四是在科学监测的基础上,科学评价生态环境质量状况,客观反映污染治理成效,加快推进生态环境评价的指标体系建设和相关规范制定,强化对生态环境污染的成因分析、预测预报和风险评估,使监测评价工作更好地支撑生态环境管理决策、责任考核和依法行政。

05 第五章

中国的海洋管理

海洋管理是社会管理的一个重要领域和组成部分，对维护和拓展国家长远利益、促进海洋资源环境的可持续利用、服务沿海地方发展具有重要作用。海洋管理是一个动态过程，其内涵和外延不断扩展[1]，理论和方法随着海洋实践的发展而不断充实。海洋管理是以政府为主体的公共组织为保证国家对其管辖海域的海域空间、资源和环境的控制、保护和利用，建立和维护正常的海洋秩序，规范在这些海域内活动的所有个人和组织的行为，依据有关法规所进行的调查、研究、计划、组织、协调和控制等活动。海洋管理的目的是建立和维护正常的海洋秩序，避免和减少海洋开发过程中的各种矛盾和冲突，可持续利用海洋资源，保护海洋环境。海洋管理的主体是国家有关行政机关，同时，各类社会团体、组织和公众对于海洋管理的有效参与也发挥重要作用。

《国民经济和社会发展第十四个五年规划和2035年远景目标纲要》为中国海洋事业擘画了蓝图，勾画"坚持陆海统筹，加快建设海洋强国"的主要路径，明确海洋管理的主要任务。自然资源部等涉海管理部门、沿海地方和社会各界深入贯彻落实习近平总书记关于完整、准确、全面贯彻新发展理念的重要讲话精神，牢牢把握自然资源工作支撑保障高质量发展的实践取向，加快形成节约资源和保护环境的空间格局，全面推进海洋资源节约集约利用，加强海岸线保护与利用管理，加强海洋生态保护修复，海洋管理工作取得新成效，管海用海水平不断提升。

一、国家海洋管理主要进展

围绕"十四五"规划所确定的重点任务，相关部门和地方多措并举促进海洋经济高质量发展，加强海岸带综合管理与滨海湿地保护修复，积

---

[1] 李文睿.当代海洋管理与中国海洋管理史研究[J].中国社会经济史研究,2007(04):91-96.

极推动海洋在气候治理中发挥更大作用。推进海水淡化规模化利用，发展可持续远洋渔业，完善海洋新兴产业公共服务平台，积极做好海洋公共服务；严格围填海管控，坚持"早发现、早制止、严查处"的监管原则，制定实施鼓励和支持社会资本参与生态保护修复的政策；完善提升海运安全基础性法规，加强商渔船安全管理；加快探索蓝碳交易机制，启动国内首个二氧化碳捕获与封存全流程工程，并开展滨海生态系统碳储量试点调查。

（一）海洋经济高质量发展

在新的历史时期，中国海洋经济管理遵循的原则为立足新发展阶段，贯彻新发展理念，构建新发展格局，推动高质量发展，优化海洋经济空间布局，加快构建现代海洋产业体系。自然资源部等涉海部门科学统筹疫情防控和海洋经济发展，在加强产业发展规划、建设公益性产业服务和科技支撑平台等方面，采取多种措施推动海洋经济复苏，促进我国海洋新兴产业持续快速恢复。

1. 规划"十四五"海洋经济高质量发展

2021 年 12 月，国家发展改革委、自然资源部报送的《"十四五"海洋经济发展规划》（以下简称《规划》）获得国务院批复。根据"批复"精神，《规划》实施要立足新发展阶段，完整、准确、全面贯彻新发展理念，构建新发展格局，推动高质量发展，以深化供给侧结构性改革为主线，以改革创新为根本动力，以满足人民日益增长的美好生活需要为根本目的，坚持系统观念，更好统筹发展和安全，优化海洋经济空间布局，加快构建现代海洋产业体系，着力提升海洋科技自主创新能力，协调推进海洋资源保护与开发，维护和拓展国家海洋权益，畅通陆海连接，增强海上实力，走依海富国、以海强国、人海和谐、合作共赢的发展道路，加快建设中国特色海洋强国。

2.规划"十四五"期间海水淡化利用发展

发展海水淡化利用是增加水资源供给、优化供水结构的重要手段，对我国沿海地区及离岸海岛缓解水资源瓶颈制约、保障经济社会可持续发展具有重要意义。为促进海水淡化产业高质量发展、可持续发展，推进海水淡化规模化利用，2021年5月，国家发展改革委、自然资源部联合印发《海水淡化利用发展行动计划（2021—2025年）》（以下简称《计划》）。该《计划》要求提高海水淡化产业链供应链水平，建设重大工程，完善配套设施，强化激励措施，开展试点示范，促进我国沿海地区经济社会实现高质量发展。《计划》提出到2025年，全国海水淡化总规模达到290万吨/日以上，新增海水淡化规模125万吨/日以上，其中沿海城市新增海水淡化规模105万吨/日以上，海岛地区新增海水淡化规模20万吨/日以上。《计划》提出了提升科技创新和产业化水平、完善政策标准体系等主要任务。

3.推进国家海洋综合试验场体系建设

国家海洋综合试验场是公益性产业服务和科技支撑平台，是我国海洋科技创新、产业发展和业务体系建设与运行的重要试验平台，是推动我国海洋经济高质量发展的重要支撑力量。按照"北东南""浅海+深远海"的布局，自然资源部系统推进国家海洋综合试验场体系建设，目前已规划威海、舟山、珠海和"深海"四个国家海洋综合试验场。2021年9月24日，自然资源部与山东省政府签署《自然资源部 山东省人民政府共建国家海洋综合试验场（威海）协议》。国家海洋综合试验场（威海）是自然资源部与地方共建的首个国家海洋综合试验场，对于推动海洋科技创新、产业发展和业务体系建设与运行具有重要示范意义。①

（二）海岸带保护利用

滨海湿地具有重要生态功能，是近海生物重要栖息繁殖地和鸟类迁徙中转站。海岸带保护利用的原则是坚持生态优先、绿色发展，坚持最严格的生态环境保护制度，切实转变"向海索地"的工作思路，统筹陆海国土空间开发保护，实现海洋资源严格保护、有效修复、集约利用。②

1.严格管控围填海

2016 年以来，国务院及相关部委出台了《湿地保护修复制度方案》《围填海管控办法》《海岸线保护与利用管理办法》《关于加强滨海湿地管理与保护工作的指导意见》《关于进一步加强渤海生态环境保护工作的意见》等政策文件。采取的主要措施包括：密集出台政策，完善严管严控的制度体系；率先在海洋领域推行生态保护红线制度；实施区域限批，对围填海项目实行有保有压；坚持"生态优先，节约优先"，严格围填海项目论证、环评审查；约谈地方政府负责人，强化压力传导；建立实施海洋督察制度。据统计近年来，全国围填海总量下降趋势明显。2013 年全国围填海面积达到 15413 公顷，随后逐年下降，年均下降 22%。2017 年围填海面积 5779 公顷，比 2013 年减少 63%。2013—2017 这五年与 2013 年前五年相比，全国填海面积降幅近 42%。③

为进一步加强滨海湿地保护，严格管控围填海活动，国务院于 2018 年 7 月发布《国务院关于加强滨海湿地保护　严格管控围填海的通知》（以下简称《通知》）。该《通知》强调要牢固树立"绿水青山就是金山银

---

① 王晶. 自然资源部与山东省共建国家海洋综合试验场（威海）[N]. 中国自然资源报, 2021-09-28.

②《国务院关于加强滨海湿地保护严格管控围填海的通知》。

③ 孙安然. 国家海洋局出台"史上最严"措施管控围填海 [N]. 中国海洋报, 2018-01-18(01B).

山"的理念，切实转变"向海索地"的工作思路，实现海洋资源严格保护、有效修复、集约利用。《通知》明确"除国家重大战略项目外，全面停止新增围填海项目审批"；加快处理围填海历史遗留问题，全面开展现状调查并制定处理方案，依法处置违法违规围填海项目；加强海洋生态保护修复，严守生态保护红线，加强滨海湿地保护，强化整治修复；建立长效机制，健全调查监测体系，加强围填海监督检查。党的十九届四中全会明确，除国家重大项目外，全面禁止围填海。2020 年 5 月，国家发展改革委印发《关于明确涉及围填海的国家重大项目范围的通知》（发改投资〔2020〕740 号），进一步明确涉及新增围填海的国家重大项目范围。国家"十四五"规划要求，"严格围填海管控，加强海岸带综合管理与滨海湿地保护"，将自然岸线保有率控制在 35% 以上。

2.推动省级海岸带综合保护与利用规划编制

省级海岸带规划是对全国海岸带规划的落实，是对省级国土空间总体规划的补充与细化，对于统筹安排海岸带保护与开发活动，有效传导上位总体规划具有重要意义。为贯彻落实《关于建立国土空间规划体系并监督实施的若干意见》，有序推进与规范省级海岸带综合保护与利用规划编制，2021 年 7 月，自然资源部研究制定《省级海岸带综合保护与利用规划编制指南（试行）》。该《指南》明确了海岸带规划是国土空间规划的专项规划，是陆海统筹的专门安排，是海岸带高质量发展的空间蓝图。《指南》强调生态优先、陆海统筹、科学管控、以人为本等省级海岸带规划的编制原则，规定了总体要求、基础分析、战略和目标、规划分区、资源分类管控、生态环境保护修复、高质量发展引导以及保障机制等重点内容。

2021 年 9 月，自然资源部发布通知，部署开展省级海岸带综合保护与利用规划编制。省级海岸带规划编制要坚持生态优先，以海岸带资源环境承载能力为基础，统筹生态生产生活空间布局，妥善处理当前和长远、保护和开发的关系，严格落实生态保护红线制度，加强生态安全保护。要落实陆海统筹，准确把握海岸带生态系统整体性与开发利用活动关联性，统筹协调陆海功能分区，以政策引导和用途管制为手段。要注重继承优化，落实主体功能区战略和三条控制线，继承原海洋功能区划和海岛保护规划，基于国土空间规划分区和用地用海分类等要求，划定海洋功能区，明确管控要求。要因地制宜划定海岸建筑退缩线，统筹海岸带开发利用活动，提高空间利用效率，把握开发时序，严格用地用海标准，控制用地用海规模。①

（三）海域海岛保护利用

根据《海域使用管理法》（2001 年 10 月）和《海岛保护法》（2009 年 12 月），中国的海域和无居民海岛属国家所有，国务院代表国家行使海域所有权。《海域使用管理法》所规定的"海域"是指中国的内水、领海的水面、水体、海床和底土。单位和个人使用海域，必须依法取得海域使用权。海域使用管理主要遵循科学、统筹、可持续、安全的原则，即按照海域的区位、自然资源和自然环境等自然属性，科学确定海域功能；根据经济和社会发展的需要，统筹安排各有关行业用海；保护和改善生态环境，保障海域可持续利用，促进海洋经济的发展；保障海上交通安全；保障国防安全，保证军事用海需要。②海岛管理遵循科学规划、保护优先、合理开发、永续利用的原则。③近年来，国家实施更为严格的无

①《自然资源部办公厅关于开展省级海岸带综合保护与利用规划编制工作的通知》。
②《海域使用管理法》，2001 年 10 月 27 日通过，第 2—4 条、第 11 条。
③《中华人民共和国海岛保护法》，2009 年 12 月 26 日通过，第 3 条。

居民海岛保护，已开发的无居民海岛实行严格的监管，未开发的作为战略"留白"并纳入生态保护红线，严格管控新增用岛。加强对无居民海岛资源管理和生态环境保护的技术支撑，公布钓鱼岛及其附属岛屿地形地貌调查报告。

1.持续加强违法填海用海监管

自然资源部督促指导各级自然资源主管部门落实监管责任，完善工作机制，强化监管工作，及时发现违法用海用岛行为，依法依规处置，坚决防止违法用海活动。各级自然资源主管部门继续坚持"早发现、早制止、严查处"，综合运用多种监管手段开展高频率监管工作，及时发现并制止违法用海用岛的苗头倾向，移交涉嫌违法案件，持续以高压态势震慑违法用海用岛行为。2021年全国范围内未出现大规模违法用海用岛现象，全年发现并制止涉嫌违法围填海19处，涉及海域面积约10.25公顷；发现并制止涉嫌违法构筑物用海98处，涉及海域面积约29.86公顷；发现并制止涉嫌违法用岛22处，面积约5.47公顷。[①]

2.公布钓鱼岛及其附属岛屿地形地貌调查报告

2021年4月26日，自然资源部发布《钓鱼岛及其附属岛屿地形地貌调查报告》。有关部门通过梳理历史调查成果并开展专题调查研究，获得钓鱼岛及其附属岛屿的高分辨率海岛地形数据（包括岛陆与30米以浅区域），编制最新大比例尺海岛地形地貌专题图。该报告通过系统梳理历史长期调查数据，并结合最新高分辨率卫星遥感调查成果，进一步补充完善了钓鱼岛及其附属岛屿的基础地理数据体系，对钓鱼岛资源管理与生态环境保护具有重要支撑作用。

---

① 自然资源部. 自然资源部公开通报2021年第四季度涉嫌违法用海用岛情况[EB/OL]. (2022-02-10)[2022-03-07]. http://www.mnr.gov.cn/dt/ywbb/202202/t20220210_2728397.html.

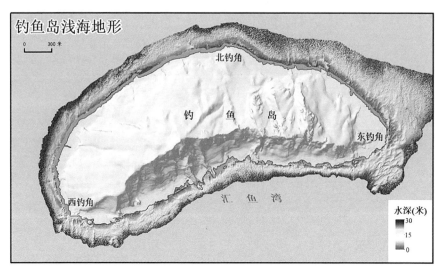

图 5-1 钓鱼岛浅海地形图

（图片来源：自然资源部：《钓鱼岛及其附属岛屿地形地貌调查报告》，2021年4月26
日发布）

3.规范海域使用论证材料编制

为规范海域使用论证工作，保证海域使用的科学性，提高海域使用
论证质量，根据《海域使用管理法》及相关法规，自然资源部于2021年
1月发布通知，规范海域使用论证材料编制。该通知明确要求，海域使
用论证工作应当在详细了解和勘查项目所在区域海洋资源生态、开发利
用现状和权属状况的基础上，依据生态优先、节约集约原则，科学客观
地分析论证项目用海的必要性、选址与规模的合理性、对海洋资源和生
态的影响范围与程度、规划符合性和利益相关者的协调性等，提出项目
生态用海对策，并给出明确的用海论证结论。自然资源部负责对全国海
域使用论证工作实施监督管理。①

___

① 《自然资源部关于规范海域使用论证材料编制的通知》。

（四）海洋渔业管理

海洋渔业是海洋经济的重要组成部分，对保障国家粮食安全、服务生态文明建设和政治外交大局等具有重要作用。2022年，中国海水产品产量达到3459.53万吨，同比增长2.13%，其中，海洋渔业国内捕捞产量为950.85万吨，海水养殖产量为2275.7万吨，远洋渔业产量为232.98万吨。国内海水养殖与捕捞的比值为71∶29。[①]我国渔业管理以数质并重、创新驱动、绿色发展、开放共赢、保障安全等为基本原则。坚持数量质量并重，把保障水产品供给作为渔业发展第一要务；坚持创新驱动，把科技创新作为战略支撑，着力突破关键技术，研发核心装备，健全科研体系，强化技术服务，以创新引领渔业高质量发展；坚持绿色发展，发挥渔业在生态系统治理中的特有功能，养护水生生物资源，改善水域生态环境；坚持开放共赢，统筹利用国际国内两个市场、两种资源，高质量发展远洋渔业，加强水产养殖业对外合作交流，积极参与全球渔业治理；坚持统筹发展和安全，完善渔业法律法规体系，提升渔船渔港本质安全水平。[②]近年来，全国渔业渔政系统持续推进海洋渔业高质量发展，控制近海捕捞强度，调整完善海洋伏季休渔制度，加强海洋哺乳动物保护管理，正式实施公海自主休渔。

1.调整完善海洋伏季休渔制度

海洋伏季休渔是为保护中国周边海域鱼类等资源在夏季繁殖生长而采取的措施，是有效养护和合理利用海洋渔业资源、促进海洋渔业可持续发展的一项重要制度，自1995年开始实施。2021年，为进一步加强海洋渔业资源保护，促进生态文明和美丽中国建设，农业农村部根据

---

① 《2022年全国渔业经济统计公报》。
② 《"十四五"全国渔业发展规划》。

"总体稳定、局部统一、减少矛盾、便于管理"的原则，调整完善海洋伏季休渔制度，新增"禁止渔船跨海区界限作业"规定，延长除小型张网以外的定置作业渔船休渔时间。休渔海域涵盖渤海、黄海、东海及北纬12度以北的南海（含北部湾）相关海域，涉及除钓具外的所有作业类型，以及为捕捞渔船配套服务的捕捞辅助船。①

2.加强海洋哺乳动物保护管理

鲸豚类等海洋哺乳动物是海洋生态系统的重要组成，也是水生野生动物保护的主要物种和海洋生态环境状况的指示性物种。为进一步加强海洋哺乳动物保护，促进生态文明和美丽中国建设，农业农村部于2021年7月发布通知，加强海洋哺乳动物保护管理工作。通知要求各级渔业主管部门，加强海洋哺乳动物的保护和科学研究，摸清海洋哺乳动物及其栖息地状况；强化渔船渔港监管措施，减少近海捕捞业对海洋哺乳动物的伤害；实行区域渔业组织养护管理措施，强化公海海洋哺乳动物保护；加强对水产养殖的监督指导，减少对海洋哺乳动物的影响；扩大国际交流与合作，加强进出口水产品监管。②

3.我国正式实施公海自主休渔

自2021年起，我国在西南大西洋、东太平洋部分公海海域正式实施公海自主休渔措施。自主休渔期间，所有中国籍鱿鱼捕捞渔船均应停止捕捞作业，以养护公海鱿鱼资源。实施公海自主休渔的海域和时间具体为：7月1日至9月30日，在32°S至44°S、48°W至60°W之间，有关国家专属经济区外的西南大西洋公海海域；9月1日至11月30日，在5°N至5°S、110°W至95°W之间的东太平洋公海海域。实施公海自主

---

① 《农业农村部关于调整海洋伏季休渔制度的通告》。
② 《农业农村部办公厅关于加强海洋哺乳动物保护管理工作的通知》。

休渔措施，是针对尚无国际组织管理的部分公海区域采取的渔业管理创新举措。2020年，我国在西南大西洋、东太平洋等我国远洋渔船集中作业的重点渔场试行公海自主休渔措施，这对于恢复渔业资源有着积极成效。[①]

（五）海洋生态保护修复

生态保护修复是一项整体性、系统性、长期性的工作。自然资源部等部门深入贯彻落实习近平生态文明思想，坚持节约优先、保护优先、自然恢复为主的方针，认真履行国土空间生态保护修复职责，积极开展生态修复规划编制、海洋生态修复等工作，持续完善生态修复政策制度，研究制定技术标准规范，增强生态保护修复的科学性、系统性和实效性，提升生态系统质量及其稳定性。完善生态保护修复的市场化投入机制，鼓励和支持社会资本参与海洋生态保护修复。

1.鼓励和支持社会资本参与生态保护修复

为进一步促进社会资本参与生态保护和修复，国务院办公厅发布《关于鼓励和支持社会资本参与生态保护修复的意见》（2021年10月25日，以下简称《意见》），明确提出坚持政府主导、市场运作等原则，完善参与机制和支持政策，构建"谁修复、谁受益"的生态保护修复市场机制。《意见》明确了政府和市场在生态保护和修复方面的作用，政府部门将主要发挥规划管控、政策扶持、监管服务、风险防范等作用，统一市场准入，规范市场秩序，建立公开透明的市场规则，为社会资本营造公平公正公开的投资环境，构建持续回报和合理退出机制，实现社会资本进得去、退得出、有收益。海洋生态保护修复是该《意见》确定的六大重点领域之一，包括：针对海洋生境退化、外来物种入侵等问题，实施退

---

① 《农业农村部关于加强公海鱿鱼资源养护促进我国远洋渔业可持续发展的通知》。

围还滩还海、岸线岸滩整治修复、入海口海湾综合治理、海岸带重要生态廊道维护、水生生物资源增殖、栖息地保护等。探索在不改变海岛自然资源、自然景观和历史人文遗迹的前提下，对生态受损的无居民海岛开展生态保护修复，允许适度生态化利用。

2.建立健全海洋生态预警监测体系

海洋生态预警监测是自然资源调查监测体系的重要组成部分，是自然资源管理的基础支撑和管理手段。为贯彻党中央、国务院决策部署，系统科学推进海洋生态保护工作，提升生态系统质量和稳定性，自然资源部于2021年下半年印发通知，明确提出我国将构建以近岸海域为重点、覆盖我国管辖海域、辐射极地和深海重点关注区的业务化生态预警监测体系。该通知要求实施业务化海洋生态调查、监测、评估、预警，逐步掌握全国海洋生态家底，分析评估受损状况及变化趋势，预警生态问题与潜在风险，提出保护措施建议，清楚掌握海洋生态系统的分布格局、典型生态系统的现状与演变趋势、重大生态问题和风险。有关部门将开展近海生态趋势性监测、典型生态系统监测、强化海洋生态灾害预警监测等八项任务。①

3.构建生态修复技术标准体系

2021年7月，为提高海洋生态修复工作的科学化、规范化水平，提升海洋生态系统的质量和稳定性，自然资源部生态修复司编制印发《海洋生态修复技术指南（试行）》（以下简称《指南》）。《指南》围绕红树林、盐沼、海草床、海藻场、珊瑚礁、牡蛎礁等典型生态系统及岸滩、海湾、河口、海岛等综合生态系统，针对生态修复工作中的生态调查、退化问

---

① 赵宁. 自然资源部办公厅发出通知提出建立健全海洋生态预警监测体系 [N]. 自然资源报，2021-08-06.

题诊断、修复目标确定、修复措施选择、跟踪监测与效果评估等关键环节提出技术要求，规定了海洋生态修复的原则和工作流程。《指南》的发布实施有助于强化生态保护修复工程管理，切实提高重大工程的科学性、系统性和实效性。

4.加强赤潮灾害应急管理

2021年7月，为适应赤潮灾害应急管理新形势，进一步提高应对工作及时性和有效性，切实履行赤潮灾害监测预警职责，自然资源部发布新修订版《赤潮灾害应急预案》（以下简称《预案》）。《预案》包含总则、组织体系与职责、应急响应启动标准、应急响应程序、信息公开、应急保障、预案管理及附录八部分内容，适用于各级自然资源（海洋）主管部门组织开展的赤潮灾害监测、预警和灾害调查评估等工作。大型藻类大规模灾害性暴发的应急响应可参照该预案执行。《预案》提出，赤潮灾害监测、预警和灾害调查评估工作坚持统一领导、综合协调、分级负责、属地为主的组织管理原则。自然资源部负责全国赤潮灾害监测、预警和调查评估的组织协调和监督指导；自然资源部各海区局承担近岸海域以外赤潮灾害监测、预警和调查评估的第一责任；沿海各省级自然资源（海洋）主管部门承担本行政区近岸海域赤潮灾害监测、预警和调查评估的第一责任。

（六）海洋交通安全管理

我国约95%的对外贸易运输量通过海运完成，我国船东拥有的船队规模达到2.492亿总吨，从总吨上成为世界最大船东国，是世界海运发展的主要推动力量。2021年，我国新修订的《中华人民共和国海上交通安全法》（以下简称《海安法》）及其配套规章生效，海运安全基础性法律得到完善提升。国家有关部门统筹发展和保障安全，遏制重大商渔船碰撞事故发生。

1.完善海运安全基础性法律

海上交通安全直接关系国际物流供应链的畅通，是影响海运业高质量发展的重要因素。《海安法》是我国海运领域的基础性法律，确立了海上交通安全管理的基本制度。2021 年 9 月 1 日，新修订的《海安法》正式施行，这是该法案自 1983 年颁布以来的首次全面修订。新《海安法》共 10 章 122 条，重点从事前制度防范、事中事后加强监管、强化应急处置等方面完善制度设计，主要修订内容涉及优化海上交通条件、规范海上交通行为、严控行政许可事项、完善海上搜救机制等方面，并强化了责任追究，还从船舶登记、船舶检验、航行安全、船员保障、防治污染等方面全面、系统履行我国缔结或加入的国际海事公约义务。新修订的《海事行政许可条件规定》《海上海事行政处罚规定》《水上交通事故统计办法》《水上水下活动通航安全管理规定》《船舶引航管理规定》5 个配套规章与该法同步施行。新《海安法》的实施，对提升海上安全保障能力、保障资源通道安全、维护国家海洋权益、促进国民经济发展具有重要意义。

2.加强商渔船安全管理

为统筹发展和保障安全，遏制重大商渔船碰撞事故，根据《国务院安全生产委员会关于加强水上运输和渔业船舶安全风险防控工作的意见》，交通运输部、农业农村部自 2021 年起每年联合开展"商渔共治"专项行动。在专项行动中，两部门以"强化部门合作、商渔共商共治、遏制重大事故、构建长效机制"为导向，狠抓商渔船舶安全管理责任落实，防范化解水上运输和渔业船舶安全风险，遏制重大事故发生。交通运输部海事局、农业农村部渔业渔政管理局成立联合指挥部，指导开展商渔船防碰撞专题培训、警示警醒教育、商渔船船长"面对面"等活动，并全面推广应用《中国沿海航行船舶防范商渔船碰撞安全指引》。同时，聚焦商渔船安全，开展联合执法行动，严查各类违法违规行为。推动海上安全信息商议编制和播发，推进航路与渔区界限划定等工作。

（七）海洋促进碳达峰碳中和

实现碳达峰、碳中和，是以习近平总书记为核心的党中央统筹国内国际两个大局做出的重大战略决策。在气候治理政策体系构建中，海洋对于实现碳减排目标的重要作用得到充分重视。2021年9月22日，中共中央、国务院发布《关于完整准确全面贯彻新发展理念做好碳达峰碳中和工作的意见》，提出大力发展风能和海洋能等非化石能源；大力发展多式联运，提高铁路、水路在综合运输中的承运比重；稳定现有森林、草原、湿地、海洋、土壤、冻土、岩溶等固碳作用；整体推进海洋生态系统保护和修复，提升红树林、海草床、盐沼等固碳能力。

1.加快探索蓝碳交易机制

蓝碳指固定在红树林、盐沼和海草床等海洋生态系统中的碳。海洋储存了地球上约93%的二氧化碳，每年可清除30%以上排放到大气中的二氧化碳，是地球上最大的碳库。保护蓝碳生态系统、发展蓝碳事业对于提高我国生态系统碳汇能力、助力碳达峰和碳中和意义重大。2021年6月8日，自然资源部第三海洋研究所、广东湛江红树林国家级自然保护区管理局和北京市企业家环保基金会三方联合签署"广东湛江红树林造林项目"碳减排量转让协议，标志着中国首个"蓝碳"项目碳汇交易正式完成。北京市企业家环保基金会购买了该项目签发的首笔5880吨二氧化碳减排量，用于中和机构开展各项环保活动的碳排放。项目通过市场机制开展蓝碳碳汇交易，是实现蓝碳生态价值的积极尝试，对吸引社会资金投入蓝碳生态系统保护修复、推动海洋碳汇经济发展、实现碳中和等具有示范意义。2023 年 1 月，自然资源部制订实施《海洋碳汇核算方法》(HY/T 0349—2022)，规定了海洋碳汇核算工作的流程、内容、方法及技术等要求，确保海洋碳汇核算工作有标可依。

2.启动国内首个二氧化碳捕获与封存全流程工程

2021 年 8 月 28 日，我国首个海上二氧化碳封存示范工程在珠江口盆地启动，预计每年可封存二氧化碳约 30 万吨。该海上二氧化碳封存项目距深圳东南约 200 千米，所在海域平均水深 80 多米，是恩平 15-1 油田群开发的环保配套项目。恩平 15-1 油田群是我国南海首个高含二氧化碳的油田群。项目通过将油田群开发过程中伴生的二氧化碳进行捕集、处理后，再回注到海底地层中进行封存，实现二氧化碳的零排放和海上油田的绿色低碳开发。该工程采用中国海油研发的海上平台二氧化碳捕集、处理、注入、封存和监测的全套技术和装备体系，开拓了我国二氧化碳封存的新产业和新业态，对海上油气田的绿色开发具有重要示范意义。①

3.开展滨海生态系统碳储量试点调查

海草床生态系统是海岸带蓝碳的重要组成部分，淤泥质海滩的碳储量也受到关注。当前，我国海草床生态系统、淤泥质海滩碳储量的有关研究均处于探索阶段。2021 年 8 月，由南海局组织、南海环境监测中心牵头实施的海草床生态系统碳储量调查与评估试点调查，在海南省陵水黎族自治县的黎安港展开。此次试点调查旨在摸清黎安港海草床生态系统生态状况，掌握该区域海草床生态系统碳储量本底，评估碳平衡调控

---

① 央视新闻客户端. 我国首个二氧化碳捕获与封存全流程工程启动 [EB/OL]. (2021-08-28)[2022-03-29]. http://m.news.cctv.com/2021/08/28/ARTILzb0wYDxlvpynBk6VRU6210828.shtml.

潜力，并对相关技术规程进行进一步验证和完善。此外，自然资源部第二海洋研究所组织实施了淤泥质海滩生态系统碳储量试点调查，旨在了解淤泥质海滩生态系统碳储量本底情况和潜力。试点调查位于浙江省温岭市隘顽湾沿海滩涂。试点调查团队使用最新研制的无扰动柱状沉积物取样器，采集了 1 米深的完整沉积物柱样，用于分析有机碳含量。

二、地方海洋管理主要进展

沿海地方布局"十四五"海洋事业发展，丰富并完善涉海规划体系，并在推动海洋经济高质量发展、海域海岸带保护利用、海洋渔业可持续发展、海洋生态环境保护修复、海洋促进碳达峰碳中和等领域取得重要进展。

（一）海洋经济高质量发展

为推动海洋经济高质量发展，沿海地方加强海洋经济在省市区各级"十四五"规划中的布局和引导，并着力促进海上风电有序开发，推动海洋药物与生物制品产业发展，健全海砂管理长效机制。

1.布局"十四五"海洋经济高质量发展

2021 年，我国沿海地区相继发布省市区各级"十四五"规划和 2035 年远景目标纲要，提出积极推动海洋传统产业转型升级，构建现代海洋产业体系，促进海洋经济高质量发展，大力推动科技创新，增强海洋经济新动能。随着科学技术的发展，科技在海洋经济发展中的创新引领作用日益凸显。天津、山东、福建、广东等地明确提出，要不断提升海洋科技创新能力，发挥海洋科技领先优势，积聚壮大海洋经济新动能；科学合理地开发利用海洋资源，实现经济可持续发展。山东、上海、浙江、广东、广西、海南等地提出，要加强海洋资源综合开发利用，提升海洋资源综合管理水平，探索生态环境损害赔偿制度；推动传统海洋产业转型升级，培育壮大新兴产业。"十四五"时期，加快传统海洋产业提质增效，培育壮大海洋新兴产业，推进海洋经济高质量发展，成为沿海各地的一项重要任务。①

2.规划沿海经济带高质量发展

2021年9月，《辽宁沿海经济带高质量发展规划》（以下简称《规划》）获国务院批复。批复要求，《规划》实施要以推动高质量发展为主题，以深化供给侧结构性改革为主线，以改革创新为根本动力，以绿色低碳发展为引领，统筹发展和安全，聚焦新旧动能转换，做好改造升级"老字号"、深度开发"原字号"、培育壮大"新字号"三篇大文章，大力发展海洋经济，加快发展现代产业体系，完善区域协调发展机制，全面推进更高水平对外开放，积极参与东北亚经济循环，在国际经贸合作中增强竞争力，以辽宁沿海经济带高质量发展推动东北振兴取得新突破。批复要求，辽宁省人民政府要加强对《规划》实施的组织领导，建立健全沿海各市高质量发展协作机制；国务院有关部门要按照职责分工，加强对辽宁沿海经济带高质量发展的支持和指导，在有关规划编制、体制创新、政策实施、资金项目安排等方面给予积极支持。

3.促进海上风电有序开发

为促进海上风电项目有序开发和相关产业可持续发展，2021年6月，广东印发实施《促进海上风电有序开发和相关产业可持续发展的实施方案》。该《实施方案》明确了发展思路和目标、实施内容和保障措施，提出将加快推进在建海上风电项目建设，争取更多项目在2021年底前全容量并网；对无法享受国家补贴的省管海域项目予以适当财政补贴，并积极推进平价开发；进一步强化省级统筹，促进海上风电持续高效安全开

---

① 刘斐. 共促海洋经济高质量发展[N]. 中国自然资源报, 2021-06-11.

发利用。

4.推动海洋药物与生物制品产业发展

2021 年，福建制定实施《福建省推进海洋药物与生物制品产业发展工作方案（2021—2023 年）》，从总体思路、重点任务、保障措施等方面，提出推进福建省海洋药物与生物制品产业发展的工作思路和举措。该方案提出福建省海洋药物与生物制品产业发展的主要目标是：到 2023 年，建设 2—3 个国内领先的"蓝色药库"载体平台；布局发展 1—2 条特色鲜明的产业链；各细分领域打造一批"专精特新"企业，形成一批富有竞争力的产品，力争实现产值 160 亿元，年均增长 10% 以上。[①]

5.健全海砂管理长效机制

为持续深化打击非法开采运输销售使用海砂专项整治工作，健全海砂管理长效机制，2021 年，广西印发《关于深入开展打击非法开采运输销售使用海砂专项整治工作的通知》（以下简称《通知》）。《通知》要求，北海、防城港、钦州市沿海三市政府应切实担负属地管理责任和主体责任，成立专项整治联合指挥部，实行联防联控管理，统一指挥、相互协作，形成跨行政区域联合执法新机制。《通知》强调，要严厉查处非法销售、使用海砂和其他损害海洋生态环境的行为；要坚持生态优先、保护优先原则，在保护生态环境前提下合理开发利用砂石资源。以市场需求为导向，依法适当出让海砂采矿权，妥善处置工程疏浚海砂，促进海砂资源保护、合理利用及海洋生态环境的可持续发展。[②]

（二）海域海岸带保护利用

各沿海地区积极协调海域海岸带保护与利用，推进解决围填海历史

---

① 李文平.福建出台政策推进海洋药物与生物制品产业发展 [N]. 中国自然资源报，2021-09-14.
② 范雁阳，史文超.广西健全海砂管理长效机制 [N]. 中国自然资源报，2021-07-07.

遗留问题，试行海岸线占补制度，推动岸线占用与修复补偿平衡，管理海上风电开发建设活动。

1.推进处理围填海历史遗留问题

为加快处理围填海历史遗留问题，促进海洋经济高质量发展，2021年9月，浙江制定实施《浙江省人民政府办公厅关于加快处理围填海历史遗留问题的若干意见》。该项政策提出，到2025年基本实现围填海历史遗留问题区域资源保护修复和集约高效利用，推进沿海区域空间重构、项目重组、设施再延、生态复建，形成一系列标志性成果。该意见制定了涉及空间规划、产业布局、引导激励、财政金融、营商环境、资源保护等六方面12条具体意见。

2.试行海岸线占补制度

2021年7月2日，广东省自然资源厅印发实施《海岸线占补实施办法（试行）》。根据该试行办法，海岸线占补是指项目建设占用海岸线导致岸线原有形态或生态功能发生变化，要进行岸线整治修复，形成生态恢复岸线，实现岸线占用与修复补偿相平衡。具体占补要求为：大陆自然岸线保有率低于或等于国家下达广东省管控目标的地级以上市，建设占用海岸线的，按照占用大陆自然岸线1∶1.5、占用大陆人工岸线1∶0.8的比例整治修复大陆海岸线；大陆自然岸线保有率高于国家下达广东省管控目标的地级以上市，按照占用大陆自然岸线1∶1的比例整治修复海岸线，占用大陆人工岸线按照依法批准的生态修复方案、生态保护修复措施及实施计划实施海岸线生态修复工程；建设占用海岛岸线的，按照1∶1的比例整治修复海岸线，并优先修复海岛岸线。海岸线占补可采取项目就地修复占补、本地市修复占补和购买海岸线指标占补等多种方式。

（三）海洋渔业管理

近年来，我国沿海省市大力推动深远海养殖，促进远洋渔业发展，加强对渔业船舶的管理，专项整治沿海"三无"船舶。在政府、企业和科研院所的共同推动下，我国深远海养殖取得阶段性成果，不断向规模化、生态化、智能化和工程化方向迈进。福建推出八条措施促进远洋渔业发展，江苏开展沿海"三无"船舶专项整治集中行动。

1.改革渔业补贴促进海洋渔业资源养护

福建、浙江、山东、上海、广西等沿海地方印发实施海洋渔业资源养护补贴政策实施方案，自2022年起面向合法的国内海洋捕捞渔船所有人，发放海洋渔业资源养护补贴，不再发放渔船燃油补贴。各地将根据海洋伏季休渔和负责任捕捞两项指标（各占50%），对国内海洋捕捞渔船根据船长和作业类型进行分类分档补助。

2.深远海养殖取得阶段性成果

深远海养殖对于减轻养殖对近岸海洋环境的影响，拓展养殖空间，实现海水养殖业可持续发展具有重要意义。2021年12月，位于烟台长岛区南隍城岛东部海域的亚洲最大深海智能网箱"经海001号"提网收鱼，首批2.5万尾近4万斤成品黑鲪鱼将销往全国各地。"经海001号"为钢结构坐底式网箱平台，有效养殖容积约7万立方米。平台采用风光储能作为日常电力供应方式，通过自动投喂、水下监测、水下洗网等相关设备，实现网箱平台养殖的自动化与智能化。2021年，日照万泽丰渔业与中国海洋大学董双林团队合作，在离岸百余海里的黄海冷水团规模化养殖三文鱼，历经5年，迎来收获期。该项目实现了我国在温暖海域养殖鲑鳟冷水鱼类的世界性突破，并通过拥有自主知识产权的渔业装备"深蓝1号"，将优质蛋白生产海域推进至深远海。

3.推动远洋渔业高质量发展

为应对远洋渔业发展面临的新挑战，推动远洋渔业高质量发展，2021年7月10日，福建省发布《关于推动远洋渔业高质量发展八条措施的通知》（以下简称《通知》），提出推动远洋渔业发展的八条措施。该通知提出到2023年远洋渔业发展目标，福建省远洋渔业规模进一步扩大，渔船自动化、专业化、智能化程度显著提升；渔船总数达650艘，年产量达60万吨以上，自捕水产品运回国内比例达65%以上。《通知》针对优化产业布局、提升装备水平、加快基地建设、打造全产业链、构建人才培养体系、优化服务机制、强化规范管理等方面，提出了具体扶持政策措施。

4.开展沿海"三无"船舶专项整治集中行动

2021年11月15日，江苏开展沿海"三无"船舶专项整治集中行动，有关部门对沿海"三无"船舶迅速开展全面排查，对沿海所有船舶开展拉网式集中排查，查清每一个网格单元、每一片近海水域、每一艘船舶，对认定的"三无"船舶从严从快处置；要求严格执法监管，聚焦重点海域、重点环节开展"全覆盖""全链条"执法，坚决彻底打掉"三无"船舶；要求压紧压实责任，落实党政同责、一岗双责，对重点案件挂牌督办，对工作不力的地方进行警示、通报、约谈，切实扭转渔业安全生产不利局面，全面提升安全水平。

（四）海洋生态保护修复

在海洋生态保护修复领域，沿海地方在加强海洋生态保护修复规划、完善地方海洋生态修复标准体系等方面取得新进展，推进海洋微塑料污染监测，创新休制机制加强红树林保护。

1.发布实施近岸海域生态修复行动方案

为加强水系和近岸海域生态修复与生物多样性保护,2021年9月,浙江印发实施《浙江省八大水系和近岸海域生态修复与生物多样性保护行动方案(2021—2025年)》。该方案提出大陆自然岸线保有率不低于35%,海岛自然岸线保有率不低于78%等目标,要求强化海洋生态空间管控。划分海洋生态空间和海洋开发利用空间,严格限制建设项目占用自然岸线。加强海洋生态空间保护和其他空间生态修复,对岸线资源、潮间带生态系统等海洋重大空间资源实行分类保护。加强对围填海、开采海砂等用海活动的管理,除国家批准的重大战略项目用海外,禁止新增围填海项目。深入推进生态海岸带建设,重点对功能受损的自然岸线实施修复,到2025年完成海岸线修复74千米。

2.将海洋微塑料纳入海洋生态灾害预警常规监测范围

海洋微塑料监测已作为浙江省海洋生态灾害预警监测的一项主要工作纳入常态化运行,将对浙江海域塑料垃圾污染防治起到积极作用。2021年,浙江在杭州湾、象山港、三门湾和乐清湾四大海湾布设多个站位开展水体、沉积物和生物体微塑料监测,掌握重点海湾微塑料的分布及变化趋势,并分析对海洋生态环境的影响,为全省资源管控和微塑料防治提供技术支撑。①

3.广西实行红树林保护林长制

广西是我国红树林的重要分布区,红树林总面积9330公顷,占全国的32.7%,仅次于广东,位居全国第二。广西沿海红树林全面实施林长制,北海等三市共设立红树林林长29名。为落实加强红树林资源保护管

---

① 浙江省自然资源厅. 浙江将海洋微塑料纳入海洋生态灾害预警常规监测范围 [EB/OL]. 2021-06-03[2022-06-01]. https://zrzyt.zj.gov.cn/art/2021/6/3/art_1289955_58939359.html.

理任务，广西总林长办公室向北海、钦州、防城港三市下达林长年度任务清单，由市委书记、市长牵头负责，年底由自治区组织考核。[①]

4.丰富地方海洋标准体系

2021年10月，浙江省自然资源厅申报的DB33/T 2367-2021《海洋生态适宜性评价技术指南》和DB33/T 2368-2021《海岸线整治修复评估技术规程》两项地方标准获批发布，将为规范海洋生态适宜性评价和海岸线整治修复评估提供有力技术支撑。《海洋生态适宜性评价技术指南》规定了海洋生态适宜性的评价指标、指标计算、指标分级、权重、评价等，适用于以精度不小于1 km×1 km的栅格单元为评价单元对浙江省所辖海域进行生态适宜性评价。《海岸线整治修复评估技术规程》规定了海岸线整治修复评估的分类、总体要求、评估方法与程序、评估结果，以及评估报告编制的要求。

（五）海洋促进碳达峰碳中和

为促进实现碳达峰碳中和目标，沿海地方积极推动海洋碳汇向金融价值转化，厦门产权交易中心成立了全国首个海洋碳汇交易服务平台，完成福建首宗海洋碳汇交易，山东威海和浙江温州相继发放"海洋碳汇贷"，威海市发布实施蓝碳经济发展行动方案。

1.推动海洋碳汇向金融价值转化

2021年7月，厦门产权交易中心成立了全国首个海洋碳汇交易服务平台，并与国内海洋碳汇领域的专家团队合作，通过金融赋能推动落地应用，创新开展蓝碳交易，实践开发蓝碳投融资产品。9月12日，厦门产权交易中心（厦门市碳和排污权交易中心）海洋碳汇交易平台完成了福建首宗海洋碳汇交易，泉州洛阳江红树林生态修复项目2000吨海洋碳

---

① 张雷. 广西沿海红树林全面实施林长制[N]. 中国自然资源报, 2021-09-23.

汇在该中心顺利成交。8 月 10 日，中国首笔"海洋碳汇贷"在威海出炉，威海市荣成农商银行向威海长青海洋科技股份有限公司发放 2000 万元人民币的"海洋碳汇贷"，后者建有 10 万亩国家级海洋牧场示范区，年固碳量约 42.5 万吨。[①]2021 年 9 月，浙江温州发放该市首笔"海洋碳汇贷"，洞头某养殖户通过紫菜、羊栖菜碳汇质押在洞头农商银行获得了 15 万元的"海洋碳汇贷"。[②]海洋碳汇交易服务平台的创立和"海洋碳汇贷"的推出，为蓝色碳汇拓宽了绿色融资渠道，促进海洋生态资源价值向金融价值转化，同时获得的资金又可用于相关产业的绿色升级，支持"双碳"工作，实现价值转换和绿色转型的良性循环。

2. 制定实施蓝碳经济发展行动方案

为加快发展蓝碳经济，推动海洋产业生态化、海洋生态产业化，助力碳达峰碳中和，2021 年 4 月，山东省威海市发布实施《蓝碳经济发展行动方案（2021—2025 年）》（以下简称《方案》），明确了发展蓝碳经济的指导思想、行动目标、重点任务和保障措施。《方案》提出，到 2025 年底，全市蓝碳经济体系基本建立，蓝碳经济贡献度在全市海洋经济占比超过 30%。为实现上述目标，《方案》提出建设海洋生态监测示范基地，建立系统完善的碳汇数据库，为构建蓝碳标准、管理及交易体系提供科学依据；提出建设海洋生态种业、海洋负排放研究、海洋碳汇交易等 3 个创新中心，开展贮碳能力提升技术研究，尽快形成科学规范的海洋碳汇标准体系；加快推进海洋碳汇交易产品包装、交易平台构建、交

① 阮煜琳. 助力"双碳"目标 中国海洋蓝色碳汇前景可期 [EB/OL]. 2021-08-26[2021-10-23]. https://finance.sina.com.cn/tech/2021-08-26/doc-ikqciyzm3798434.shtml.

② 农金眼."二氧化碳也能贷款？真不敢想！"浙江首笔"海洋碳汇贷"落地![EB/OL]. 2021-09-26[2022-02-08]. https://www.sohu.com/a/492116704_121118712.

易市场试点，打通海洋生态产品价值实现通道。[①]

三、海洋执法

海洋执法是维护海洋资源开发秩序、保护海洋生态环境和维护国家海洋权益的有效方式和重要保障。中国海洋执法队伍不断加强执法能力建设，严格执法责任，加强与相关部门的统筹协调，维护国家各项海洋利益和权益。

（一）国家涉海执法队伍

1.中国海警

中国海警隶属于中国人民武装警察部队，统一履行海上维权执法职责。目前，在沿海地区按照行政区划和任务区域，编设了相关海区分局和直属局，按属地和辖区设置省级海警局、市级海警局和海警工作站。根据 2021 年 2 月 1 日起施行的《中华人民共和国海警法》，海警机构的基本任务是开展海上安全保卫，维护海上治安秩序，打击海上走私、偷渡，在职责范围内对海洋资源开发利用、海洋生态环境保护、海洋渔业生产作业等活动进行监督检查，预防、制止和惩治海上违法犯罪活动。[②]

2021 年，中国海警机构与相关部门深化海上执法协作，提高海上综合执法能力。河北海警局与河北省高级人民法院、河北省人民检察院正式签订了《河北省高级人民法院　河北省人民检察院　河北海警局　关于办理海上刑事案件有关问题的通知》，河北海警与省内各涉海部门协作机制体系全面建立。南海分局、河北、江苏海警局与驻地公安、海关缉私以及相关涉海单位签订海上执法协作机制。中国海警局南海分局发挥

---

① 《威海市蓝碳经济发展行动方案(2021-2025 年)》。
② 《中华人民共和国海警法》第 5 条。

监督指导作用，会同生态环境部珠江流域南海海域生态环境监督管理局，部署开展南海海区"碧海 2021"专项执法行动督导检查。河北沧州海警局与沧州市海洋和渔业局召开海上执法工作座谈会，共同签订《沧州海警局与沧州市海洋和渔业局海上渔业执法协作配合试行办法》《沧州海警局与沧州市海洋和渔业局海洋资源开发利用执法协作配合办法》两项协作协议。连云港海警局与连云港海事局共同签订了海上执法合作协议，通过《连云港海警局连云港海事局工作协作配合办法》。江苏盐城海警局与市农业综合行政执法监督局签订海上渔业执法协作协议，共同打击海上涉渔违法行为。广东湛江海警局与湛江市公安局签订《湛江市公安机关与湛江海警机构执法协作配合办法》。

2.中国海事

中国海事是海上交通执法监督队伍，履行水上交通安全监督管理、船舶及相关水上设施检验和登记、防止船舶污染和航海保障等执法职责。具体职责主要包括：负责船舶安全检查和污染防治；管理水上安全和防止船舶污染，调查、处理水上交通事故、船舶污染事故及水上交通违法案件；负责外籍船舶出入境及在中国港口、水域的监督管理；负责船舶载运货物的安全监督；负责禁航区、航道（路）、交通管制区、安全作业区等水域的划定和监督管理；管理和发布全国航行警（通）告，办理国际航行警告系统中国国家协调人的工作；审批外籍船舶临时进入中国非开放水域；管理沿海航标、无线电导航和水上安全通信；组织、协调和指导水上搜寻救助并负责中国搜救中心日常工作；负责危险货物运输安全管理；维护通航环境和水上交通秩序；组织实施国际海事条约；等等。

（二）海洋执法活动

2022 年，中国海警局等海洋执法部门在中国钓鱼岛领海内持续开展维权巡航，组织开展"碧海 2022"专项执法行动、"中国渔政亮剑 2022"
海洋伏季休渔专项执法行动等，并与越南和韩国等国海洋执法部门开展
执法活动交流合作。

1.开展维权巡航执法

2022 年，中国海警继续在管辖海域实施定期维权巡航执法，履行维
护国家海洋权益职责，并在钓鱼岛领海内持续开展常态化维权巡航。

表 5-1　2022 年中国海警在钓鱼岛领海内巡航执法主要情况①

序号	时间	巡航编队
1	2022 年 1 月 15 日	中国海警 1301 舰艇编队
2	2022 年 2 月 25 日	中国海警 1301 舰艇编队
3	2022 年 3 月 16 日	中国海警 2302 舰艇编队
4	2022 年 4 月 12 日	中国海警 2302 舰艇编队
5	2022 年 5 月 14 日	中国海警 1302 舰艇编队
6	2022 年 6 月 2 日	中国海警 2301 舰艇编队
7	2022 年 7 月 29 日	中国海警 2502 舰艇编队
8	2022 年 8 月 25 日	中国海警 1302 舰艇编队
9	2022 年 9 月 8 日	中国海警 1302 舰艇编队
10	2022 年 10 月 7 日	中国海警 2301 舰艇编队
11	2022 年 11 月 25 日	中国海警 2502 舰艇编队
12	2022 年 12 月 21 日	中国海警 2502 舰艇编队

2.中国海警局联合三部门部署开展"碧海 2022"专项执法行动

为集中整治海洋污染与生态破坏突出问题，有效规范海域海岛开发

---

① 根据中国海警局官方网站公开发布的信息整理。

利用秩序，切实防范化解重大环境风险，2022 年，中国海警局联合工业和信息化部、生态环境部、国家林业和草原局开展为期两个月的"碧海2022"海洋生态环境保护和自然资源开发利用专项执法行动，以更严格的执法监管支撑生态环境高水平保护。专项执法行动的重点为海域海岛使用、通信海缆保护、海洋石油勘探开发、海砂开采运输、废弃物倾倒、海洋自然保护地等方面执法监管。[①]

3.开展"中国渔政亮剑2022"系列专项执法行动

"亮剑2022"由农业农村部统一领导，各省级渔业渔政主管部门或渔政执法机构具体组织实施。海洋伏季休渔专项行动是"亮剑2022"的重要组成部分，继续坚持最严格的伏季休渔执法监管，严肃查处违法违规行为，确保海洋捕捞渔船（含捕捞辅助船）应休尽休，落实船籍港休渔，强化执法巡查，严管特许捕捞，并强化全链条执法。[②]

（三）海洋执法国际合作与交流

2022 年，中国海警与越南、韩国等国海洋执法部门开展联合巡航、执法工作会谈，以参加北太平洋海岸警备执法机构论坛高官会等多种方式，开展海洋执法国际合作与交流。

1.与周边国家开展联合巡航

联合巡航是中国海警与周边国家开展海上执法合作的重要方式。2022 年，中越两国海警部门于 4 月、11 月开展两次北部湾联合巡航。在巡航期间，双方巡航舰艇对两国渔船进行观察记录，对渔民开展宣传教

---

① 中国海警局.中国海警局联合三部门部署开展"碧海2022"专项执法行动[EB/OL].(2022-11-2)[2022-11-26].https://www.ccg.gov.cn//2022/hjyw_1102/2152.html.
②《关于印发〈"中国渔政亮剑2022"系列专项执法行动方案〉的通知》。

育，维护海上生产作业秩序。[①]迄今为止两国海上执法部门已开展24次联合巡航。2022年4月，中国海警与韩国海洋执法部门在中韩渔业协定暂定措施水域开展联合巡航。[②]

2.与韩国等国海上执法机构开展工作会谈

为加强沟通联络、深化交往，中国海警与韩国、越南、印度尼西亚、菲律宾、柬埔寨等国海上执法机构积极开展工作会谈。2022年6月，中国海警局与韩国海洋水产部以视频会议方式召开2022年度中韩渔业执法工作会谈。双方同意保持密切沟通、友好协商，继续开展更加务实高效的执法交流合作，特别是加大对严重违规渔船的打击，共同维护好海上生产作业秩序。[③]2022年12月，中国海警局参加在越南河内举办的"越南海警和朋友们"交流活动，并在活动期间与泰国、印度尼西亚、菲律宾、柬埔寨等国海上执法机构举行工作会谈。[④][⑤]

3.参加第22届北太平洋海岸警备执法机构论坛高官会

北太平洋海岸警备执法机构论坛是地区内国家海上执法机构间交流与合作的重要平台。2022年9月，中国海警局代表团以视频方式，参加了由韩国海洋警察厅轮值主办的第22届北太海警论坛高官会，中国、加拿大、日本、韩国、俄罗斯、美国等6个国家海上执法机构负责人参会。

---

① 中国海警局.中越海警开展2022年第二次北部湾海域联合巡航[EB/OL](2022-11-5)[2022-12-10].https://www.ccg.gov.cn//2022/gjhz_1105/2155.html.

② 中国海警局.中韩海上执法部门开展中韩渔业协定暂定措施水域联合巡航[EB/OL].(2022-6-22)[2022-10-25].https://www.ccg.gov.cn//2022/gjhz_0622/1826.html.

③ 中国海警局.中韩举行2022年度渔业执法工作会谈[EB/OL].(2022-7-5)[2022-10-25].https://www.ccg.gov.cn//2022/gjhz_0705/1868.html.

④ 中国海警局.中国海警局与印度尼西亚、菲律宾、柬埔寨海上执法机构举行工作会谈[EB/OL].(2022-12-09)[2022-12-10].https://mp.weixin.qq.com/s/HGPOj_bxtqGCWfzY5ZOatg.

⑤ 中国海警局.中泰海上执法机构举行工作会谈[EB/OL].(2022-12-08)[2022-12-10].https://mp.weixin.qq.com/s/aL4fR9Y-Cjy8aZcwuLxPAw.

会议主要讨论防范和打击海上非法贩运活动、北太公海渔业执法巡航、海上应急救援和海洋环境保护、成员机构间信息共享、多边多任务演练等工作。①

（四）海洋督察

督察是一种权力制约和监督机制。为全面推进海洋生态文明建设，切实加强海洋资源管理等工作，强化政府内部层级监督和专项监督，我国建立并逐步健全海洋督察制度。海洋督察是海洋生态文明建设和法治政府建设的重要抓手，旨在推动地方政府落实海域海岛资源监管和海洋生态环境保护法定责任，加快解决海洋资源环境突出问题，促进节约集约利用海洋资源，保护海洋生态环境，推动建立有效约束开发行为和促进绿色低碳循环发展的机制，不断推进海洋强国建设。②

1.海洋督察概述

中国于2012年开展海洋督察试点工作，在此基础上逐步全面展开对地方海洋主管部门的督察实践。2018年新一轮机构改革完成后，自然资源部根据中央授权，对地方政府落实党中央、国务院关于自然资源和国土空间规划的重大方针政策、决策部署及法律法规执行情况进行督察。自然资源部设置国家自然资源总督察办公室，负责完善国家自然资源督察制度，拟订自然资源督察相关政策和工作规则等。指导和监督检查派驻督察局工作，协调重大及跨督察区域的督察工作。根据授权，承担对自然资源和国土空间规划等法律法规执行情况的监督检查工作。

---

① 中国海警局.中国海警局代表团参加第22届北太平洋海岸警备执法机构论坛高官会[EB/OL].(2022-9-22)[2022-10-25].https://www.ccg.gov.cn//2022/gjhz_0922/2121.html.

②《国家海洋局关于印发海洋督察方案的通知》。

2.围填海专项督察

针对围填海存在的"失序、失度、失衡"等突出问题,国家主管部门已开展两批次以围填海专项督察为重点的海洋督察。2017 年 8 月 22 日,国家海洋局组建的首批国家海洋督察组进驻辽宁、海南 2 省,标志着国家海洋督察工作正式启动。到 9 月 24 日,首批国家海洋督察组完成对辽宁、河北、江苏、福建、广西、海南 6 个省(区)的海洋督察进驻工作,进驻时间为 1 个月左右。11 月,国家海洋局组建了第二批共 5 个国家海洋督察组,分别负责对广东、上海、浙江、山东、天津 5 个省(市)开展海洋督察工作。截至 11 月 21 日,5 个督察组全部进驻到位,进驻时间为 1 个月左右,开展以围填海专项督察为重点的海洋督察。督察党的十八大以来地方政府贯彻落实国家海洋资源开发利用与生态环境保护决策部署、解决突出资源环境问题、落实主体责任等情况,以期通过查摆解决海洋资源环境方面存在的突出问题,进一步夯实海洋生态文明建设主体责任。2018 年 7 月起,督察组陆续向广东、天津、山东、上海、浙江等省(市)政府反馈海洋督察意见。

督察意见显示,以上五省(市)政府坚决贯彻党中央、国务院关于生态文明建设和海洋强国建设的决策部署,海洋工作取得积极成效,但仍存在一些问题,主要包括围填海政策法规规划落实不到位、围填海项目审批不规范、海洋生态环境保护存在薄弱环节,特别是一些围填海项目存在政府主导未批先填的问题。根据国务院批准的《海洋督察方案》,要求被督察对象落实督察组提出的督察整改要求,于督察情况反馈后 30 个工作日内完成整改方案,并在 6 个月内报送整改情况。根据需要,自然资源部将对重要督察整改情况组织"回头看"。没有在规定期限内落实整改要求的,自然资源部可以依法采取实施区域限批、扣减围填海计划指标等措施予以处置。

四、小结

近年来，中国的海洋管理以节约资源和保护环境为主线，全面推进海洋资源节约集约利用，加强海洋事业顶层设计，加强海洋生态保护修复，加强海域海岛海岸线保护与利用管理，推进海洋经济高质量发展，推进海洋安全和生态文明建设，推动海洋促进碳达峰碳中和目标，夯实海洋综合管理基础。根据国家"十四五"规划所确定的海洋事业发展任务，需要继续推动海洋管理精细化、法制化、科学化，坚持陆海统筹，协调海洋资源保护与利用关系，促进海洋产业实现绿色转型，推动海洋强国建设在实现第二个百年奋斗目标中发挥更大作用！

为不断提升中国海洋管理能力和水平，提升治理成效，下一步需进一步落实陆海统筹原则，不断完善涉海管理体制机制，健全陆海一体国土空间用途管制，提升海洋科技创新能力，并构建包括海洋资源调查在内的自然资源调查监测体系。

一是不断完善涉海管理体制机制。制定实施"十四五"海洋经济发展规划及相关海洋产业政策措施和专项规划，构建"1+N+X"政策规划体系。有序推进《海域使用管理法》等相关法律法规的修订，丰富完善中国特色海洋法制体系。进一步发挥促进全国海洋经济发展部际联席会议制度的作用，健全工作统筹推进机制。打造立体化、全覆盖的海洋监管体系，提升监管效能。

二是推动形成陆海一体生态保护格局。健全陆海一体国土空间用途管制和生态环境分区管控制度，科学开发海洋资源，维护海洋自然再生产能力。实施海岸带生态保护和修复重大工程，继续实施"蓝色海湾"整治行动、海岸带保护修复工程，加强海岸线、滨海湿地、海岛等保护修复。持续推进"美丽海湾"保护与建设，构建海洋保护地体系，提升海域海岛精细化管理水平，严格围填海管控。强化重点海域和突出环境问题治理，协同推进入海河流和排污口精准治理，增强海洋环境风险防范和灾害应对能力。

三是大力提升海洋科技创新能力。编制实施国家海洋领域中长期科技创新总体规划。加快完善科技创新重大项目和重点专项实施方案。面向海洋科学前沿开展战略性基础研究，聚焦重点领域，持续加强技术攻关，加强基地平台建设和科技人才培养，强化海上信息基础设施建设和信息化智慧化赋能，促进船舶与海洋工程装备创新发展。

四是构建自然资源调查监测体系。实施《自然资源调查监测体系构建总体方案》，构建土地、矿产、森林、草原、水、湿地、海域海岛七类自然资源的调查监测体系。统一自然资源分类标准，准确掌握我国自然资源真实状况。尽快统筹组织实施对海域海岛等的定期专项调查监测。

06

第六章

提出并践行海洋命运共同体理念

海洋是人类希望之所在，也是危机之所系。海洋能够调节气候，提供自然资源、发展空间和连通纽带，同时也是政治博弈的聚焦点，海上犯罪的频发地，承受着环境恶化也催生着自然灾害。"海洋孕育了生命、联通了世界、促进了发展。我们人类居住的这个蓝色星球，不是被海洋分割成了各个孤岛，而是被海洋连结成了命运共同体，各国人民安危与共。"2019年4月23日，习近平主席在集体会见应邀出席中国人民解放军海军成立70周年多国海军活动的外方代表团团长时，首次提出构建海洋命运共同体理念。"海洋命运共同体"的提出既是对全球海洋问题的现实回应，也是对人类海洋文明发展历程的深刻反思和历史超越，是加强全球海洋治理的中国智慧和方案。海洋命运共同体重要理念，彰显了深邃的历史眼光、深刻的哲学思想、深广的天下情怀，为全球海洋治理指明了路径和方向。新时代国际社会共同应对全球性海洋挑战，促进海洋可持续发展，必须推动构建海洋命运共同体重要理念走深走实。

第一节 海洋命运共同体理念提出的背景及意义

构建海洋命运共同体是人类命运共同体建设的重要组成和实践，[①] 更是对人类命运共同体理念的丰富与发展。海洋把世界连成一体，海洋是命运共同体的物质基础。海洋与人类生存和发展息息相关，是资源宝库、贸易通道和气候调节器。同时，海洋领域气候变化应对、海洋酸化暖化、海平面上升、海洋塑料污染、海洋生物多样性衰退等全球性海洋问题与挑战威胁着人类社会的安全。个别国家由来已久的海上霸权思想威胁着海洋的和平与稳定。在全球性海洋挑战面前，各国休戚与共，具有共同利益。任何国家都无法独善其身，也无法凭借一己之力独立解决，需要人类社会携手合作，共同应对。

一、时代背景

海洋命运共同体的提出，是中国在深刻认识海洋无可替代的意义和价值基础上，作为负责任大国，为有效应对全球海洋安全、海洋治理、海洋环境和海洋发展等方面所面临的挑战和危机所提出的倡议，与中国建设"强而不霸"的海洋强国具有内在的一致性。

（一）海洋是人类生存与发展的重要保障

海洋提供自然资源、气候调节、发展空间和连通纽带，海洋资源保护利用和海洋经济发展对于人类福祉与繁荣至关重要。海洋与陆地和人类同是地球生态系统的基本组成部分，且"各海洋区域的种种问题都是彼此密切相关的"[②]。

海洋经济是开发、利用和保护海洋的各类生产活动以及与之相关联

---

① 傅梦孜，王力. 海洋命运共同体：理念、实践与未来[J]. 当代中国与世界，2022(2):39.
②《联合国海洋法公约》，序言，1994年11月16日生效。

活动的总和。[①]经济合作与发展组织（OECD）将海洋生态系统服务价值也纳入海洋经济范畴，包括非货币化的生态服务和自然资产。[②]世界很多人口稠密和经济发达地区分布在沿海区域，约40%人口居住在距离海岸线100千米范围以内。[③]全球海洋经济贡献量巨大，据经合组织根据海洋经济数据保守统计，2010年的海洋经济贡献了世界经济总值的2.5%，提供工作岗位3100万个。2018年，欧盟海洋经济增加值达到1760亿欧元，提供450万个就业岗位。[④]进入21世纪，海洋资源开发又形成了规模日渐扩大的三个新兴产业：海洋医药产业、海洋能利用产业、海水利用产业。在未来几十年内，人口增长、陆地自然资源枯竭、应对气候变化、科技创新等因素还将催生一批潜在新兴产业，包括：国际海底金属矿产资源产业、深海基因产业、海水农业、深远海养殖、海上监视和海洋生物技术等，都将对创造就业和经济增长提供强有力支持。

（二）海洋地缘政治竞争激烈

从大航海时代起至第二次世界大战后国际秩序确立，海洋一直是西方大国争夺霸权的舞台。[⑤]构建在西方理论基础上的海洋秩序具有重博弈、轻合作的特征。2000多年前的古罗马思想家西塞罗提出"谁控制海洋，谁就能控制世界"，美国马汉"海权论"同样强调控制海洋的意义，

---

① 《2021年中国海洋经济统计公报》。第6页。

② Jolly C. The Ocean Economy in 2030[R]. Workshop on Maritime Clusters and Global Challenges 50th Anniversary of the WP6, 2016.

③ FAO. Sustainable Development Goals[R]. Rome, 2015.

④ The European Commission. 2021 EU Blue Economy report-Emerging sectors prepare blue economy for leading part in EU green transition[R]. [2022-10-02]. Brussels: The European Commission, 2021.

⑤ 朱锋. 从"人类命运共同体"到"海洋命运共同体"——推进全球海洋治理与合作的理念和路径[J].亚太安全与海洋研究,2021(04):1-19+133.DOI:10.19780/j.cnki.2096-0484. 20210720. 001.

随后经过科贝特等人发展，这种零和思维贯穿此后全球海洋地缘竞争，仍然影响着太平洋"势力范围论"。①自500年前的地理大发现开始，纵观历史发展，葡萄牙、西班牙、荷兰、英国、法国、美国等国的崛起都清楚地表明，近现代以来的大国崛起常常离不开海权的争夺和海上影响力、控制力的竞争。海洋强国更易获得世界性的市场和资源，其财富的积累推动并保障了科技实力的发展，并进而反向推动其在市场和资源的争夺中取得更大优势，引领世界工业化和科技创新进程。②

冷战结束后，主要国家的国家安全战略继续向海洋聚焦，美国《印太战略》将两大洋作为与中国展开战略竞争的中心舞台，俄罗斯《2030年前国家军事海洋活动政策基本原则》要求在关键海域保持存在。受此影响，海洋地缘政治竞争在世界范围内回潮。在北极，海冰融化刺激美俄地缘争夺加剧，特朗普政府推动北极政策"安全化"转向，俄罗斯则从维护国家发展空间和战略平衡的角度做出强势回应。随着美俄竞相加强地区军事部署与演习，北极国家间和平与合作的共识岌岌可危，某些方面博弈的激烈程度已不输冷战时期。在亚太地区，美国加紧扩大军事存在，利用"海上安全倡议"构筑安全合作网络，插手介入海洋争端，挑拨沿海国家关系，对中国正当合法的海洋活动进行污名化。③

（三）全球海洋治理赤字突出

21世纪全球海洋面临层出不穷、复杂严峻的跨国境威胁，人类对海洋过度开发利用造成海洋资源衰退、海洋生态环境破坏。当前，全球海

①③ 傅梦孜,王力.海洋命运共同体:理念实践与未来[J].当代中国与世界,2022(02):37-47+126-127.

② 朱锋.从"人类命运共同体"到"海洋命运共同体"——推进全球海洋治理与合作的理念和路径[J].亚太安全与海洋研究,2021(04):1-19+133.DOI:10.19780/j.cnki.2096-0484.20210720.001.

洋生态环境状况不容乐观，海平面上升、海水酸化暖化、珊瑚礁白化、有害污染、过度捕捞、海洋生物多样性丧失等危机频现，海洋生态环境不堪重负。特别是气候变化使南北极冰盖融化，全球海平面上升已经成为人类面临的现实威胁。[1]联合国政府间气候变化专门委员会报告提出，海洋、冰盖和全球海平面的许多变化在几个世纪到几千年内都不可逆转。[2]保护海洋生态环境成为国际社会的普遍共识和迫切需求。此外，海盗、海上走私、非法移民等犯罪活动也在威胁海洋安全与秩序。

由联合国大会设立的全球海洋环境状况（包括社会经济方面）经常性报告和评估程序编制发布的《第二次全球海洋综合评估报告》指出，许多人类活动造成的压力使海洋生态环境持续恶化。这些压力包括与气候变化相关的因素，包括非法、不报告、不受管制的捕捞活动（IUU）等不可持续的渔业活动，外来物种入侵、造成酸化和富营养化的大气污染、营养物和包括塑料、微塑料和纳米塑料等有害物质的过度排放、不断增加的人为噪声、海岸带管理不善以及自然资源开采等。[3]

该报告指出，海洋环境面临来自社会、人口和经济发展的多重压力，这些压力要素之间具有动态的相互作用关系，对海洋生态环境造成累积影响。在人口增长和迁移方面，尽管相较于20世纪60年代增长放缓，但世界人口继续增长，移民率在上升。全球人口增长对于海洋的压力大小取决于一系列因素，包括人们居住的地点和生活方式、消费模式，生产能源、食物和原料的科技，交通和处理废弃物的方式等。在经济活动方面，全球经济继续增长，尽管增长速度放缓。随着全球人口增加，对

---

① 傅梦孜,王力.海洋命运共同体：理念、实践与未来[J].当代中国与世界,2022(02):37-47+126-127.

② IPCC. Climate Change 2021 The Physical Science Basis [R]. IPCC, 2021.

③ United Nations Office of Legal Affairs. The Second World Ocean Assessment[M]. Volume I,2020:5.

于商品和服务的需求增加，能源消费和资源利用也相应增加。发展海洋经济面临的一个重要限制因素是当前退化的海洋健康和海洋所面临的压力。在技术进步方面，科技进步继续提高效率、扩大市场及推动经济增长。创新对于海洋环境的作用是一把双刃剑，例如既可提高能源生产效率，也可加剧渔业过度捕捞。在气候变化方面，人为温室气体排放量继续上升，引发进一步的长期气候变化，对海洋造成可持续几百年的广泛影响。北冰洋受到气候变化的影响尤为强烈，变暖幅度高于全球平均水平。[1]

由于全球海洋的流动性和整体性，任何一个国家或国际组织都无法独立应对全球性海洋挑战，国际社会作为整体承担着一荣俱荣、一损俱损的后果。"所有的海洋是一个基本的统一体，没有任何例外。能量、气候、海洋生命资源和人类活动所形成的相互连接的循环，通过沿海水域、区域海和内海而进行"，"鱼类活动、污染传播"等"并不尊重法律规定的边界"。[2]

海洋生态环境问题暴露之后，发达国家对海洋活动的态度剧烈转向，出现极端保护倾向。欧盟、英国等西方国家和国际组织呼吁到2030年通过设立海洋保护区保护至少30%的全球海洋。西方在利用海洋保护利用问题上的剧烈转向，原因在于错误地割裂人海关系，破坏人与自然、开发与保护的平衡，[3]且存在以保护之名行控制之实的考量，必然破坏国际社会整体利益的平衡。

---

[1] United Nations Office of Legal Affairs. The Second World Ocean Assessment[M]. Volume I,2020:5.

[2] 世界环境与发展委员会.我们共同的未来[M].邓延陆,编选.长沙:湖南教育出版社,2009:231.

[3] 傅梦孜,王力.海洋命运共同体:理念、实践与未来[J].当代中国与世界,2022(02):37-47+126-127.

（四）中国加快建设"强而不霸"的海洋强国

中国于 2012 年正式确立了建设海洋强国的目标。中国语境下的海洋强国是指在利用海洋、保护海洋、管控海洋等方面拥有强大综合实力的国家。具体而言，指的是通过提高开发利用和保护海洋的能力，可持续利用海洋资源，保护修复海洋生态环境，促进各国海上互联互通，开展海洋国际合作，实现强国富民、合作共赢的目标。这与中国海洋强国的英文表述"strong maritime country"①的含义是一致的。

中国国家大战略要满足发展需求、主权需求和责任需求这三种基本需求。②中国的海洋强国建设要服务于国家大战略的多重战略需求，有效弥合或减缓不同战略需求之间的矛盾张力，服务于国家大战略的实现。就主权需求与发展需求、责任需求的关系来说，中国既需要维护海洋权益，同时又面临着维护周边海洋形势稳定、满足中国发展需求的任务，以及维护和塑造负责任的地区和国际大国形象的需要。多重战略需求的现实决定了中国建设海洋强国、发展海上军事力量是出于主权需求而非霸权需求，也决定了中国海权发展的有限性和平衡性，决定了中国确立建设海洋强国的目标是出于一个陆海复合国家捍卫海洋权益的需求。③对于这种需求，美国学者卡普兰进行了客观评价，认为中国为了支持其庞大人口不断提升生活水平，需要确保能源和战略矿产资源供应安全，正是这种需要推动了中国的海外行动。④

---

① 习近平. 决胜全面建成小康社会　夺取新时代中国特色社会主义伟大胜利——在中国共产党第十九次全国代表大会上的报告 [R]. 北京, 2017-10-18.

② 王逸舟. 全球政治和中国外交——探寻新的视角与解释 [M]. 北京: 世界知识出版社, 2003: 307-323.

③ 刘中民. 中国海洋强国建设的海权战略选择——海权与大国兴衰的经验教训及其启示 [J]. 太平洋学报, 2013(8):80.

④ Robert D.Kaplan. The Geography of Chinese Power[J]. Foreign Affairs, 2010, 89(3):24.

与中国的海洋强国内涵不同，西方的海洋强国以马汉"海权论"为理论基础，多数以发展海上武装力量为中心，以取得制海权控制海洋和世界。在第二次世界大战之前，走向海洋离不开战争，建设海洋强国都是为了控制海洋，可以称为战争模式。其主要特征是：形成统一的国家—建立中央集权的政府—建设强大的军事力量—用战争打败竞争者—利用海洋谋求国家利益。建设强大海军是这种模式的核心要素，因而在很长一段历史时期内西方强国流行海军主义，政府内部都设有海军部。①第二次世界大战之后，和平与发展成为时代主旋律，70多年没有发生海洋强国之间的大规模战争，世界上既有海洋霸权国家，也有在和平环境下建设和保持一般海洋强国地位的国家，出现了可以采取和平模式建设海洋强国的历史环境。②和平模式的主要特征是：具有建设海洋强国的综合国力基础—确立走向海洋的国家战略—提高海洋保护和利用能力—利用海洋谋求国家发展和安全利益。

中国建设海洋强国目标的最重要特征是和平性。中国建设的海洋强国，与海洋霸权存在本质区别，不会重蹈历史上一些大国殖民掠夺的旧辙。战争和霸权的道路既与世界和平发展大势背道而驰，更不符合中华民族的根本利益。③在这种和平发展的时代背景下，在新老海洋强国并存与共同发展时期，中国以和谐文化为文化基础，遵循和平发展方针政策，坚持和平走向海洋、平衡发展、不谋求海洋霸权，建设"强而不霸"的新型海洋强国。中国坚定不移地走和平发展道路，向国际社会做出了永不称霸的庄严承诺，决定了中国特色海洋强国建设在手段上的和平性和方

---

①② 杨金森.海洋强国兴衰史略[M].北京:海洋出版社,2014:1.

③ 仇华飞.美国学者研究视角下的中国海洋战略[J].同济大学学报(社会科学版),2018,29(02):38-47.

式上的合作性。①中国致力于维护公平、合理的国际海洋秩序，管理和控制海上危机，有理、有利、有节、有效地处理海洋冲突和竞争难题，争取采用和平的手段和途径促进国家海洋事业发展。中国特色的海洋强国以"强而不霸"为基本特征，以"和平发展"为基本路径，与海洋命运共同体"合作共赢"的核心原则高度契合，二者具有本质上的一致性。

二、理论渊源

"海洋命运共同体"理念是人类命运共同体理念在海洋领域的全面融入，具有深厚的理论渊源和深刻的科学内涵与时代价值。"海洋命运共同体"理念继承了马克思有关海洋问题的论述及马克思主义的共同体理论，汲取了中华优秀传统文化的营养和中国古代的共同体思想，发展了当代中国的海洋治理理论。

"海洋命运共同体"是指全球范围内相关各国在彼此尊重各自的文化传统、意识形态、经济发展以及政治交往等因素的前提下，形成的具有"共商共建共享"特征的理念，本着"同呼吸共命运"的原则处理海洋资源开发与环境保护问题、海上交通问题、海洋安全问题以及连带的海域争端问题，以"共同体"的认知来处理国家间的海上关系，体现着"和合"式中国思维。从理论基础来看，"海洋命运共同体"继承了马克思主义的共同体理论，汲取了中华优秀传统文化的精神内核，传承了中国古代的共同体思想，同时发展了当代中国的海洋治理理论。

（一）继承了马克思主义的共同体理论

在马克思、恩格斯的著作中，虽没有专章探讨海洋，却有多处涉及海洋的论述。15 世纪后期，随着美洲大陆的发现和新航路的开辟，世界

---

① 刘应本,冯梁.中国特色海洋强国理论与实践研究[M].南京:南京大学出版社,2017:122.

各地的联系日益紧密。马克思和恩格斯看到资本主义国家利用海洋改变世界格局的巨大力量，他们指出："随着美洲和通往东印度的航线的发现，交往扩大了，工场手工业和整个生产运动有了巨大的发展"①，并深入思考海洋在促进经济社会发展、推动国家富强等方面的巨大作用。"世界市场使商业航海业和陆路交通得到巨大发展，这种发展又反过来促进工业发展"②。马克思将英国的强大归结为"殖民地、海军和贸易"③。海洋命运共同体理念中的"海洋对于人类社会生存和发展具有重要意义"④；"海洋的和平安宁关乎世界各国的安危和利益，需要共同维护倍加珍惜"⑤，不仅强调了海洋的重要性，而且还继承并发展了马克思有关海洋问题的论述。

马克思提出"自由人联合体"的概念。真正的共同体，是符合人类共同利益和历史发展规律的，能不断推动人的自我解放以及社会进步⑥。马克思指出"只有在共同体中，个人获得全面发展"⑦。马克思关于"自由人联合体""人的本质的社会性"等理论，都包含从"类"的角度思考人类社会问题的视角。习近平总书记将马克思的这些理论激活，并完成其现代化，为人类解决全球海洋治理问题提出新方案——"海洋命运共同体"理念。尽管"海洋命运共同体"理念和马克思"自由人联合体"理论形成于不同的时代背景下，但二者在内涵上是相融相通的，"海洋命运共同体"理念继承并发展了马克思主义的共同体理论，都体现关注人类命运

---

① 马克思, 恩格斯. 马克思恩格斯文集(第一卷)[M]. 北京: 人民出版社, 2009:561.

② 马克思, 恩格斯. 马克思恩格斯文集(第二卷)[M]. 北京: 人民出版社, 2009:32.

③ 马克思, 恩格斯. 马克思恩格斯文集(第六卷)[M]. 北京: 人民出版社, 2009:95.

④⑤ 习近平. 习近平谈治国理政(第三卷)[M]. 北京: 外文出版社有限责任公司, 2020:463.

⑥ 刘芳. 人类命运共同体构建中存在的问题及对策研究[D].武汉轻工大学,2019.DOI:10.27776/d.cnki.gwhgy.2019.000105.

⑦ 马克思, 恩格斯. 马克思恩格斯文集(第一卷)[M]. 北京: 人民出版社, 2009:571.

的人文关怀和一切从实际出发的科学精神。

（二）汲取了优秀传统文化的精神内核和中国古代的共同体思想

"海洋命运共同体"是"人类命运共同体"的重要构成，其精神内核符合孟子学说中"不挟长，不挟贵，不挟兄弟而友。友也者，友其德也，不可以有挟也"的交友思想。其思想核心主要体现在共同体内部的成员一律在平等基础上进行商议，共同体内部的利益分配遵循公平、公正的规则，彰显"仁义"的以强帮弱的"帮扶政策"。

"海洋命运共同体"理念汲取了中国古代的共同体思想。中国传统的人类共同体思想内容丰富，例如，"天下"的概念，儒家"大道之行、天下为公"思想，道家"以天下观天下"其实也蕴涵着一种世界观，意指普天之下都是一个命运相连的共同体。[①]中国传统文化中还有"协和万邦""大同社会""独乐乐不如众乐乐""以和为贵""化干戈为玉帛""和合共生"等重要思想，都蕴含着丰富的共同体思想。正是因为从中华优秀传统文化中汲取营养，"海洋命运共同体"理念承继了古代的共同体思想，倡导"相互尊重、平等相待、增进互信"[②]。优秀的中华传统文化为"海洋命运共同体"增添了深厚的文化底蕴。

（三）传承和发展了当代中国的海洋治理理论

新中国成立以来，历代中央领导集体都非常重视海洋治理，都对中国如何有效开展海洋治理做出系列重要论述。从"临海防线"的战略决策到倡导树立"共同、综合、合作、可持续"的新安全观，从"一定要从战略的高度认识海洋"到"海洋对于人类社会生存和发展具有重要意义"，

---

① 杨抗抗. 论人类命运共同体理念及其时代意蕴[D]. 中共中央党校,2019.DOI:10.27479/d.cnki.gzgcd.2019.000025.

② 习近平. 习近平谈治国理政（第三卷）[M]. 北京：外文出版社有限责任公司, 2020: 463.

从"搁置争议、共同开发"到"携手应对各类海上共同威胁和挑战，合力维护海洋和平安宁"，从构建"和谐海洋"到构建"海洋命运共同体"。"海洋命运共同体"理念中的许多内容与中国海洋治理理论一脉相承，不仅继承了这些重要论述，而且还立足于新情况和新形势，丰富并发展了当代中国的海洋治理理论。

（四）遵循中国和平发展的大政方针

中国一贯主张维护海洋和平，2009 年，在海军成立六十周年之际，我国提出了构建"和谐海洋"的倡议，以共同维护海洋持久和平与安全。构建"和谐海洋"的理念是对 2005 年我国在联大提出的"和谐世界"理念在海洋领域的具体化，体现了国际社会对海洋问题的新认识和新要求。2011 年 9 月 6 日，国务院新闻办公室发表了《中国的和平发展》白皮书，明确提出了中国和平发展的总体目标，即对内求发展、求和谐，对外求合作、求和平。通过中国人民的艰苦奋斗和改革创新，同时通过同世界各国长期友好相处、平等互利合作，让中国人民过上更好的日子，并为全人类发展进步做出应有贡献。中国坚持与和平发展相适应的国际关系理念和对外方针政策，推动建设和谐世界，主张"通过谈判对话和友好协商解决包括领土和海洋权益争端在内的各种矛盾和问题，共同维护地区和平稳定"。中国遵循和平发展方针政策，以中国和谐文化为文化基础，以"和谐海洋"为愿景，推动构建"海洋命运共同体"，坚持和平走向海洋，为建设"和谐世界"贡献中国力量。

三、重要意义

海洋命运共同体的提出是对世界海洋文明史的反思与升华，是对中华文明的传承与提升。海洋命运共同体所倡导的合作共赢和海洋生态观是习近平外交思想和习近平生态文明思想的有机融合。海洋命运共同体是习近平总书记直面全球海洋治理问题提出的重要理念，既表明了 21 世纪中国坚定不移走和平发展道路的立场，又显示了中国愿与各国共同维护海洋和平安宁的大国担当。海洋命运共同体倡导全世界共同应对全球海洋挑战、维护海洋和平与安全、养护海洋生态环境、可持续发展海洋经济、加强全球海洋治理，与人类命运共同体一脉相承，是人类命运共同体理念的丰富、发展和在海洋领域的延伸。

（一）维护海洋和平与安宁，共同增进海洋福祉

广袤的海洋在为人类提供福祉的同时，全球海洋也面临着生态、环境、安全、气候等多重挑战，构建海洋命运共同体，就是要以推动建设新型国际关系为抓手，共同建设和平、安宁、繁荣、洁净、合作、共享的海洋，实现人海和谐共存。21 世纪国际社会应当顺应新时代的发展潮流，树立海洋命运共同体理念，坚持平等协商，完善危机沟通机制，促进海上互联互通和各领域的务实合作，合力维护海洋和平安宁，促进海洋发展繁荣，共同增进海洋福祉。

（二）增强保护海洋的责任感，共同建设和谐海洋

中国地处欧亚大陆边缘，是陆海兼备的发展中国家，国家的利益已经涉及全球大陆和海洋。当前，我国在政治、经济、社会、文化等方面向国际社会全方位、立体式开放，综合国力不断增强，"大进大出，两头在海"的经济发展态势使得中国的发展对海洋规则秩序、海上通道安全更为依赖。无论从体现大国担当还是国家发展需求来看，中国都应成为海洋战略平衡体系中的重要一员和维护海洋空间安全稳定的重要力量，在国际政治、经济、军事、外交、法律、文化等多方面发挥作用，促进世界各国承担保护海洋的重要责任。习近平总书记强调指出："我们要像对待生命一样关爱海洋。中国全面参与联合国框架内海洋治理机制和相

关规则制定与实施，落实海洋可持续发展目标。"为了全世界的共同利益，世界各国对促进构建海洋命运共同体都有不可推卸的责任，各国应共同建设和谐海洋，实现人类与海洋命运与共、和谐共存。

构建海洋命运共同体，是实现并丰富可持续发展的全新理念。习近平总书记指出："建设美丽家园是人类的共同梦想。面对生态环境挑战，人类是一荣俱荣、一损俱损的命运共同体，没有哪个国家能独善其身。唯有携手合作，我们才能有效应对气候变化、海洋污染、生物保护等全球性环境问题，实现联合国 2030 年可持续发展目标。只有并肩同行，才能让绿色发展理念深入人心、全球生态文明之路行稳致远。"[①]海洋命运共同体强调人类和海洋之间是一个共同体，必须爱护海洋，不仅要保护海洋环境，而且要将海洋作为有生命的、地球大家庭中的一员去关心爱护，是中国生态文明思想中尊重自然、顺应自然的具体体现。构建海洋命运共同体因而是对可持续发展理念的丰富与发展，强调对于自然的保护和关爱。

习近平生态文明思想坚持人与自然和谐共生的科学自然观、绿水青山就是金山银山的绿色发展观、良好生态环境是最普惠的民生福祉的基本民生观、山水林田湖草是生命共同体的整体系统观和共谋全球生态文明建设的全球共赢观。海洋命运共同体倡导养护海洋生态环境，共同应对生态环境挑战，保护生物多样性，是习近平生态文明思想从中国向世界海洋的发展与延伸，是对全球性海洋挑战贡献的中国智慧和中国方案，必将推动改善人海关系、促进全球和谐海洋的构建。

---

① 习近平.共谋绿色生活,共建美丽家园——在二〇一九年中国北京世界园艺博览会开幕式上的讲话[N].人民日报,2019-04-29(02).

（三）回应全球海洋治理新形势和新要求，共同构建合作开放的大海洋

构建海洋命运共同体，是应对全球性海洋挑战的必由之路。海盗、海上恐怖主义、海上通道安全和海上犯罪等非传统安全问题久拖不决，全球气候变化的影响、海洋生物多样性丧失、海洋环境污染严重等全球性海洋挑战日益凸显。构建海洋命运共同体、组织协调团结各国各界共同应对，是应对海上出现的各种全球性问题、威胁和挑战的唯一出路。

"海洋命运共同体"回应了全球海洋治理的新形势和新要求，回答了中国在全球海洋治理体系变革中应扮演怎样的角色、发挥怎样的作用。"海洋命运共同体"直面当前全球海洋治理的困难和挑战，强调增进海洋各个领域的务实合作，相互尊重平等互信，构建合作开放的海洋；树立海洋安全共同体意识，管控涉海分歧、维护海洋和平安宁；推动海洋经济发展，共建蓝色伙伴关系、构建交流互鉴的海洋；坚持和谐包容理念，促进海洋文化的发展与交融；注重海洋生态环境保护，构建健康可持续发展的海洋；积极履行国际责任与义务，提供更多的海上公共产品；完善危机沟通机制，对话协商和平解决海洋争端；等等。

（四）坚持"共商共建共享"外交工作原则，寻求合作共赢的共同利益

构建海洋命运共同体，是推动建设新型国际关系的有力抓手。当今世界，尽管冷战早已结束，然而冷战思维并没有退出历史舞台。只有顺应时代发展潮流，树立海洋命运共同体理念，坚持平等协商，完善危机沟通机制，有事多商量，有事好商量，促进海上互联互通和各领域务实合作，合力维护海洋和平安宁，共同增进海洋福祉，才能促进海洋发展

繁荣，为建设新型国际关系注入强劲动力。

海洋命运共同体面对的主要问题是国家的"利益"，在追求共同利益的基础上，充分考虑到各国的政治利益和经济利益等，将各国追求利益最大化的行为纳入稳定的机制框架内，以更好地平衡各国的海洋权益和义务，构建海洋命运共同体。海洋命运共同体强调各国人民"安危与共"，坚定奉行"共同、综合、合作、可持续的新安全观"，可以回到"共商共建共享"外交工作原则上来。构建海洋命运共同体的核心价值观是合作共赢，是各国作为平等主体共同参与，共同应对挑战，共同享有发展成果，海洋命运共同体追求的是和平安宁、合作共赢的共同利益，同时更重视相关各国在追逐利益时应该遵循的原则，以达到共同维护海洋持久和平与安宁的最终目标。

第二节　海洋命运共同体理念的科学内涵

海洋命运共同体是人类命运共同体在海洋领域的延伸和体现。它既体现了构建人类命运共同体的政治、安全、经济、文化、生态等内涵，也反映出构建人类命运共同体在海洋领域的创新和发展。[①]

一、海洋命运共同体的科学内涵

海洋命运共同体具有丰富的内涵。强调人类社会在海洋事务方面休戚与共、紧密联系，核心是共同应对全球性海洋挑战；强调海洋的多边主义，倡导积极为全球海洋治理做贡献，提供公共产品和服务。从人类的视角看，海洋命运共同体的内涵包括共同的海洋安全、共同的海洋福祉、共建海洋生态文明和共促海上互联互通。海洋命运共同体倡导全世界共同应对全球海洋挑战、维护海洋和平与安全、养护海洋生态环境、可持续发展海洋经济、加强全球海洋治理。

海洋命运共同体理念所倡导的核心价值观具有鲜明的时代特征，其内涵具有丰富的层次。一是人类与海洋构成命运共同体。人类与海洋之间存在紧密联系，均是这个共同体中的平等主体，人类要像关爱生命一样关爱海洋，充分体现了中国所倡导和践行的尊重自然、顺应自然、保护自然的理念。二是人类社会在应对海洋挑战方面构成命运共同体。在应对气候变化、生态环境保护、生物多样性养护等海洋挑战方面，各国各界具有共同的利益，解决海洋问题就是在维护人类整体的利益。三是全球海洋构成一个命运共同体。全球海洋在地理上的连通性和通过洋流实现的物质交换，紧密连接成一个整体，同时也是地球上山水林田湖草

---

① 卢静. 全球海洋治理与构建海洋命运共同体[J]. 外交评论(外交学院学报), 2022, 39(01): 1-21+165.

生命共同体的一个关键组成部分。海洋命运共同体主要包括三个组成部分：全球海洋所构成的生命共同体；人与海洋所构成的命运共同体；世界各国通过海洋联结而成的利益共同体。海洋命运共同体的主要内容包括如下五个方面。

第一，共谋海洋安全。海洋命运共同体理念是习近平主席在集体会见应邀出席中国人民解放军海军成立 70 周年多国海军活动的外方代表团团长时提出的，与海上安全密切相关。

中国提出构建海洋命运共同体倡议，就是倡导国际社会"树立共同、综合、合作、可持续的新安全观"，"致力于营造平等互信、公平正义、共建共享的安全格局"，主张"国家间要有事多商量、有事好商量，不能动辄就诉诸武力或以武力相威胁"，各国应"相互尊重、平等相待、增进互信"，"加强海上对话交流，深化海军务实合作"，"完善危机沟通机制，加强区域安全合作，推动涉海分歧妥善解决"，"走互利共赢的海上安全之路，携手应对各类海上共同威胁和挑战，合力维护海洋和平安宁"。[1]海洋命运共同体倡导各国共同遵循包括《联合国海洋法公约》在内的国际规制，通过对话协商解决海洋争端，反对海上霸权，反对以武力相威胁。各国携手应对海上恐怖主义、海盗、犯罪，维护海上通道安全，应对海洋灾害、海洋气候变化和海洋生态退化等全球性海洋挑战，减少海洋安全威胁。倡导的是共同、综合、合作、可持续的新安全观，致力于营造平等互信、公平正义、共建共享的安全格局。

海洋历来是纷争之地，海洋命运共同体所倡导的新海洋安全观是解决海洋领域长期存在的严峻"和平赤字"的根本途径，是构建海洋命运

---

[1] 习近平. 习近平谈治国理政(第三卷)[M]. 北京：外文出版社有限责任公司, 2020:463-464.

共同体的首要任务。^①自 15、16 世纪人类历史进入大航海时代后，西方海洋大国在强烈的利益驱使和制海权意识驱动下竭力控制海洋通道、垄断海洋资源，致使海洋领域充斥着国际竞争、敌对、对抗、冲突乃至战争。19 世纪末美国学者马汉提出海权论，将海洋视为蕴藏无限商业经济潜能的辽阔公地，国家可以通过建立强大的海权来实现财富增长和经济繁荣。海权论深刻影响了西方海洋大国，被提升至国家战略高度，由此引发全球范围的激烈海权竞争。^②马汉也意识到，"海权的历史即使不全是但也主要是关于国家间对抗、相互间竞争和暴力最终导致战争的一种叙事"^③。

1994 年生效的《联合国海洋法公约》废弃了历史上由海洋强国以海上实力为基础构建的传统海洋秩序，构建起相对公平合理的全新的当代海洋秩序。^④尽管如此，西方海权论思想仍深刻影响着国际海洋事务的发展。美国作为海洋超级大国，至今仍未批准《联合国海洋法公约》，游离于公约的法律义务之外，对公约所确定的各项制度合则用不合则弃。1983 年美国宣布接受除第十一部分关于国际海底区域制度的规定之外的《联合国海洋公约》为"国际习惯法"。美国一直力求在公约之外塑造并主导于己有利的所谓"基于规则"的国际海洋秩序。真正公平合法、为国际社会所普遍接受的是以联合国为核心的国际体系，各国共同维护的秩序只能是以国际法为基础的国际秩序，而不是由美国和少数西方国家的意

---

①② 卢静. 全球海洋治理与构建海洋命运共同体[J].外交评论(外交学院学报),2022,39(01):1-21+165.

③ Mahan A T. The Influence of Sea Power Upon History 1660-1783[M]. 12th Edition. Little, Brown and Company, 1890:1.

④ 张海文. 地缘政治与全球海洋秩序[J].世界知识,2021(01):15.

志或拟定的规则包装而成的国际规则。①

进入 21 世纪以来，海洋作为资源宝库和综合性战略空间的价值受到各国的高度重视。世界海洋大国纷纷加大对海洋的开发利用并调整海洋政策，引发了新一轮海洋地缘战略竞争，区域海洋主导权争夺日益加剧，海洋划界分歧、岛屿主权争端不时升温，海洋安全面临严峻挑战。与此同时，涉海非传统安全挑战凸显：海洋生态环境恶化，海洋资源过度开发，海盗、走私及其他海上犯罪行为不断发生，海外贸易风险也在加大。这些传统安全问题与非传统安全问题交织并存，联动效应增强，使海洋安全形势更加复杂。②

中国提出构建海洋命运共同体倡议，就是倡导国际社会要"树立共同、综合、合作、可持续的新安全观"，"致力于营造平等互信、公平正义、共建共享的安全格局"。新安全观和西方传统的马汉海权论形成鲜明对比，具有先进的时代精神和文明意义。海军作为国家海上力量的主体，对维护海洋和平安宁和良好秩序负有重要责任。军事观察员杜文龙认为，未来人民海军将为构建"海洋命运共同体"、保障国际航道安全，努力提供更多海上公共安全产品，为维护海洋和平与繁荣发挥越来越重要的作用。

第二，共促海洋繁荣。共建 21 世纪海上丝绸之路，促进海上互联互通和各领域务实合作，推动蓝色经济发展，共同增进海洋福祉。

海洋提供自然资源、气候调节、发展空间和连通纽带。海洋蕴含丰富资源，并拥有推动经济增长、就业和创新的巨大潜力，因而海洋经济

---

① 人民网. 中国代表强调"基于规则的国际秩序"是对法治精神的违背[EB/OL]. (2021-10-13)[2021-11-13]. http://world.people.com.cn/n1/2021/1013/c1002-32251754.html.
② 卢静. 全球海洋治理与构建海洋命运共同体[J]. 外交评论(外交学院学报),2022,39(01):1-21+165.

（或"称蓝色经济"）日益受到重视，被视为未来数十年应对全球挑战，如世界食品安全、气候变化、资源能源供给、改善医疗条件等的重要力量。可持续的海洋经济对世界各国可持续发展具有重要意义。航运、渔业、旅游业和可再生能源等全球海洋经济部门的市场价值估计占全球国内生产总值的 5%，相当于世界第七大经济体。国家、区域和全球各级继续做出努力推动可持续的海洋经济，譬如开发创新的技术、制定法规和金融战略，但海洋经济发展受到新冠疫情的严重影响，突显了加强海洋经济适应性和韧性的重要性，特别是对于最不发达国家和小岛屿发展中国家而言。① 由于海洋的连通性，海洋发挥全世界贸易大通道作用，海运业承担世界贸易货运量的 90% 以上，对于世界经济具有重要作用。

"以海洋为载体和纽带的市场、技术、信息、文化等合作日益紧密，中国提出共建 21 世纪海上丝绸之路倡议，就是希望促进海上互联互通和各领域务实合作，推动蓝色经济发展，推动海洋文化交融，共同增进海洋福祉。"② 共同的海洋福祉还体现在合作应对气候变化、海洋防灾减灾、维护航道安全、维护电缆安全等领域。

第三，共建海洋生态文明。保护海洋生态环境，养护海洋生物多样性，构筑尊崇自然、绿色发展的全球海洋生态体系。

海洋是地球上最大的生态系统，人类社会需携手共筑海洋生态安全。中国已成为全球生态文明建设的重要参与者、贡献者、引领者，主张加快构筑尊崇自然、绿色发展的生态体系，共建清洁美丽的世界。海洋命运共同体是海洋生态文明的世界版，呼吁世界携手共建海洋生态文明，在各国管辖海域内加强生态环境治理，在极地深海大洋等管辖外海域积

---

① 联合国秘书长. 海洋和海洋法报告 [R]. 纽约：联合国，2020:A/75/340.
② 习近平. 习近平谈治国理政 (第三卷)[M]. 北京：外文出版社有限责任公司，2020:463-464.

极参与全球海洋治理，加强国际合作。生态文明建设关乎人类未来，建设绿色家园是人类的共同梦想，保护生态环境、应对气候变化需要世界各国同舟共济、共同努力。

第四，共促海上互联互通。海洋联通世界，而不是阻断世界联系。海洋命运共同体应促进海上基础设施的共商共建共享，携手应对人类面临的各种风险挑战，应对全球海洋挑战是其宗旨之一。在各方共同努力下，"六廊六路多国多港"的互联互通架构基本形成，150多个国家和国际组织同中国签署共建"一带一路"合作协议。推进海上互联互通是海上丝绸之路建设的重要内容，各国共同建设通畅安全高效的海上大通道。加强国际海运合作，完善沿线国之间的航运服务网络，共建国际和区域性航运中心。通过缔结友好港或姐妹港协议、组建港口联盟等形式加强沿线港口合作。推动共同规划建设海底光缆项目，提高国际通信互联互通水平。

第五，共兴海洋文化。发扬海纳百川、有容乃大的包容精神，探索未知、勇往直前的创新精神，同舟共济、共克时艰的团结精神，构筑海洋命运共同体的精神和情感基础。

二、对海洋命运共同体中几组关系的探讨

构建海洋命运共同体是人类社会实现海洋可持续发展的应有目标，是打造全球海洋治理新格局、实现世界海洋和平安宁发展的必然追求。海洋命运共同体理念的基本内涵和时代价值，与习近平总书记在庆祝中国共产党成立100周年大会上的讲话（以下简称"七一讲话"）中强调的中华优秀传统文化、新型国际关系、全人类共同价值、中国式现代化新道路、人类文明新形态等重要概念密切相关。

（一）海洋命运共同体与中华优秀传统文化

习近平总书记在"七一讲话"中，提出了"坚持把马克思主义基本原理同中国具体实际相结合、同中华优秀传统文化相结合"的两大根本要求，尤其是把马克思主义基本原理同中华优秀传统文化相结合，是中国共产党历史上第一次明确提出来的根本要求和重要使命，凸显了中华优秀传统文化在马克思主义中国化过程中的重要地位。深刻反映了新时代中国共产党人对中华优秀传统文化地位和作用的全新认识，极大拓展了马克思主义中国化的内涵。

中华文化历来强调民本思想，这种文化传统，与马克思主义的人民性一脉相承。把马克思主义基本原理同中华优秀传统文化相结合，借助于两者相互间的接触、交流、沟通，进而相互吸收、渗透、调适、整合，不仅能够开辟马克思主义和中华优秀传统文化创新发展的有效途径和方法，也必将开创马克思主义新理论、新境界，创造中国当代文化新形态、新类型、新特质。海洋命运共同体理念站在历史文明的新高度上，创造性地将中华民族"天人合一""人海和谐"等优秀海洋文化精髓应用到对海洋及其发展的深层次认知和高度把握上，认为海洋也是人类命运不可分割的生命体系之一，海洋生态、海洋中所有的生物及其环境与我们人类一样都是命运与共的主体。

当今世界，全球海洋局势风起云涌，一国难能"独善其身"，世界海洋和平安宁需要通过构建全球海洋伙伴关系，以海洋为媒介促进海洋发展的共商共建，增强海洋文明的交流互鉴，共同保护美丽海洋，推动人海和谐共生。"天下一家"是几千年来中国人对大同世界的美好畅想。"大道之行，天下为公"的理念赋予了中国共产党胸怀天下的情怀。中国传统文化中的"大同"思想是海洋命运共同体的重要理论渊源，中国共产党立志将世界各国人民对美好生活的向往变成现实，构建海洋命运共同体得到越来越多人的支持和赞同。

海洋文化是构建海洋命运共同体的文化基础和价值体现。海洋文化观念和意识决定着我们为什么要构建海洋命运共同体、构建什么样的海洋命运共同体、怎样构建海洋命运共同体等一系列问题。"和合共生"是海洋命运共同体的重要特点，以"求同存异"为基础构建新型关系哲学，推进国际"和合共生"机制的构建，这不仅是中国古代哲学思想中"天人合一"的现代阐释，还是新时代"利益观"的完美表达。合作、共建、共享、共赢逻辑下的海洋文化建设发展，理应是海洋命运共同体构建的文化基础和价值体现，而这正是中国海洋文化的核心内涵。中国海洋文化理应在海洋命运共同体构建中起到主导、引领性文化基础和精神纽带作用。

（二）"海洋命运共同体"与新型国际关系

习近平总书记在 2021 年"七一讲话"中指出，新的征程上，我们必须高举和平、发展、合作、共赢旗帜，奉行独立自主的和平外交政策，坚持走和平发展道路，推动建设新型国际关系。习近平总书记提出"坚持合作、不搞对抗，坚持开放、不搞封闭，坚持互利共赢、不搞零和博弈，坚决反对一切形式的霸权主义和强权政治"。新型国际关系以合作共赢为核心，以平等为基础，以合作为路径，以共赢为目标，具有丰富的科学内涵和鲜明的时代特征。我们要推动各国共同走和平发展之路，积极构建新型国际关系，为构建海洋命运共同体铺平道路。

构建海洋命运共同体是推动建设新型国际关系的有力抓手。海洋命运共同体以和平、合作、人海和谐为主旨，积极维护公平正义的国际海洋政治经济新秩序。合作共赢和共商共建共享是海洋命运共同体理念的主要内涵。面临当前国际海洋形势和海洋可持续发展的种种难题，没有哪个国家可以"独善其身",建立合作共赢的新型国际关系是有效应对难题和挑战的根本之道。海洋命运共同体建立在人类对海洋的共同关爱、共同认知、共同利益等基础之上,因此它是一个多元的海洋利益共同体、海洋文化共同体、人海发展共同体。只有顺应时代发展潮流,树立海洋命运共同体理念,包括合作共赢的新型国际关系理念、共商共建共享的全球海洋治理理念、"亲、诚、惠、容"的周边命运共同体理念,坚持平等协商,完善危机沟通机制,有事多商量,有事好商量,促进海上互联互通和各领域务实合作,合力维护海洋和平安宁,共同增进海洋福祉,才能促进海洋发展繁荣,为建设新型国际关系注入强劲动力。

(三)海洋命运共同体与全人类共同价值

在 2015 年第七十届联合国大会上,习近平主席首次提出"和平、发展、公平、正义、民主、自由,是全人类的共同价值"之后,他在不同场合多次论及人类共同价值问题并进行深刻阐释,2021 年"七一讲话"又重申了这个问题,体现了中国对全人类共同价值的坚守和践行。

全人类共同价值反映各国人民的普遍共识和国际社会的共同追求。维护和平是每个国家都应该肩负起来的责任,各国要同舟共济,推进开放、包容、普惠、平衡、共赢的经济全球化,让发展成果惠及世界各国。公平正义是改革和完善国际秩序的根本要求,民主自由是全人类的共同追求。人类共同价值相比于西方所谓的"普世价值",更强调国与国相处的底线、价值的多元,我们倡导人类命运共同体和海洋命运共同体理念,强调国与国之间的相互尊重,这既是马克思主义理想的体现,也是中华文明核心价值的彰显。人类命运共同体和海洋命运共同体的建构正是以此共同价值作为观念基础,习近平主席再次明确宣示全人类共同价值思想,即"各美其美,美人之美,美美与共,天下大同",这应是人类终结西方弱肉强食"丛林逻辑"的美好愿景，在文明论上对人类未来道路进行新的探索。

新时代我们提出中华民族的伟大复兴，并以人类命运共同体和海洋命运共同体的构建来助推民族复兴大业，但不是将中华民族的复兴孤立于人类共同进步的历史进程，更不是要走新殖民主义道路。中华民族的复兴绝不会走西方的霸权之路，我们在实现自身民族复兴的同时，也将促进人类的共同发展，探寻出一条完全不同于西方霸权结构世界的模式。

（四）海洋命运共同体与中国式现代化新道路

实现现代化，是人类文明发展与进步的显著标志，也是世界各国追求的共同目标。习近平总书记在 2021 年"七一讲话"中指出："我们坚持和发展中国特色社会主义，推动物质文明、政治文明、精神文明、社会文明、生态文明协调发展，创造了中国式现代化新道路，创造了人类文明新形态。"从"走自己的路"到"中国特色社会主义"，从"中国式现代化新道路"再到"人类文明新形态"，深刻阐明了中国现代化进程的发展逻辑和本质特征。

党的十八大着眼于实现社会主义现代化和中华民族伟大复兴，对推进中国特色社会主义事业做出经济建设、政治建设、文化建设、社会建设、生态文明建设"五位一体"的总体布局，统筹推进"五位一体"总体布局，为中国式现代化新道路谋划了顶层设计，奠定了理论基础。习近平总书记指出："治理一个国家，推动一个国家实现现代化，并不只有西方制度模式这一条道，各国完全可以走出自己的道路来。"中国式现代化新道路，是物质文明、政治文明、精神文明、社会文明、生态文明协调发展的现代化道路。中国所推进的现代化既有各国现代化的共同特征，更有基于国情的中国特色，是最适合自己的具有中国特色的社会主义发展道路。

中国式现代化新道路，是走和平发展道路的现代化，既传承 5000 多年中华文明的和平、和睦、和谐的传统，又顺应时代潮流，把握"和平与发展"的时代主题，坚持合作共赢的理念，推动构建人类命运共同体和海洋命运共同体，充分展现了中国式现代化为解决全球性问题、促进人类文明进步做出的贡献。海洋命运共同体强调人类社会在海洋事务方面全球休戚与共、紧密联系，本着海洋权益安全、海洋政治民主、海洋经济共赢、海洋文化通融、海洋生态保护、人海和谐发展、人海可持续发展等共同价值理念追求，共同谋划海洋安全，共同促进海洋经济繁荣，共同构建海洋生态文明，共同深化海洋领域务实合作，共同振兴海洋文化，这与中国式现代化新道路所追求的物质文明、政治文明、精神文明、社会文明、生态文明协调发展是高度一致的。

（五）"海洋命运共同体"与人类文明新形态

习近平总书记在 2021 年的"七一讲话"中提出"我们坚持和发展中国特色社会主义，推动物质文明、政治文明、精神文明、社会文明、生态文明协调发展，创造了中国式现代化新道路，创造了人类文明新形态"。人类文明新形态的新提法将中国发展道路提升到了人类文明的高度，是中国特色社会主义伟大成就的最新概括，是 21 世纪中国马克思主义文明观的理论总纲。中国特色社会主义的文明形态，具有经济、政治、文化、社会、生态文明建设全面推进的鲜明特征，是立足人类社会发展与文明演进的历史大局、时代大势，发出的人类文明新形态的中国宣言。

在人类社会中，文明多样性是推动文明进步的重要动力。中国共产党领导中国人民开创的人类文明新形态，充分尊重人类文明多样性，积极倡导文明对话与文明互鉴，充分汲取、转化人类文明一切有益成果的产物。中国所创造的人类文明新形态，是物质文明、政治文明、精神文明、社会文明、生态文明整体推进、全面发展的文明形态，体现了开放包容、命运与共的天下情怀。基于中国式现代化新道路创造的人类文明新形态，推动世界各国超越制度与意识形态的隔阂，在交流互鉴中实现共同发展，为人类文明进步贡献中国智慧和中国方案。

中国式的现代化道路"创造了人类文明新形态"。这种文明新形态，坚持以人民为中心，坚持走共同富裕道路，推动物质文明和精神文明相协调，坚持人与自然和谐共生，促进人的全面发展和社会全面进步，坚持走和平发展道路，始终把和平共处、互利共赢作为处理国际关系的基本准则，倡导共商、共建、共享，坚持多边主义，反对零和博弈、霸权主义、单边主义。可以看出，构建人类命运共同体和海洋命运共同体所倡导的理念和内涵与中国式的现代化道路所创造的人类文明新形态是一脉相承的。这种内在的一致性再次印证了中国的发展无论是在经济发展还是在文明构建方面都是世界的机遇。

三、基本原则

构建海洋命运共同体的核心价值观是合作共赢，是各国作为平等主体共同参与，共同应对挑战，共同享有发展成果，建设和谐海洋、和平海洋、健康美丽海洋。和谐海洋是人海关系的总理念，海洋支撑人类发展，人类保护海洋，要从根本上转变人海对立关系，共同维护海洋持久和平与安全，推动海洋生态文明建设，实现海洋可持续发展。2019 年 9 月 30 日，习近平总书记在庆祝中华人民共和国成立七十周年招待会上指出："我们要高举和平、发展、合作、共赢的旗帜，坚定不移走和平发展道路，坚持对外开放，同世界各国人民一道，推动构建人类命运共同体，让和平与发展的阳光普照全球。"

一是坚持平等协商，加强海洋安全合作。国家间有事多商量、有事好商量，不诉诸武力，不以武力相威胁。各国应完善危机沟通机制，加强区域安全合作，推动涉海分歧妥善解决。

二是坚持同心合力，应对全球海洋挑战。放弃零和思维、冷战思维和霸权思维，不断扩大各国共识，凝聚国际合力。共同维护海上交通秩序安全，共同打击海上犯罪活动，共同保护海洋生态环境，共同应对海洋气候变化和海洋灾害。

三是坚持合作共赢，发展蓝色伙伴关系。合作促进海洋资源可持续利用，合作推动海洋科技创新，共同推动蓝色经济发展，提升海洋产业合作水平，改善民生就业，增进海洋福祉。

四是坚持绿色发展，建设海洋生态文明。坚持人海和谐共生，尊重海洋、保护海洋、爱护海洋，携手构筑尊崇自然、绿色发展的世界海洋生态体系，实现世界海洋可持续发展。

五是坚持诚心善意，促进海洋国际合作。坚持相互尊重、平等相待，扩大各国共识，凝聚国际合力，促进海洋事务的国际合作与发展。

六是坚持兼容并蓄，增进文明交流互鉴。不同文明没有优劣之分，只有特色之别。应坚持推动世界海洋文明交流互鉴，而不是鼓吹文明冲突。倡导全球海洋大局观，形成文明多元、人海和谐的国际海洋文化新理念。

七是坚持相互尊重，深化海军务实合作。增进互信，加强海上对话交流，深化海军务实合作，走互利共赢的海上安全之路，携手应对各类海上共同威胁和挑战，合力维护海洋和平安宁。

八是坚持权责对等，提供海洋公共产品。积极为世界提供海洋安全、气候变化和极地治理等方面公共产品，同时立足于我国仍是世界上人口最多的发展中国家实际，树立负责任大国形象。

第三节　构建海洋命运共同体理念的路径

时代进步和现实发展都要求国际社会超越传统海权论思维，树立以共同体为价值原点的新型海洋文明观。在当前这个各国利益交融、命运与共的世界，中国作为海洋大国，正朝着建设海洋强国的目标努力，努力寻求各方利益的最大公约数，积极承担维护海洋和平安宁、促进海洋可持续发展的国际责任。中国的海洋强国建设以构建海洋命运共同体为价值引领和目标追求，这也是中国构建新型海洋强国的必然要求。[①]海洋命运共同体倡导超越单纯追求狭隘的本国利益，兼顾全球海洋前途命运，需要化解打压遏制、猜疑防范、竞争掣肘等诸多现实矛盾与难题，[②]需要摒弃传统的海权思想、冷战思维、零和思维、霸权主义和单边主义，需要各国的责任担当，需要国际社会着眼可持续的和平、繁荣与稳定，共同推进海洋治理，共同维护海洋秩序，共同维护海上安全，共同完善和发展现有体制，构建新型海上国际关系。[③]

构建海洋命运共同体是一个宏大系统工程，以共商共治共享为总原则，循序渐进，量力而行。长期目标是建设持久和平、普遍安全、共同繁荣、开放包容、清洁美丽的世界，破解国际海洋事务中的治理赤字、信任赤字、和平赤字和发展赤字。为构建海洋命运共同体，应深化海洋安全合作与沟通，推动全球海洋治理，加强国际合作，共同应对全球挑战。构建海洋命运共同体是一个从观念到行动、进而塑造现实的动态过

---

① 卢静. 全球海洋治理与构建海洋命运共同体[J].外交评论(外交学院学报),2022,39(01):1-21+165.

② 傅梦孜,王力. 海洋命运共同体:理念、实践与未来[J]. 当代中国与世界,2022(02):37-47+126-127.

③ 朱锋. 从"人类命运共同体"到"海洋命运共同体"——推进全球海洋治理与合作的理念和路径[J].亚太安全与海洋研究,2021(04):1-19+133.

程。在具体举措上，应推动海上丝绸之路建设、保护海洋生态环境、养护生物多样性、应对海洋领域气候变化、构建蓝色伙伴关系、保护与利用海洋资源。"十四五"是构建海洋命运共同体的关键时期，对建立理论架构、国际话语传播和指导治理实践等具有重要意义。

一、扩大海洋话语国际传播

构建海洋命运共同体属对外主张范畴，获得国际社会的理解和认同，是构建海洋命运共同体的重要前提和基础。需在国际场合讲好中国故事。应将海洋命运共同体作为我国开展全球海洋治理的主要理念，利用更多的平台，进行系统的、充分的、具有感召力的话语表达。

构建海洋命运共同体作为一个新话语，既是中国自身文化传统和思维观念的反映，又承载着一定的政治价值观念和政治意图。中外在文化传统、思维观念尤其是政治立场和意识形态等方面存在明显差异，客观上造成了国际理解和认同的困难。同时，当前世界海洋权力格局正发生深刻变化，世界面临百年未有之大变局，叠加中美大国博弈和新冠疫情，围绕话语权展开的竞争越来越成为国际竞争的重要方面，加之中国正在推进海洋强国建设，更增加了国际社会对中国倡导构建海洋命运共同体的真实意图的质疑。在此形势下，要提升国际社会对构建海洋命运共同体的价值认同和目标认同，必须探寻中外话语的共通点，扩大共通的意义空间。①

共同体作为构建海洋命运共同体的价值原点和目标追求，是中外话语的共通点，中国应通过加强与世界各国及人民在共同体这一共通意义空间的对话交流来提升构建海洋命运共同体的国际认同。尽管人们对共

---

① 卢静. 全球海洋治理与构建海洋命运共同体[J]. 外交评论(外交学院学报),2022,39(01):1-21+165.

同体概念的认知不一，但从古至今人们一直高度认同共同体价值，始终努力追求实现真正的共同体。"'共同体'给人的感觉总是不错的"，它是"一个温暖而又舒适的场所"，"'置身于共同体中'，这总是好事"。① 如今，科技进步、经济全球化和海洋的连通性已经使人类与海洋形成了利益交融、安危与共的命运共同体，这就要求我们必须摒弃西方海权论思想，树立以共同体为价值原点的海洋文明观。

为构建海洋命运共同体话语体系，中国需要在自然科学、社会科学和海洋意识宣传培养等领域同时发力。第一，持续加大海洋科技创新力度，不断提高自然科学知识的供给能力，并通过加强科学与政治的交流互动，将求真的科学精神与追求"共同善"的政治理想紧密结合起来，打造科学界的知识共识。第二，加强社会科学理论研究和学术话语建设，构建海洋命运共同体所蕴含的新安全观、新发展观和新治理观，增强构建海洋命运共同体的学理性基础，并通过积极的政治实践和外交活动，使海洋科学知识转化为海洋政治共识。② 第三，加强宣传教育。全社会的海洋意识是我国构建海洋命运共同体的文化承载和精神基石，要通过制定海洋科普宣传规划，完善公众参与机制，将海洋基础知识纳入基础教育课程，建立国际海洋科普、教育、海洋特色文化产业化示范基地等多种形式，引导公众逐步树立海洋观念，营造良好海洋文化氛围，形成全民共同促进海洋命运共同体建设的新局面。

二、加强海洋国际交流合作

对于人类共同面临的全球性问题和挑战，习近平总书记指出，"人

---

① 齐格蒙特·鲍曼. 共同体[M]. 欧阳景根，译. 南京：江苏人民出版社，2003:1-2.

② 卢静. 全球海洋治理与构建海洋命运共同体[J]. 外交评论(外交学院学报),2022,39(01):1-21+165.

类有两种选择。一种是人们为了争权夺利恶性竞争甚至兵戎相见，这很可能带来灾难性危机。另一种是人们顺应时代发展潮流，齐心协力应对挑战，开展全球性协作，这就将为构建人类命运共同体创造有利条件"。① "以海洋为载体和纽带的市场、技术、信息、文化等合作日益紧密"，中国提出共建 21 世纪海上丝绸之路倡议，就是希望促进海上互联互通和各领域务实合作，推动蓝色经济发展，推动海洋文化交融，共同增进海洋福祉。全球性海洋安全和发展问题远远超出单一国家或数个国家所能应对的范围，需要世界各国通力合作。加强海洋各领域交流与合作，促进合作共赢是构建海洋命运共同体的必经路径。各国应遵循《联合国宪章》的精神，坚持平等协商，完善危机沟通机制，加强区域安全合作，推动涉海分歧妥善解决。化解分歧、正视差异、平等相待，用命运共同体意识筑起文明交流互鉴之基。应加强在海洋领域应对气候变化、可持续利用海洋资源、养护海洋生物多样性、海洋科学研究等多个领域的合作。加强海洋文化交流与文明互鉴，推动文化认同、民心相通，为构建海洋命运共同体奠定人文基础。

海洋国际交流合作的一个重要领域是加强海洋科技合作，通过互动、互学、互鉴，发挥科学技术在构建海洋命运共同体中的创新、引领、驱动和支撑作用。中国在国际海洋科技合作交流方面越来越多地发挥引领作用，不断提升贡献度。经第 75 届联合国大会批准，联合国于 2021 年 1 月 1 日起正式实施"海洋科学促进可持续发展十年"（以下简称"海洋十年"）。"海洋十年"以"构建我们所需要的科学，打造我们所希望的海洋"为愿景；以"促进形成变革性的海洋科学解决方案，促进可持续发

---

① 习近平. 携手建设更加美好的世界——在中国共产党与世界政党高层对话会上的主旨讲话[N]. 人民日报, 2017-12-02(02).

展，将人类和海洋联结起来"为使命，与海洋命运共同体中人与海洋命运与共的理念相吻合。"海洋十年"是联合国发起的顶层海洋科学倡议，将引发一场从海洋科技到全球海洋深度治理的巨大变革。我国积极支持并参与"海洋十年"行动，由自然资源部第一海洋研究所牵头发起的"海洋与气候无缝预报系统（OSF）"和自然资源部第二海洋研究所牵头发起的"多圈层动力过程及其环境响应的北极深部观测"等四项大科学国际合作研究计划正式获批，中国申办的海洋与气候协作中心于2022年6月正式获批。海洋与气候协作中心是联合国首批设立的6个"海洋十年"协作中心之一，将在全球范围内协调、监测和评估"海洋十年"相关行动的实施进程，为世界制作和提供高质量科技公共服务产品，为人类社会可持续发展和气候变化提供基于海洋的解决方案。

三、深度参与全球海洋治理

全球海洋治理是全球治理在海洋领域的体现，是国家、国际组织和社会团体等多种行为主体对海洋领域治理议题的应对，旨在实现公正合理的海洋政治关系、互利共赢的海洋经济关系、和谐共生的海洋生态关系、和平合作的海上安全关系、包容互鉴的海洋文化关系，实现海洋领域的可持续发展。全球海洋治理的产生与演进既与全球治理议题日益突出的时代背景密切相关，也是海洋领域面临的全球治理困境和挑战的集中反映。从全球治理角度而言，海洋命运共同体理念促进各国互联互通，是解决结构失衡与文明冲突两大全球治理挑战的重要路径。

中国一直是世界和平的建设者、全球发展的贡献者、国际秩序的维护者，中国只有积极参与全球海洋治理，才能有效推动海洋命运共同体的构建与发展。应加大对公海生物多样性养护国际规制构建、全球海洋塑料垃圾和微塑料治理等议题的参与力度，提高全球海洋治理的能力与水平，打造极地和深海等海洋合作新疆域，提供更多公共产品。

一要大力打造全球蓝色经济合作平台，全面参与全球经济治理和公共产品供给。充分尊重各国差异，打造包容互鉴、互惠互利的海洋国际关系。促进海洋经济合作与海洋生态保护合作相协调，为建设海洋命运共同体提供绿色保障；创造安全牢固的海洋安全合作模式，建立起以各国相互尊重为前提、以公平正义为准则、以合作共赢为目标的牢固稳定的海上安全关系。

二要完善全球海洋治理体系。作为全球性、区域性大国，中国积极倡导新的海洋价值观，重视联合国在海洋治理中的核心作用，以开放、自信、有为的姿态全面参与联合国框架内海洋治理机制和海洋新秩序新规则制定与实施。我国应积极参与全球海洋环境制度、全球海洋安全制度与全球海洋法律制度的设计与变革，在其他区域的海洋协调制度建设中也努力发挥建设性作用，追求各方共赢的"包容性利益"，同时要积极完善国内海洋立法，对接国际规范，为参与全球海洋治理提供法制保障。

三要推动建立共商共建的海洋合作机制。中国坚持以开放包容、合作共赢理念为引领，加强国家间对话与协调，与区域内国家签订域内协定或条约，实现制度化合作。中国积极参与PEMSEA（东亚海环境管理伙伴关系区域组织）、APEC（亚太经合组织）等跨区域综合治理组织。中国加大对公海生物多样性养护国际规制构建、全球海洋塑料和微塑料等议题的参与力度，打造极地和深海等海洋合作新疆域。以多种参与方式合作推进海洋治理，为国际社会提供更多公共产品，提高参与全球海洋治理的能力与水平。[1]

---

① 叶芳. 积极参与全球海洋治理 构建海洋命运共同体 [N]. 中国海洋报, 2019-06-18(第2版).

四、深化海军务实合作

"海军作为国家海上力量主体，对维护海洋和平安宁和良好秩序负有重要责任。"[1]各国相互尊重、平等相待、增进互信，加强海上对话交流，深化海军务实合作，走互利共赢的海上安全之路，携手应对各类海上共同威胁和挑战，是建设海洋命运共同体的重中之重。

中国军队坚决维护以联合国为核心的国际体系，以国际法为基础的国际秩序，以联合国宪章宗旨和原则为基础的国际关系基本准则。2021年，中国发布实施《国际军事合作工作条例》。该条例以坚持服务大局、积极作为、合作共赢等为原则，对于促进国际和地区和平稳定，推动构建人类命运共同体具有重要意义。中国海军与俄罗斯海军举行"海上联合—2021"演习，与欧洲防务部门和军队保持着友好交往和战略沟通，与越南举行"和平救援—2021"卫勤联合演习，参加"和平–21"多国海军联演和"国际军事比赛—2021"等国际军事合作活动。中国舰艇编队远赴印尼相关海域，协助救援打捞"南伽拉"号失事潜艇，这是中国援潜救生力量的首次国际救援实践。[2]

五、维护和发展以国际法为基础的海洋秩序

国际海洋法治对促进实现全球海洋新秩序具有支撑和保障的重要作用，是构建海洋命运共同体的必由之路。构建海洋命运共同体需要各国致力于依法治海，合作建设全球海洋法治环境。1982年《联合国海洋法公约》作为当代国际海洋法最重要组成部分，打破了传统的西方中心主义，让广大发展中国家更多参与海洋治理，代表着当时历史条件下所能

---

① 习近平. 习近平谈治国理政(第三卷)[M]. 北京:外文出版社有限责任公司, 2020:463.
② 徐琳. 2021年中国军队开展国际军事合作回眸[N]. 解放军报, 2021-12-23.

取得的最好结果。同时其制度设计上的未尽之处也不可避免，无法全面满足全球海洋治理的现实需求。美国长期游离于《联合国海洋法公约》之外，事实上享受着海洋法规定的全部权利，却反对受到相关法律制度的限制。在中美战略相持的背景下，中国比以往任何时候都更加需要发扬海洋法治思维，不断完善涉海法律法规体系，积极参与国际海洋法规制定，争取"在国际海洋规则和制度领域拥有与我国综合国力相称的影响力"。一方面，结合全球海洋治理新形势、新任务，不断完善海洋法治建设，共同推动国际海洋法体系向更加公正合理的方向发展，在可持续发展等领域为海洋治理注入新的生命力；另一方面，通过法治路径来阐释中国主张，反对西方所谓"以规则为基础"的海洋秩序论，坚持维护包括《联合国海洋法公约》在内的国际法体系的权威性，澄清潜在的误解、凝聚国际共识，运用法律手段维护我国主权、安全、发展利益[1]，携手国际社会共同建设"我们所希望的海洋"。

海洋命运共同体是深刻洞察人类前途命运和时代发展大势，敏锐把握中国与世界关系历史性变化的重要理念，对于推动各国海军深化务实合作，合力维护海洋和平安宁具有重要意义。海洋命运共同体理念的提出充分体现了中国将自身海洋事业与世界海洋发展相统一的胸怀和担当，有利于与国际社会共同建设清洁的海洋、健康的海洋、物产丰盈的海洋、可预测的海洋、安全的海洋、可获取的海洋、有吸引力的海洋。构建海洋命运共同体必将推动世界发展进步、促进海洋和平安全，造福各国人民！

---

① 傅梦孜,王力. 海洋命运共同体:理念、实践与未来[J]. 当代中国与世界,2022(02):37-47+126-127.

07

第七章

践行"一带一路"倡议

第一节 "一带一路"倡议与中国海洋国际合作

2013 年，习近平主席提出共同建设丝绸之路经济带和 21 世纪海上丝绸之路的合作倡议。共建"一带一路"倡议，为沿线各国共谋发展、共同繁荣提供了新的重大契机，得到了国际社会特别是合作伙伴的高度关注和积极响应。①2015 年 3 月 28 日，国家发展和改革委员会、外交部、商务部发布了《推动共建丝绸之路经济带和 21 世纪海上丝绸之路的愿景与行动》(下称《愿景与行动》)，标志着海上丝绸之路建设已从战略构想进入到实施阶段。2017 年 5 月 14 日至 15 日，中国在北京主办"一带一路"国际合作高峰论坛。这是各方共商、共建"一带一路"，共享互利合作成果的国际盛会，也是加强国际合作，对接彼此发展战略的重要合作平台。在本次峰会上，国家发展和改革委员会、国家海洋局还发布了《"一带一路"建设海上合作设想》，对 21 世纪海上丝绸之路建设原则、方式、领域和内容进行了详细的规划和说明。2023 年 10 月 18 日，第三届"一带一路"国际合作高峰论坛召开了海洋合作专题论坛，其间发布了"一带一路"蓝色合作成果清单及"一带一路"蓝色合作倡议，包括高峰论坛期间和前夕签署的双边合作文件、中方打出的合作举措、支持的合作平台以及合作项目清单。

"一带一路"倡议自提出以来，得到了国际组织、合作伙伴和地区的积极评价和响应。2017 年 5 月和 2019 年 4 月在北京召开的第一、第二届"一带一路"国际合作高峰论坛，参会各国政府、地方、企业代表等达成一系列合作共识、重要举措及务实成果。"一带一路"倡议提出以

---

① 引自中共中央政治局委员、中央书记处书记、中宣部部长刘奇葆在21世纪海上丝绸之路国际研讨会高峰论坛上发表的主旨演讲，2015年2月12日。

来，已经逐步进入、深入、融入各国和地区的发展理念中。从习近平主席提出"一带一路"建设的"五通"，到共建"一带一路"愿景与行动文件的发布，"一带一路"建设的主体框架日渐清晰，为世界经济增长开辟新空间，为国际贸易和投资搭建新平台，为完善全球经济治理拓展新实践，为增进各国民生福祉做出新贡献。

一、同各方各国战略规划不断对接融合

（一）"一带一路"倡议同联合国 2030 年可持续发展议程有效对接

在 2015 年"千年发展目标"收官之时，联合国全体会员国通过了联合国《2030 年可持续发展议程》，其制定的 17 项可持续发展目标（SDGs）从 3 个维度为人类社会的可持续发展设定了宏伟目标，即通过善治实现经济发展、社会包容和环境的可持续性。

各国要抓住"一带一路"合作带来的机遇，实现互利共赢。联合国秘书处还将"一带一路"国际合作高峰论坛圆桌峰会联合公报作为第 71 届联合国大会正式文件（A/71/928）散发。2015 年 7 月，上海合作组织发表了《上海合作组织成员国元首乌法宣言》，支持关于建设"丝绸之路经济带"的倡议。2016 年 9 月，《二十国集团领导人杭州峰会公报》核准了"全球基础设施互联互通联盟倡议"。2016 年 11 月，联合国 193 个会员国协商一致通过决议，欢迎共建"一带一路"等经济合作倡议，呼吁国际社会为"一带一路"建设提供安全保障。2017 年 3 月，联合国安理会一致通过了第 2344 号决议，呼吁国际社会通过"一带一路"建设加强区域经济合作，并首次载入"人类命运共同体"理念。

（二）"一带一路"倡议同各地区发展规划和合作倡议有效对接

"一带一路"倡议与东盟互联互通总体规划、非盟 2063 年议程、欧亚经济联盟、欧盟欧亚互联互通战略等区域发展规划和合作倡议有效对

接。2018 年，中拉论坛第二届部长级会议、中国—阿拉伯国家合作论坛第八届部长级会议、中非合作论坛峰会先后召开，分别形成了中拉《关于"一带一路"倡议的特别声明》《中国和阿拉伯国家合作共建"一带一路"行动宣言》和《关于构建更加紧密的中非命运共同体的北京宣言》等重要成果文件。

（三）冰上丝绸之路开辟"一带一路"合作的新方向

2017 年，中俄两国领导人达成共同打造"冰上丝绸之路"共识，商定将"冰上丝绸之路"作为"一带一路"建设和欧亚经济联盟对接合作的重要方向予以推动。2018 年 1 月，中国政府正式发布《中国的北极政策》白皮书，明确提出："中国愿依托北极航道的开发利用，与各方共建'冰上丝绸之路'。"目前，中俄北极开发合作取得了积极进展。中远海运集团已经完成多个航次的北极航道的试航。两国交通部门正就签署《中俄极地水域海事合作谅解备忘录》进行商谈，不断完善北极开发合作的政策和法律基础。中俄两国企业积极开展北极地区的油气勘探开发合作，商谈北极航道沿线的交通基础设施建设项目。中国商务部和俄罗斯经济发展部正在探讨建立专项工作机制，统筹推进北极航道开发利用、北极地区资源开发、基础设施建设、旅游和科考等全方位合作。2017 年 12 月，中俄能源合作重大项目——亚马尔液化天然气项目正式投产，这是中国提出"一带一路"倡议后在俄罗斯实施的首个特大型能源合作项目，将成为"冰上丝绸之路"的重要成果。"冰上丝绸之路"的建设，不仅需要中、俄、北欧及沿线各国的共同参与，更取决于气候变化对未来北极地区的影响程度。

二、带动全球互联互通不断加强

按照共建"一带一路"的合作重点和空间布局，中国提出了"六廊六路多国多港"的合作框架。"六廊"是指新亚欧大陆桥、中蒙俄、中国—
中亚—西亚、中国—中南半岛、中巴、孟中印缅六大国际经济合作走廊。
"六路"指铁路、公路、航运、航空、管道和空间综合信息网络，是基础
设施互联互通的主要内容。"多国"是指一批先期合作国家。"一带一路"
沿线有众多国家，中国既要与各国平等互利合作，也要结合实际与一些
国家率先合作，争取有示范效应、体现"一带一路"理念的合作成果，吸
引更多国家参与共建"一带一路"。"多港"是指若干保障海上运输大通道
安全畅通的合作港口，通过与"一带一路"合作伙伴共建一批重要港口和
节点城市，进一步繁荣海上合作。

（一）规划"六廊六路"构建陆上经济发展带

新亚欧大陆桥、中蒙俄、中国—中亚—西亚、中国—中南半岛、中
巴、孟中印缅六大国际经济合作走廊将亚洲经济圈与欧洲经济圈联系在
一起，为建立和加强各国互联互通伙伴关系，构建高效畅通的亚欧大市
场发挥了重要作用。"新亚欧大陆桥经济走廊"在中欧互联互通平台和欧
洲投资计划框架下的务实合作有序推进。"中蒙俄经济走廊"正在推动形
成以铁路、公路和边境口岸为主体的跨境基础设施联通网络。"中国—中
亚—西亚经济走廊"在能源合作、设施互联互通、经贸与产能合作等领
域合作不断加深。"中国—中南半岛经济走廊"在基础设施互联互通、跨
境经济合作区建设等方面取得积极进展。"中巴经济走廊"以能源、交通
基础设施、产业园区合作、瓜达尔港为重点的合作布局确定实施。"孟中
印缅经济走廊"在机制和制度建设、基础设施互联互通、贸易和产业园
区合作、国际金融开放合作、人文交流与民生合作等方面研拟并规划了
一批重点项目。

（二）推进"多国多港"构建海上丝绸之路

21 世纪海上丝绸之路是对传统海上丝绸之路的拓展和延伸，建设安全、开放、和平的 21 世纪海上丝绸之路，是中国与沿线各国的共同需求。港口建设是 21 世纪海上丝绸之路建设的重要内容。巴基斯坦瓜达尔港开通集装箱定期班轮航线，起步区配套设施已完工，吸引了 30 多家企业入园；斯里兰卡汉班托塔港经济特区已完成园区产业定位、概念规划等前期工作；希腊比雷埃夫斯港建成重要中转枢纽，三期港口建设即将完工；阿联酋哈利法港二期集装箱码头已于 2018 年 12 月正式开港。中国还与 66 个国家和地区签署了 70 个双边和区域海运协定。中国宁波航运交易所不断完善"海上丝绸之路航运指数"，发布了 16 ＋ 1 贸易指数和宁波港口指数。

印度尼西亚是东盟的重要国家，其提出的建设"全球海洋支点"构想，与中国提出的"一带一路"倡议能够形成有效对接。

2023 年 10 月 17 日，雅万高铁正式开通运营。雅万高铁是中国高铁首次全系统、全要素、全产业链在海外落地，不仅为两国各领域合作特别是基础设施和产能领域的合作树立新的标杆，还架起了中印尼人民相互了解和加强友谊的桥梁。

斯里兰卡位于印度洋中部，该国规划打造印度洋的贸易、航运中心，发展潜力巨大。斯里兰卡汉班托塔港经济特区已完成园区产业定位、概念规划等前期工作。

巴基斯坦是中国山水相依的友好邻邦，两国人民有着悠久的传统友谊。巴基斯坦地理位置十分特殊，通过中巴经济走廊建设，陆上丝绸之路经济带与 21 世纪海上丝绸之路构成完整的回路，因此，自 2013 年中国提出"一带一路"建设的构想以来，巴基斯坦成为推进一带一路建设的重点国家。巴基斯坦瓜达尔港开通集装箱定期班轮航线，起步区配套设施已完工，吸引了30多家企业入园。

吉布提政府积极响应中国"一带一路"倡议。吉布提至埃塞俄比亚铁路项目是第一个集设计标准、设备采购、施工、监理和融资为一体的全流程"中国化"项目，由中国进出口银行提供融资。这条铁路的开通，使吉布提港口成为非洲东北部重要的出海口。

希腊地理条件独特，位于陆海相连、欧亚非相通的重要位置，是"一带一路"建设、打造亚欧海陆联运新通道的关键节点，也是进入欧盟及东南欧市场的良好门户。希腊作为能够连接中国和欧洲投资和贸易流动的门户国家，战略重要性日趋明显，双方在"一带一路"框架的合作前景十分广阔。比雷埃夫斯港是希腊最大港口，位于雅典西南约10千米处。2016年，中远海运集团成功中标比雷埃夫斯港港务局私有化项目，正式成为港务局控股股东并接手运营管理，直接和间接为当地1万多人创造了就业机会。该港现已成为地中海地区最大港口和全球发展最快的集装箱码头之一。2019年11月12日，习近平主席在访问希腊时指出："比雷埃夫斯港项目是中希双方优势互补、强强联合、互利共赢的成功范例。希望双方再接再厉，搞好港口后续建设发展，实现区域物流分拨中心的目标，打造好中欧陆海快线。"①

三、国际合作平台不断完善

（一）"一带一路"国际合作高峰论坛

2017年首届"一带一路"国际合作高峰论坛在北京成功举办，29位外国元首和政府首脑出席，140多个国家和80多个国际组织的1600多

---

① 杜尚泽, 韩秉宸. 习近平和希腊总理米佐塔基斯共同参观中远海运比雷埃夫斯港项目[N]. 人民日报,2019-11-13(01).

名代表参会。论坛 279 项成果中,到目前为止有 265 项已经完成或转为常态工作,剩下的 14 项正在督办推进,落实率达 95%。[①]

第二届"一带一路"国际合作高峰论坛于 2019 年 4 月 26 日在北京隆重开幕,国家主席习近平发表《齐心开创共建"一带一路"美好未来》的主旨演讲,总结了"一带一路"建设的成绩,为共建开放、创新、平衡发展的"一带一路"提出了新的倡议,为走向"一带一路"美好未来指明了方向。

2023 年 10 月 18 日,第三届"一带一路"国际合作高峰论坛在北京举行并取得圆满成功。高峰论坛成果丰硕,各方形成 458 项成果,中国与部分国家共同发布联合声明、新闻公报、行动计划、新闻声明等文件,文化和旅游交流合作是其中重要内容。

(二)强化多边机制在推进"一带一路"建设中的作用

共建"一带一路"顺应了和平与发展的时代潮流,坚持平等协商、开放包容,促进各国在既有国际机制基础上开展互利合作。中国充分利用二十国集团、亚太经合组织、上海合作组织、亚欧会议、亚洲合作对话、亚信会议、中国—东盟(10 + 1)、澜湄合作机制、大湄公河次区域经济合作、大图们倡议、中亚区域经济合作、中非合作论坛、中阿合作论坛、中拉论坛、中国—中东欧 16 + 1 合作机制、中国—太平洋岛国经济发展合作论坛、世界经济论坛、博鳌亚洲论坛等现有多边合作机制,在相互尊重、相互信任的基础上,积极同各国开展共建"一带一路"实质性对接与合作。

中方还与有关国家在港口航运、金融、税收、能源、文化、智库、

---

① 引自推进"一带一路"建设工作领导小组办公室副主任、国家发改委副主任、国家统计局局长宁吉喆出席国务院新闻办新闻发布会的讲话,2018 年 8 月 27 日。

媒体等专家领域建立了一系列的多边合作平台，并与合作伙伴发起了绿色丝绸之路、廉洁丝绸之路等倡议。

四、助力合作伙伴经济发展和民生改善

（一）将中国发展成果惠及合作伙伴

在共建"一带一路"合作框架下，中国支持亚洲、非洲、拉丁美洲等地区广大发展中国家加大基础设施建设力度，世界经济发展的红利不断输送到这些发展中国家。2013—2022 年，中国与共建国家进出口总额累计 19.1 万亿美元，年均增长 6.4%；与共建国家双向投资累计超过 3800 亿美元，其中中国对外直接投资超过 2400 亿美元；中国在共建国家承包工程新签合同额、完成营业额累计分别达到 2 万亿美元、1.3 万亿美元。2022 年，中国与共建国家进出口总额近 2.9 万亿美元，占同期中国外贸总值的 45.4%，较 2013 年提高了 6.2 个百分点；中国民营企业对共建国家进出口总额超过 1.5 万亿美元，占同期中国与共建国家进出口总额的 53.7%。[①]

（二）坚持绿色与创新的发展理念

中国坚持《巴黎协定》，积极倡导并推动将绿色生态理念贯穿于共建"一带一路"倡议。中国与联合国环境规划署签署了关于建设绿色"一带一路"的谅解备忘录，与 30 多个合作伙伴签署了生态环境保护的合作协议。

"一带一路"倡议提出以来，海洋议题越来越多地被纳入到领导人互访与对话体制中。我国与越南、柬埔寨、印度、斯里兰卡、马尔代夫、瓦努阿图等国签署了政府间海洋领域合作协议，建立了广泛的海洋合作

[①]《共建"一带一路"：构建人类命运共同体的重大实践》白皮书。

伙伴关系。在亚太经合组织、东亚合作领导人系列会议、中国—东盟合作框架等机制下建立了蓝色经济论坛、中国—东盟海洋合作中心、东亚海洋合作平台等对话与合作平台。[①]

[①] 汪涛.深化蓝色伙伴关系共谱海上合作新篇[N].中国海洋报,2017-06-22(第1版).

第二节 21世纪海上丝绸之路建设的进展

作为"一带一路"倡议的有机组成部分，21世纪海上丝绸之路建设肩负着促进合作伙伴经济社会发展、提升合作伙伴海洋防灾减灾能力、提高沿海国家海洋科学技术水平、促进各国海洋文化交流、维护区域海上安全和秩序的重任。中国政府为推动21世纪海上丝绸之路建设，相继发布了《推动共建丝绸之路经济带和21世纪海上丝绸之路的愿景与行动》《"一带一路"建设海上合作设想》等框架性文件，为推进各国的海洋经济发展、海洋科学研究、海洋防灾减灾和构建和平安全的海上安全环境奠定了重要基础。

一、共走绿色发展之路

《"一带一路"建设海上合作设想》提出维护海洋健康是最普惠的民生福祉。中国政府将用绿色发展的新理念指导"一带一路"建设海上合作，加强与沿线国在海洋生态保护与修复、海洋濒危物种保护、海洋环境污染防治、海洋垃圾、海洋酸化、赤潮监测、海洋领域应对气候变化以及蓝色碳汇等领域的国际合作，并将在技术和资金上提供援助。中国倡议沿线国共同发起海洋生态环境保护行动，共同维护全球海洋生态安全。

（一）以《南海及其周边海洋国际合作框架计划》促进与东盟及南海周边国家合作

为了促进南海及其周边海洋国家在海洋领域的务实合作，中国政府于2011年制定了《南海及其周边海洋国际合作框架计划》(2011—2015)，框架计划的重点是推动南海及其周边国家共同关心的区域海洋可持续发展方面的合作，包括海洋与气候变化、海洋环境保护、海洋生态系统与生物多样性、海洋防灾减灾、区域海洋学研究、海洋政策与管理六大领域。2016 年，在前五年的基础上，又发布了《南海及其周边海洋国际合作框架计划（2016—2020）》。框架计划积极配合"一带一路"倡议实施，为"十三五"期间中国与南海及其周边国家、地区、国际组织等合作伙伴确立了合作框架，新增海洋资源开发利用与蓝色经济发展合作领域，以进一步推进合作伙伴海上互联互通、提升海洋经济对外开放水平。

实施《南海及其周边海洋国际合作框架计划》以来，中国与南海周边国家搭建双边联委会、管委会和研讨会等多层面合作机制，与印度尼西亚、泰国、马来西亚、柬埔寨、越南等东盟国家在海洋生物多样性保护、季风暴发监测、海岸带管理、防灾减灾、人才交流等低敏感海洋领域开展了一系列合作项目，达成了广泛的合作共识。中国—印尼海上合作基金和中国—东盟海上合作基金先后支持了中国—印尼海洋与气候联合研究中心及观测站建设、东南亚海洋环境预报及减灾系统、东南亚海洋濒危物种研究、北部湾海洋与海岛环境管理等项目，有力推动了我国与周边国家海洋领域合作。2015 年中国—东盟海洋合作年成果丰硕，为中国—东盟共建 21 世纪海上丝绸之路奠定了坚实基础。[①]中菲南海问题双边磋商机制保持良好运行，2018 年 11 月中菲签署《关于油气合作开发的谅解备忘录》后，2019 年 10 月两国油气合作政府间联合指导委员会宣告成立并召开了第一次会议。2019 年 9 月中马也设立了海上问题双边磋商机制。

（二）关切合作伙伴海洋需求，促进与各国海洋领域合作

作为世界上最大的发展中国家，中国一向重视同广大发展中国家发展友好合作关系。

---

① 汪涛.深化蓝色伙伴关系共谱海上合作新篇[N].中国海洋报, 2017-06-22(第1版).

在南亚地区，中国分别同印度、巴基斯坦、斯里兰卡、孟加拉国等国签署了海洋合作谅解备忘录，与斯里兰卡、巴基斯坦合作建立联合研究机构和海洋观测站。中国支持佛得角的海洋经济发展，为佛得角在编制海洋产业园区规划方面提供帮助。2020 年，中国与印尼"全球海洋支点"构想加强对接，雅万高铁、区域综合经济走廊、"两国双园"等重大项目取得实质进展。[①]

中国还与东盟深化海洋合作，探讨在海洋金融、海上互联互通、海洋科技推广应用和海洋环保等海洋经济领域开展项目合作，鼓励建立中国—东盟蓝色经济伙伴关系，促进海洋生物多样性保护和海洋及海洋资源可持续利用合作。[②]

中国与非洲国家是好兄弟，好伙伴，好朋友。中国与南非、坦桑尼亚桑给巴尔、塞舌尔、马尔代夫等分别建立了长期的双边海洋合作机制。2012 年和 2016 年，中国分别与尼日利亚、莫桑比克和塞舌尔合作开展了大陆边缘的联合调查航次，密切了中国同非洲国家海洋研究机构和专家间的合作关系，增进了相互了解，是实施"南南合作"的重要体现。2020 年 12 月，中国与非洲联盟签订《关于共同推进"一带一路"建设的合作规划》，这是中国和区域性国际组织签署的第一份共建"一带一路"规划类合作文件，将推动"一带一路"倡议同非盟《2063 年议程》深入对接，其中港口基础设施等成为重要合作内容。

中国还与太平洋岛国瓦努阿图签署了双边海洋领域合作文件，与牙

---

① 新华网. 王毅谈中国同印尼达成的五点共识[EB/OL]. (2021-01-14)[2022-01-03]. http://www. xinhuanet.com/2021/01/14/c_1126979826.htm.

② 中华人民共和国外交部. 中华人民共和国和文莱达鲁萨兰国政府间联合指导委员会第二次会议联合新闻稿[EB/OL]. (2021-01-16) [2022-01-03]. https://www.mfa.gov.cn/web/gjhdq_676201/ gj_676203/yz_676205/1206_677004/xgxw_677010/202101/t20210116_9304999.shtml.

买加共建了首个海洋环境联合观测站。

2020年，疫情给世界经济造成严重冲击，也给共建"一带一路"带来一些困扰。但"一带一路"合作不仅没有止步，反而逆势前行，又取得了新的进展，展现出强劲韧性，特别是21世纪海上丝绸之路沿线的各类项目正在有序推进。截至2020年底，我国已经与138个国家、31个国际组织签署了202份共建"一带一路"合作文件。[①]

二、共创依海繁荣之路

《"一带一路"建设海上合作设想》提出，发展是解决一切问题的总钥匙。中国愿携手沿线国应对世界经济面临的挑战，整合经济要素和发展资源，大力发展蓝色经济，推进海上互联互通，加强在海洋产业、港口建设运营、海洋资源开发利用、涉海金融以及北极开发利用等方面的合作，增加就业机会，努力消除贫困，让广大民众成为"一带一路"建设的直接受益者。

（一）远洋渔业

我国远洋渔业从1985年起步，经30余年的发展，取得巨大成就。2014年全国远洋渔业总产量和总产值分别达203万吨和185亿元，作业渔船总功率达近100万千瓦，远洋渔船船队总体规模和远洋渔业总产量均居世界前列；远洋渔船整体装备水平显著提高，现代化、专业化和标准化船队初具规模，作业海域由若干西非国家海域扩展到约40个国家和地区的专属经济区以及太平洋、印度洋、大西洋公海和南极海域；由单一捕捞向捕捞、加工和贸易综合经营转变，成立100余家驻外代表处和合资企业，建设30余个海外基地，在国内建立多个加工物流基地和交易

---

① 新华社. 中国政府与非洲联盟签署共建"一带一路"合作规划[EB/OL]. (2020-12-16)[2011-03-02]. http://www.gov.cn/xinwen/2020-12/16/content_5569870.htm.

市场，产业链建设取得重要进展。

自 2012 年以来，中国全面参与 7 个区域渔业管理组织事务，与毛里塔尼亚、阿根廷、伊朗和塞拉利昂等国家建立政府间合作机制，中美、中欧和中俄等渔业合作进一步拓展；与越南联合开展北部湾增殖放流活动，与菲律宾开展水产养殖合作；远洋渔业的规模和质量大幅提升，作业渔船达 2500 余艘，其中 1300 余艘进行了更新改造，总体规模居世界前列；水产品国际贸易保持高位运行，出口额连续 5 年稳定在 200 亿美元以上，顺差连续 5 年稳定在 100 亿美元以上，稳居国内大宗农产品首位。[①]

远洋渔业产业由单一捕捞向捕捞、加工、贸易综合经营转变，成立了 100 多家驻外代表处和合资企业，建设了 30 多个海外基地，在国内建立了多个加工物流基地和交易市场，产业链建设取得重要进展。其中，中国水产集团公司在海外设立 17 个代表处，10 个加工基地。近年来还通过投资建立合资合作企业或代表处的形式，延长产业链，积极参与捕捞前向和后向产业如渔获运输、加工、销售等环节的国际分工，不仅有效地利用了国际渔业资源，还为东道国提供了大量的加工、储藏等基础设施和劳动就业岗位。[②]

根据中国商务部对外经济合作司公布的《境外投资企业(机构)名录》，至 2018 年，中国远洋渔业企业海外投资目的的国家或地区有 40个，涉及国内企业共 133 家。主要投资目的地国家有：毛里塔尼亚、马来西亚、坦桑尼亚、印度尼西亚、莫桑比克。按照地区来分，非洲成为中国远洋渔业企业的最大投资地区，共涉及企业 54 个；亚洲涉及企业

① 于康震. 在2018年渔业转型升级推进会上的讲话[N]. 中国渔业报, 2018-01-29(第2版).
② 孙琛, 车斌, 陈述平, 等. 新时期我国渔业"走出去"发展战略研究[J]. 中国水产, 2018(09):5-10.

31 个，主要集中在马来西亚、印度尼西亚；其他为南太平洋国家和南美国家。

（二）海洋油气业

中国海油自 1992 年提出和实施"向海外发展"的战略，经过 20 余年的经营，海外业务范围不断拓宽，海外资源获取力度不断增加，海外资产和生产经营规模不断扩大，国际化程度显著提升，业务涉及亚洲、非洲、美洲、欧洲和大洋洲等的 26 个国家和地区。中国海油每年从旗下海外油田运回的原油和天然气已超过 4000 万吨，2014 年 LNG 进口总量达 1411 万吨。截至 2013 年 11 月底，中国海油的海外资产超过 4000 亿元，占总资产的近 40%；尤其是 2013 年 2 月 26 日成功收购加拿大尼克森公司后，中国海油的海外业务无论是资产规模还是储量和产量贡献都取得大幅增长，综合竞争力和国际影响力随之提升，国际化经营进入新阶段[①]。中国海油于 2002 年 1 月通过并购西班牙瑞普索（Repsol）公司在印尼资产权益获得印尼东南苏门答腊 SES 区块合同，2018 年 11 月完成了全部作业生产。该区块是中国海油首次在海外担任油田作业者，中国海油也一度成为印尼最大的海上原油生产商。

"一带一路"沿线一直是中国海油国际化经营的重点地区。目前中国海油已在"一带一路"沿线形成东南亚作业群（涉及印度尼西亚、缅甸、菲律宾、泰国、新加坡、柬埔寨、越南和文莱 8 国）、中东作业群（涉及沙特、伊拉克、阿曼、伊朗、阿联酋和卡塔尔 6 国）、非洲作业群［涉及埃及、马达加斯加、突尼斯、利比亚、安哥拉、尼日利亚、刚果（布）、赤道几内亚和坦桑尼亚等国］和大洋洲作业群（主要为澳大利亚）4 大区域业务群。

---

① 中国海洋石油总公司.中国海洋石油总公司年度报告[R].中国海洋石油总公司,2014.

（三）海洋工程建筑业

近年来，以中国交建和中国铁建为代表的工程建筑企业在海外积累了大量项目储备，主要涉及铁路、公路、桥梁、隧道、机场、港口、运河、资源开发、城市综合体和园区建设以及工业投资等。

中国交建在"一带一路"沿线 65 个国家推进了多类项目，运作并促成一批起点高、影响深和规模大的"一带一路"项目和互联互通项目，已成为"一带一路"建设的重要推动者之一。截至 2016 年年底，中国交建在海外的在执行项目有 1600 余个，在执行合同总额超过 1000 亿美元；新签项目超过 100 个，合同额占"一带一路"总合同额的比例超过 10%，居中资企业首位；在 109 个国家和地区设立 210 个驻外机构，在 145 个国家和地区开展实质业务。可以说，中国交建是我国"走出去"企业中拥有最完善的海外营销网络的企业之一。[①]

除参与基础设施建设外，中国交建正在向产业园区建设延伸。目前中国交建的港口建设涉及缅甸、孟加拉国、马来西亚、新加坡和斯里兰卡等国家，签约了多个与"一带一路"相关联的产业园区建设项目。

中远比港是中远海运码头公司在海外经营的 12 个集装箱码头之一，主要面向东地中海地区的发展中国家，2020 年 1 至 8 月的吞吐量排名中，比港凭借 355 万标箱的吞吐量保持欧洲第四大港地位，2020 年 9 月集装箱吞吐量重返增长轨道，同比增长 4.5%，是 3 月新冠疫情暴发以来首次同比增长。[②]

科伦坡港口城项目位于斯里兰卡首都科伦坡南港以南近岸海域，中

---

① 中国经济网. 中国交建：不断完善"一带一路"市场布局[EB/OL]. (2017-04-21)[2022-01-05]. http://ydyl.people.com.cn/n1/2017/0421/c411837-29226716.html.

② 中华人民共和国商务部. 中远比港今年9月集装箱吞吐量重返增长轨道[EB/OL]. (2020-10-29) [2022-03-05]. http://gr.mofcom.gov.cn/article/jmxw/202010/20201003011831.shtml.

国港湾负责投融资、规划、建设，并获得部分商业土地 99 年租赁权，建成后将成为南亚区域的商务商业中心以及全球瞩目的旅游休闲中心。2014 年 9 月，习近平主席对斯里兰卡进行国事访问期间，与时任总统马欣达·拉贾帕克萨共同为科伦坡港口城项目奠基。科伦坡港口城项目于 2014 年 9 月动工，整体开发时间约 25 年。由中国交通建设股份有限公司与斯里兰卡政府共同开发的科伦坡港口城项目是中斯两国在"一带一路"建设中务实对接的重点项目，计划通过填海造地方式在科伦坡旁建造一座新城，旨在打造属于南亚的世界级都市。2019 年以来，项目顺利完成一期填海造地工程，并获得斯里兰卡政府签发土地确权文件，取得重要阶段性进展，将正式开启二期土地开发工作。2019 年 12 月 7 日，科伦坡港口城正式成为斯里兰卡永久土地，斯里兰卡总理宣布将大力推进科伦坡港口城项目。由此，科伦坡港口城也正式开始了城市建设的新阶段。[①] 截至 2020 年底，项目一期水工工程已全面完工，市政及园林工程已开工并稳步推进，已获取了一期全部地块的地契，项目招商引资及二级开发已拉开序幕。[②]

（四）远洋航运业

中国远洋海运集团。由原中远集团和中海集团重组而成。中远集团海外港口投资布局始于 2001 年租赁美国西海岸长滩港，并逐步加大国际化拓展力度，先后在新加坡港、比利时安特卫普港、意大利港口、荷兰鹿特丹港、苏伊士运河码头、希腊比雷埃夫斯港码头等进行投资布局，并逐步从投资参股向投资控股经营战略转变。中海集团海外港口投资布

① 中国新闻网. 科伦坡港口城正式成为斯里兰卡永久土地[EB/OL]. (2019-12-08)[2022-01-09]. https://news.sina.com.cn/w/2019-12-08/doc-iihnzahi6071375.shtml.
② 赵宁. 中国海洋发展年度报告之五——全球海洋治理"破冰"前行[N/OL]. 中国自然资源报, (2021-12-19)[2022-01-03]. https://www.mnr.gov.cn/dt/hy/202112/t20211229_2716137.html.

局始于 2001 年租赁洛杉矶港 2 个集装箱码头，2006 年参股埃及港口，2008 年与美国码头经营公司 SSA 和航运公司组建合资公司租赁西雅图港 3 个集装箱码头。

2009 年 10 月 1 日，中远集团通过投资 33 亿欧元，开始全面履行希腊比雷埃夫斯集装箱码头的 35 年特许专营权，2016 年 2 月 17 日，中远集团获得了比雷埃夫斯港务局 67% 的股份。2010 年中远接手此项目时，集装箱的吞吐量位列全球排名第 93 位，到 2021 年年底已经上升至全球排名的第 29 位。目前比雷埃夫斯港已成为地中海地区的第一大港口，该项目也开创了中希合作互利共赢的典范。2019 年 11 月 12 日，习近平主席在访问希腊时指出："比雷埃夫斯港项目是中希双方优势互补、强强联合、互利共赢的成功范例。希望双方再接再厉，搞好港口后续建设发展，实现区域物流分拨中心的目标，打造好中欧陆海快线。"[①]

招商局集团。其子公司招商局国际有限公司是中国领先的公共码头运营商，在巩固国内港口市场龙头地位的同时，稳步实施国际化战略。继 2010 年与中非合作基金组建合营公司，收购了尼日利亚拉各斯集装箱码头 47.5% 股权后，2011 年 12 月，斯里兰卡科伦坡深水港项目开工建设。2012 年完成收购西非多哥集装箱码头 50% 的股份；同年 12 月收购东非及红海要塞的吉布提自由港有限公司 23.5% 的股权。2020 年收购达飞海运旗下 8 个优质码头的股权，招商局国际有限公司的国际化港口布局初具规模。

招商局国际有限公司作为公共码头运营商，强调将港口码头及其相关产业作为投资方向，码头是其不断做大规模的重要战略业务单元，遵

---

① 杜尚泽，韩秉宸. 习近平和希腊总理米佐塔基斯共同参观中远海运比雷埃夫斯港项目 [N]. 人民日报,2019-11-13(01).

循市场化和企业利益最大化原则。中远集团和中海集团在海外港口的投资上需要综合考虑航运主业的效益情况，招商局国际有限公司首先考虑的则是区域经济发展带来的市场空间，看好亚非等新兴市场广阔的发展前景和长期潜力，目前的海外港口投资项目主要集中于新兴市场，其中大多集中在非洲市场。

三、共筑安全保障之路

《"一带一路"建设海上合作设想》提出，维护海上安全是发展蓝色经济的重要保障。中国倡导"共同、综合、合作、可持续"的安全观，希望与沿线各国加强在海洋公共服务、海上航行安全、海上联合搜救、海洋防灾减灾和海上执法合作等领域的合作，为保护人民生命财产安全和经济发展成果构筑安全防线。中国倡议发起海上丝绸之路海洋公共服务共建共享计划，完善海洋公共服务体系，提高海洋公共产品质量，共同维护海上安全。

（一）维护海上安全需各国通力合作

面对地区海上安全风险，应当遵守《联合国宪章》，根据国际法，在尊重历史事实的基础上，坚持由直接当事方谈判磋商处理海上争议问题；在地区多边安全框架下加强海上行为规范和危机管控；在护航、人道主义援助、打击海盗和海上反恐等方面加强合作，共同维护亚太和谐稳定的海上秩序。

（二）中国一直致力于以双边、多边和区域的海洋合作机制维护海上安全

中国主张树立以共同安全、综合安全、合作安全、可持续安全为核心的新型安全理念。中国人民解放军海军致力于与各国海军或海上单位在多个领域进行安全对话与真诚合作，坚决维护海上通道安全和态势稳

定。第一，注重加强海上安全机制的建设，与多个国家海军建立了双边海上安全合作机制，如中美海上军事安全磋商机制、中越北部湾联合巡逻机制、中印尼海军合作对话机制。第二，积极提供海上公共安全产品。中国政府设立了中国—东盟海上合作基金，用于支持海上联合搜救和救助热线等项目，从 2008 年中国海军护航编队开展亚丁湾索马里海域护航行动以来已有十余年。截至 2020 年 8 月，中国海军护航编队已经顺利完成了 1321 批次的护航任务，护送货船达 6000 余艘。第三，参与人道主义救援和减灾救灾。2014 年 12 月，马尔代夫出现淡水危机，中国海洋局第一时间派遣专家组参与应急技术援助工作。2021 年 4 月 21 日，印尼海军"南伽拉"号潜艇失事后，经中央军委批准，由中国海军 863 船、南拖 195 船以及中科院"探索二号"科考船组成的舰艇编队抵达印尼相关海域，协助救援打捞印尼失事潜艇。

四、共建智慧创新之路

《"一带一路"建设海上合作设想》提出，创新是推动发展的重要力量，中国政府倡导创新驱动发展，将加强与合作伙伴在海洋科技、智慧海洋等领域的合作，联合打造一批海洋科技合作园、海洋联合研究中心和海洋公共信息共享服务平台。同时中国将加强与合作伙伴在海洋教育、妈祖文化、新闻传播等领域的交流与合作，增进相互了解，促进包容发展。中国将继续实施中国政府海洋奖学金计划，并倡议发起海洋科技合作伙伴计划和海洋知识与文化交流融通计划，促进合作伙伴国家民心相通，夯实民意基础。

（一）中国与合作伙伴签订的海洋合作协议

"一带一路"倡议提出以来，海洋议题越来越多地被纳入到领导人互访与对话机制中。在习近平主席、李克强总理的见证下，我国与越南、柬埔寨、印度、斯里兰卡、马尔代夫、瓦努阿图等国签署了政府间海洋领域合作协议,建立了广泛的海洋合作伙伴关系。在亚太经合组织、东亚合作领导人系列会议、中国—东盟合作框架等机制下建立了蓝色经济论坛、中国—东盟海洋合作中心、东亚海洋合作平台等对话与合作平台。[①]

（二）与合作伙伴建立海洋伙伴关系

在南亚和欧洲地区,中国积极同印度、孟加拉国、斯里兰卡、巴基斯坦以及希腊、葡萄牙、俄罗斯等国建立海洋伙伴关系,拓展海洋务实合作,为全面开展海上合作、推进21世纪海上丝绸之路建设创造了良好条件。"2015中希海洋合作年"以及"2017中国—欧盟蓝色年"有力推动了中欧海洋领域合作以及21世纪海上丝绸之路向欧洲延伸。2019年9月,首届中国—欧盟海洋"蓝色伙伴关系"论坛在比利时首都布鲁塞尔举办。这是继2017年双方共同举办"中国—欧盟蓝色年"和2018年双方正式签署《在海洋领域建立蓝色伙伴关系的宣言》后,中欧在海洋合作领域取得的又一重要进展。

（三）培训合作伙伴海洋科技人才

2012年,中国国家海洋局与教育部合作设立"中国政府海洋奖学金"项目,资助发展中国家的优秀青年来华攻读海洋相关专业的硕士或博士学位,旨在进一步拓展各国间海洋合作与交流,为发展中国家培养海洋人才。10年来,"一带一路"海洋科技交流持续开展,南海区域海啸预警中心、中非卫星遥感应用合作中心等一批区域性平台成立。中国政府海洋奖学金的设立,为共建国家培养了近300名优秀青年人才,不断夯实

---

① 汪涛.深化蓝色伙伴关系共谱海上合作新篇[N].中国海洋报,2017-06-22(第1版).

海洋科技合作交流支撑。①中国还多次举办APEC海洋空间规划培训班、发展中国家部级海洋综合管理研讨班、国际海洋学院海洋管理培训班、中非海洋科技论坛等多种形式的能力建设活动，为发展中国家的海洋工作者提供交流平台。

五、共谋合作治理之路

《"一带一路"建设海上合作设想》提出，中国愿与沿线国进一步加强战略对接与共同行动，在发展好海洋合作伙伴关系基础上，构建包容、共赢、积极、务实的蓝色伙伴关系。中国倡导建立海洋高层对话机制和蓝色经济合作机制，欢迎各国政府、国际组织、民间社团、工商界参与"一带一路"建设海上合作，共同参与全球海洋治理。中国设立全球蓝色经济伙伴论坛，为深化海上合作提供制度性保障。

（一）积极参与国际海洋事务

中国积极参与涉海国际组织事务、多边机制和重大科学计划，推进地区和国际海洋合作，并积极分享中国海洋事业发展的实践经验，提出建设性意见。1977年，中国加入联合国教科文组织政府间海洋学委员会（简称"海委会"，IOC），参与海委会发起的全球海洋与大气相互作用计划、世界大洋环流计划、全球海洋观测计划等全球性重大科学计划。这些国际海洋计划代表着世界海洋科学发展的最前沿。中国参与这些计划，促进了国内海洋科学发展，提高了在海洋资料共享、防灾减灾、海洋制图和海洋观测与预报等方面的能力，扩大了在世界海洋科学界的影响。通过参与海委会的全球海平面计划，1988年中国分别在西沙永兴岛和南沙永暑礁建立了海洋观测站。中国在亚太经合组织、北太平洋海洋科学

---

① 共商共建共享 共迎蓝色未来——自然资源部门"一带一路"海洋合作成果综述 [N].自然资源报，2023-10-19（第5版）.

组织、环印联盟等多边机制下积极倡导蓝色经济合作，构建蓝色伙伴关系。中国先后承建了APEC海洋可持续发展中心、IOC海洋动力学和气候培训与研究中心等8个国际组织在华国际合作机制，为中国参加相关国际组织合作提供了重要平台。[①]

（二）积极参与海洋全球治理

中国积极参与联合国框架下的海洋全球治理机制，包括《联合国海洋法公约》缔约国会议、海洋法和海洋事务非正式磋商进程、国际海底管理局勘探和开发规章制定、联合国粮农组织关于渔业问题的协定和规章等，深入参与国际海事组织框架下规则制度的制定和实施。近年来，中国积极参与"国家管辖范围外海域生物多样性养护与可持续利用（BBNJ）国际协定"和"2030年可持续发展议程"等重要国际谈判和磋商进程，提出《中国落实2030年可持续发展议程国别方案》，包括落实目标14（保护和可持续利用海洋和海洋资源以促进可持续发展）的各项措施。

---

① 徐贺云.改革开放40年中国海洋国际合作的成果和展望[J].边界与海洋研究,2018(06):18-26.

第三节 推进 21 世纪海上丝绸之路建设的 挑战与展望

2013 年中国提出共建"一带一路"倡议以来，引起越来越多国家热烈响应，共建"一带一路"正在成为中国参与全球开放合作、改善全球经济治理体系、促进全球共同发展繁荣、推动构建人类命运共同体的中国方案。同时，中国与相关国家在丝绸之路沿线、在现今国际格局之内的互动，推进过程中必然会面临诸多形式的挑战。

一、推进 21 世纪海上丝绸之路合作面临挑战

中国推进与 21 世纪海上丝绸之路共建国家的合作，始终遵循"求同存异，凝聚共识；开放合作，包容发展；市场运作，多方参与；共商共建，利益共享"的原则，与 21 世纪海上丝绸之路沿线各国开展全方位、多领域的海上合作，共同打造开放、包容的合作平台，推动建立互利共赢的蓝色伙伴关系，铸造可持续发展的"蓝色引擎"。但是，在推进 21 世纪海上丝绸之路建设过程中，还存在着大国疑虑与制衡、共建国家政局变化以及非传统安全因素的影响等诸多挑战。

（一）域内外大国的疑虑与制衡

在国际社会绝大多数国家认同"一带一路"倡议的背景下，部分大国始终对"一带一路"倡议持否定态度，继续加速推行其所谓的"亚太再平衡"战略，并推出新的所谓的"印太战略"，在中国加强与非洲国家合作的情况下，也提出 600 亿美元的非洲援助计划，以制衡和对冲"一带一路"倡议。2019 年 10 月，中国与澳大利亚维多利亚州签署了"一带一路"协议，双方将就此展开基建、贸易等多方面的经济合作。在协议签署后，澳大利亚多位政府官员曾以"不透明"等名义反对这一协议，并将其污名

化为"中国的宣传策略"。2021 年 4 月 21 日,澳大利亚外交部长佩恩在当日一份声明中宣布,澳大利亚维多利亚州与中国此前签署的"一带一路"协议已被该国联邦政府撕毁。以上事实充分说明,部分国家对"一带一路"倡议持怀疑和否定态度,在政策和实践层面全面强化其在我国"一带一路"沿线的战略部署,并对"一带一路"倡议的推进产生了一定的阻碍。

（二）共建国家政局变化

21 世纪海上丝绸之路共建国家大部分为发展中国家和不发达国家,政治制度和文化风俗各异,政府治理能力和执政水平也不尽相同,因此,在推进 21 世纪海上丝绸之路建设的过程中,共建国家政府的更替、反对势力和民间力量的干扰均可能对相关建设的推进产生影响。斯里兰卡科伦坡港口城项目历经"叫停""重启"等波折;缅甸、孟加拉国、马尔代夫和尼泊尔的政局走向也存在不稳定性,2015 年缅甸新政府在实现政治转型过程中,民众对长期执政的军人政府的不满,被一些势力所利用而把矛头引向中国,导致中国在缅甸密松水电站的项目失败。巴基斯坦坚定支持海上丝绸之路建设,但其国内动荡局势至今没有完全扭转、国家治理能力建设任重道远,2018 年也一度传出"巴基斯坦债务问题将影响中巴经济走廊建设"的传闻[1]。2018 年马来西亚新总统马哈蒂尔一上任,就宣布中断中国在马来西亚推进的东海岸铁路及输油管、皇京港等建设项目,虽然后续中马间多次就"一带一路"倡议合作进行磋商,但后续项目进展仍不乐观。

---

[1] 2018 年 7 月 11 日,外交部发言人华春莹就"西方媒体报道巴基斯坦外汇储备短缺或影响中巴经济走廊基础设施项目"一事表示:"有关报道严重失实。"

（三）非传统安全因素

21世纪海上丝绸之路沿线，存在着许多海洋生态系统脆弱海区，如南海、印尼、马尔代夫、红海、大堡礁，以上海区是世界上珊瑚礁分布最为广泛的地区。众所周知，珊瑚礁生态系统对于维持全球海洋生态系统具有重要的意义。南太平洋小岛屿国家以及马尔代夫等国还面临着海平面上升等海洋灾害的威胁。此外，西太平洋海区是台风多发区，每年5—11月经常发生由于台风引发的自然灾害，如2013年超强台风"海燕"袭击菲律宾后经南海并影响中国、越南，造成多国重大损失和灾难。

二、推进21世纪海上丝绸之路合作路径

（一）妥善处理敏感复杂问题为海上丝路建设营造良好战略环境

重点处理两方面问题：一方面要做好美、印、日、俄等大国的增信释疑工作，尽量打消公众对海上丝路战略的疑虑。在此过程中，重点强调海上丝路建设是合作发展倡议，不是安全外交博弈，明确强调中方愿与各方已有的合作倡议相互对接，如"印太经济走廊""湄公河下游行动计划"，日"湄公河东西经济走廊""大湄公河次区域合作机制"，印"季风计划""香料丝绸之路"等，探讨"中国＋大国＋X"的合作模式，实现更多方的利益捆绑，减少战略博弈，降低中资风险。另一方面要妥善处理好南海争端、印巴矛盾、中东乱局等热点问题，避免冲击海上丝路建设。对南海争端要努力将之与我国—东盟关系切割，坚持"搁置争议、共同开发"，避免南海问题成为各方联合牵制我国的抓手；对印巴矛盾要客观公正，既要结交印度"新朋友"，也不能忘记巴基斯坦"老朋友"，呼吁印巴建立"搁置分歧、共商合作"的新范式，协同推进中巴经济走廊与孟中印缅经济走廊；对中东乱局，要审慎对待，坚持不干涉内政原则，避免卷入乱局，切实保护好我国海外利益安全。

（二）以市场为导向充分发挥企业作用

21世纪海上丝绸之路建设"牵一发动全身"，政治、经济、社会、外交作用交织，但无论是对外宣传还是具体项目，都应突出经济范畴，既能打消外界疑虑，又利于厘清各方权责。对于经济战略项目，短期无法盈利、投资巨大，长远看经济收益佳，战略意义大，政府应提供外交支持、信贷优惠，灵活处理企业"非盈利期考核"，但此类项目要算经济账，经济风险由企业承担。对于普通项目，以民企为主体，经济上自负盈亏，政府只提供外交和政治支持。我国海上丝路建设项目应以普通项目为主，其余项目为辅。

（三）充分利用现有机制加强与合作伙伴的海洋安全合作

海洋安全合作是"一带一路"区域合作的重要内容之一，中国与合作伙伴的海洋安全合作，对于维护贸易航道安全、促进中国与合作伙伴蓝色经济发展、提高合作伙伴海洋管理和防灾减灾水平具有重要的意义。在目前已有的多边合作基础上，找出我国关注的利益海区和主要影响海上丝绸之路建设的海洋安全问题，与区域国家联合创建新的海洋安全多边合作机制。我国应在总体周边外交和现有海洋合作的基础上，加强对21世纪海上丝绸之路建设具有战略意义和关键地缘位置国家的双边海洋合作，以目前已有的双边海洋合作内容为基础，不断拓展新的海洋合作领域，提高海洋合作的广度和深度，为21世纪海上丝绸之路建设提供海洋安全方面的支撑和保障。

三、展望

中国提出"一带一路"倡议以来，共建"一带一路"为世界经济增长开辟了新空间，为国际贸易和投资搭建了新平台，为完善全球经济治理拓展了新实践，为增进各国民生福祉做出了新贡献，成为共同的机遇之路、繁荣之路。以共建"一带一路"为实践平台推动构建人类命运共同体，更符合合作伙伴的迫切需求。事实证明，共建"一带一路"不仅为世界各国发展提供了新机遇，也为中国开放发展开辟了新天地。[①] 作为"一带一路"建设的重要组成部分，21世纪海上丝绸之路建设在蓝色经济合作、海洋环境保护和防灾减灾、海洋文化交流、区域海洋安全机制构建等方面取得了重要的成果，为中国与合作伙伴推进"一带一路"建设做出了重要的贡献。中国与沿线各国计划开展和正在开展的海洋合作项目，必将会对"一带一路"建设提供更多的、更为重要的支撑。

---

① 习近平. 齐心开创共建"一带一路"美好未来[N]. 人民日报,2019-04-27(03).

08

第八章

几个海洋大国及欧盟
的海洋政策

国家海洋政策是各国为实现在海洋领域的目标而制定的行动准则。任何国家制定海洋政策的出发点均是为了实现和保护其特定的海洋利益。在实现海洋强国战略的进程中，了解主要海洋大国的海洋政策，洞悉这些国家的涉海诉求和动向变化至关重要。同时，他山之石，可以攻玉。主要海洋大国在处理涉及人类共同利益的海洋问题上的政策可以为我国解决相关问题提供借鉴模式，帮助我国根据国情制定相应的海洋政策。因此，本章将对美国、欧盟、英国、日本和印度等国家和组织的海洋政策进行梳理，从政策背景、政策构成、主要内容，以及政策目标、特点和趋势等方面分析这些国家的海洋政策。

一、美国的海洋政策

美国是海洋资源大国，在海洋保护和资源开发方面制订了较为健全完善的海洋政策。本节主要介绍美国海洋政策的背景、目标、构成和发展趋势。

（一）美国海洋政策背景

美国主张的专属经济区面积约 1100 万平方千米，甚至大于其陆地国土面积，是世界上专属经济区面积最大的国家之一。[①]海洋捕捞业、水产养殖业以及与之相关的水产品加工和销售行业创造的年均产值高达 105 亿美元，每年约提供 9 万个就业岗位。[②]除了专属经济区海底的大陆架外，美国还在积极主张 200 海里以外大陆架，其主张面积超过 100 万平

[①] Ocean Policy Committee. National Strategy for Mapping, Exploring, and Characterizing the United States Exclusive Economic Zone[EB/OL]. [2022-01-03]. https://www.noaa.gov/sites/default/files/2022-07/NOMECStrategy.pdf.

[②] National Oceanic and Atmospheric Administration (NOAA). NOAA Report on the United States Ocean and Great Lakes Economy[EB/OL]. [2022-03-01]. https://coast.noaa.gov/data/digitalcoast/pdf/econ-report.pdf.

方千米。① 目前，美国大陆架上主要能源资源为石油和天然气，其他矿产资源包括石灰石和砾石，海洋资源开发带来的年产值占美国GDP的25%以上。②

美国高度重视海洋对其国家发展的重要意义。美国综合性海洋政策——《提升美国经济、安全和环境利益的海洋政策》（2018年）指出，海洋是美国的经济、安全、全球竞争力以及社会发展的基础；海洋产业为数以百万计的美国人提供了就业机会，是国家经济强盛的重要支柱；海洋能源开发减少了美国对进口能源的依赖，对增强美国的经济安全有至关重要的作用；美国海军在沿海及大洋上的活动保护了美国的国家利益；海上贸易使支撑美国经济、提高人民生活质量的货物和材料得以进入美国市场；美国的渔业资源是其粮食安全的重要保障，水产品贸易构成了美国出口贸易的重要组成部分；清洁、健康的海洋环境促进了渔业、航运业和娱乐产业的良好运行。③

（二）美国海洋政策的构成

美国海洋政策随着其海洋战略重心的变化不断调整，总体可分为安全政策和非安全政策两大部分。海洋安全战略由海军、海军陆战队和海岸警卫队负责制订，涉及海洋经济发展和环境保护的政策和战略由美国海洋政策委员会负责制定。

---

① Office of Ocean and Polar Affairs. About the U.S. Extended Continental Shelf Project[EB/OL]. [2021-01-05]. https://www.state.gov/about-the-u-s-extended-continental-shelf-project/.

② National Oceanic and Atmospheric Administration (NOAA). NOAA Report on the United States Ocean and Great Lakes Economy[EB/OL]. [2022-03-01]. https://coast.noaa.gov/data/digitalcoast/pdf/econ-report.pdf.

③ The White House. Executive Order Regarding the Ocean Policy to Advance the Economic, Security, and Environmental Interests of the United States.(2018).[EB/OL]. [2022-01-03]. https://www.whitehouse. gov/presidential-actions/executive-order-regarding-ocean-policy-advance-economic-security-environmental-interests-united-states/.

1969 年，美国建立了国家海洋科学、工程和资源委员会（Commission on Marine Science，Engineering and Resources），首次对国家海洋政策进行系统性回顾和展望。2000 年，美国《海洋法案》要求设立美国海洋政策委员会（Commission on Ocean Policy），主要负责制定综合性和协调性的国家海洋战略。[1] 自 2004 年至今，随着战略重心调整，美国综合性海洋立法屡屡在国会受阻。例如，2009 年，《21 世纪海洋保护、教育和国家战略法案》草案没有在国会通过。[2]

2018 年，美国时任总统特朗普以行政命令形式颁布了其新版综合性国家海洋政策——《提升美国经济、安全和环境利益的海洋政策》。该政策以促进沿海地区经济发展、海洋产业发展，提升海洋科技实力，巩固粮食安全，加强美国海上交通运输，振兴海洋娱乐产业以及保证能源安全为切入点，旨在全面促进美国海洋经济的发展。同时强调加强部门间合作以及美国与其他国家的国际合作，以期为美国海洋经济发展奠定良好的国内和国际基础。根据该行政命令，美国将继续加强对海洋资源的开发力度，推动海洋航运、海上贸易以及海洋休闲娱乐产业的发展，以稳定就业、提高沿海地区生活水平以及从总体上促进美国经济的发展。

（三）美国海洋政策的主要内容

美国海洋政策主要包括海洋安全政策和海洋资源政策。海洋安全战略在不同时期重心不同，主要有优先战略、领导和支持战略、相对孤立和有限参与战略等。特朗普政府提出的《海上优势：综合全域海军力量获胜之道》战略和拜登政府主导的印度洋—太平洋战略（简称"印太战略"）

---

[1] Dereynier, L Y. US fishery management councils as ecosystem-based management policy takers and policymakers[J]. Coastal Management, 2014, 42(6):515.

[2] Dereynier, L Y. US fishery management councils as ecosystem-based management policy takers and policymakers[J]. Coastal Management, 2014, 42(6):516.

是美国海洋安全政策的新发展。海洋资源政策主要聚焦于渔业和能源两方面。

1. 海洋安全战略

美国的海洋安全战略以扩张性战略为主，防御性为辅。在很长一段历史时期内，美国推行优先战略，即通过在全球海域展示其军事实力和管理能力以占据主导权。受经济紧缩的影响，美国的海洋安全战略发生转型。自第二次世界大战以来，美国采用的海洋安全战略可分为三类：优先战略、领导和支持战略以及相对孤立和有限参与战略。奥巴马政府采用的战略主要为领导和支持战略，即主要依靠多边合作机制，通过支持盟国以实现安全利益；而特朗普政府采用的战略主要为相对孤立和有限参与战略，即最大程度减少美国在领海之外的海上军事和执法参与，但是，对于其所针对的重点国家和地区加大军事部署和"航行自由"活动力度，以实现其干涉目的和国家利益；拜登政府上台后，重点建立新的"印度洋—太平洋战略区域伙伴关系"，试图"塑造"应对中国的战略环境。[①]

（1）优先战略

第一种战略是优先战略，这种战略是以实现美国单方的利益为战略目标，采用强制性、对抗性手段，推行美国相关安全政策。这种战略主要用于美国和他国由领土主权而引发的争端。在使用美国优先战略解决海洋安全问题时，美国很少顾忌国际法对其行为的要求和限制，也不会利用国际法中设置的争端解决机制。例如，美国单方面以"维护海上航行自由"的名义，于 2015 年 10 月，派"拉森"号驱逐舰驶入我国南海岛

---

① Hard National Security Choices. Water Wars: Biden Administration Releases New Indo-Pacific Strategy[EB/OL]. [2022-01-05]. https://www.lawfareblog.com/water-wars-biden-administration-releases-new-indo-pacific-strategy.

礁 12 海里水域范围内，就是其利用武力威胁，以违反国际法的行为挑战我国的主权。①

（2）领导和支持战略

第二种战略是领导战略，虽然这种战略的目的同样是实现美国的单方利益，但其方法较温和，考虑的利益也更为长远。与美国优先战略相比，美国领导战略多采用建立多边合作机制，以建立国际性组织、安排和协议为手段，不寻求对其他国家体制和政策的全面改造。同时，美国领导战略重视其政策的合法性，政策制定者会论证其政策符合国际法和国内法的规定。在美国领导战略下，美国获益依靠利益分配实现，允许其他国家从其政策中获取部分利益，但会附加给他国高昂的成本。②美国广泛参与和组织海上军事演习的行为是落实该战略的表现。这些军演一方面可以加强美国海军对于军事活动的执行和应对能力，另一方面可以形成"海上安全联盟"：通过提高其他国家的军事实力，增强这些国家的自卫能力和参与联合军事活动的能力，而且要求美国在和平时期能够持续稳定地进入这些合作国家管辖下的海域。通过这种军事合作，美国一方面获得军舰航行权和军事活动能力演练机会，另一方面将安全防卫成本转嫁给其他国家，从而筑牢合作模式下的美国海上安全屏障。③在亚太地区，美国海军对联合军事演习尤为重视。通过环太平洋军事演习、金色眼镜蛇联合军事演习和马拉巴尔演习，美国和日本、印度、澳大利亚、

---

① Reich, S, & Dombrowski, P. The end of grand strategy: US maritime operations in the twenty-first century[M]. Cornell University Press, 2018:32-33.

② Reich, S, & Dombrowski, P. The end of grand strategy: US maritime operations in the twenty-first century[M]. Cornell University Press, 2018:33-34.

③ Reich, S, & Dombrowski, P. The end of grand strategy: US maritime operations in the twenty-first century[M]. Cornell University Press, 2018:70.

新西兰、新加坡和泰国等国建立了密切的军事合作关系。①2018年以来，美国发起了一场针对朝鲜"落实联合国制裁决议"的军事监视行动，为此动用了海军、空军和海警等军种的水面及空中力量。美国并非独立实施这一监视行动，而是联合了日本、韩国、英国、加拿大、澳大利亚、新西兰和法国的军事力量参加。重点监视的区域包括我国黄海西部靠近海岸线的海域；上海以东、韩国济州岛以南、东海油气田以北之间的海域；浙江温州以东的海域；对马海峡海域。虽然美国名义上的活动目标是监视朝鲜，但这些活动毗邻我国领海，无法排除侦察我国海防和海军情况的可能性。②2023年10月14日，加拿大一架CP-140型机以执行"联合国管控任务"为由，非法侵入我国钓鱼岛附属岛屿赤尾屿领空。我国向加方提出了严正交涉，我国军机也在现场采取了必要的处置措施。我国外交部发言人强调指出，联合国安理会决议从未授权任何国家以执行决议为由在他国管辖海空域部署军力开展间谍侦察活动。

与领导战略相似的是支持战略。在这种战略模式下，美国政府并未主动提出安全战略，而是对其他国家、国际组织或私主体提出的战略进行物质或智力支持，从而借助其他主体的战略实现美国的国家利益。通过支持战略，美国推动对海盗活动、海上走私和海上贩卖人口进行打击。③一个典型实例是美国打击亚丁湾海盗的战略。打击海盗的目标被各国所公认，且各国打击海盗的利益诉求也基本一致。在这一背景下，打击海盗的多边决议和机制并未受到挑战。同时，考虑到海盗分布海域广，

---

① Reich, S, & Dombrowski, P. The end of grand strategy: US maritime operations in the twenty-first century[M]. Cornell University Press, 2018:77.

② 胡波. 地缘政治竞争回潮的亚太海洋安全形势[J]. 世界知识,2019(24):24-25.

③ Reich, S, & Dombrowski, P. The end of grand strategy: US maritime operations in the twenty-first century[M]. Cornell University Press, 2018:34-35.

个体力量小，由单个国家进行打击或控制会带来高昂的成本且效果较差，因此，美国希望通过鼓励其他国家参与来降低美国承担的打击海盗成本，且保证打击海盗活动的效果。在打击亚丁湾海盗问题上，美国基本是在联合国安理会决议框架下，支持多边合作，组织信息交换和沟通，但并未要求其他国家服从其打击海盗的战略，也未推行单边活动。①

（3）相对孤立和有限参与战略

第三种战略是孤立主义战略，这是特朗普在 2016 年大选时提出的战略。该战略的核心是全面减少美国在海外的军事活动和对安全管理活动的支持，使军队退居美国领土，通过严格的边境控制来实现国家安全需求。②根据此战略，美国军队的重心将转变为"美国境内安全警察"，对人口、武器和毒品的流入进行严格控制。③

限制性参与战略是孤立主义战略的一部分。这种战略是孤立主义战略和传统的美国对外扩张战略的调和，主张美国仍应参与全球的安全管理，但需要有限参与，将绝大多数安全事务交给各地区占据政治优势的国家和国际组织处理。限制性战略将美国在全球商业活动中取得的经济利益和美国军队对于安全的保障视为美国国家安全的关键因素，主要通过展示武力的方式来实现。在北极地区，为争夺北极航线的航行权，美国海军在冷战后首次前往北极地区巡航，并推进破冰船建设，以保证其

---

① Reich, S, & Dombrowski, P. The end of grand strategy: US maritime operations in the twenty-first century[M]. Cornell University Press, 2018:88-90.

② Reich, S, & Dombrowski, P. The end of grand strategy: US maritime operations in the twenty-first century[M]. Cornell University Press, 2018:39.

③ Reich, S, & Dombrowski, P. The end of grand strategy: US maritime operations in the twenty-first century[M]. Cornell University Press, 2018:38.

在未来的北极航线中的"航行自由"。①

（4）最新发展："印度洋—太平洋战略"

2022年2月11日，拜登政府发布了执政后的首份"印太战略报告"。该"战略"提出除继续支持加强区域盟友网络、增加在印太区域的外交参与、促进经济繁荣和建设数字基础设施外，强调"综合威慑"是打击和应对陆地和海上胁迫以及在空间、网络空间和其他不断变化的威胁环境的"基石"。该战略提出美国将通过在太平洋岛屿投资外交和经济资源以及深化北约盟国与印太区域之间的关系来扩大并深化区域联盟和伙伴关系。

2. 海洋资源政策

美国重视对海洋资源的开发利用，将海洋资源利用置于发展经济、增加就业的突出位置，全力保障海洋资源利用的稳定发展。长期以来，美国重视海洋渔业政策，保证海洋渔业资源供给和粮食安全。特朗普政府更为偏重经济发展，主张满足资源需求和经济发展优先于生态环境保护。拜登政府试图扭转这一局面，将环境保护置于突出位置，重新加入应对全球气候变化的《巴黎协定》，致力于保护海洋资源，承诺支持"到2030年使至少全球30%的海域得到保护"。

（1）渔业政策

美国海洋渔业政策的制定和执行机构为地区渔业管理委员会（Regional Fishery Management Councils）和国家海洋与大气管理局（National Oceanic and Atmospheric Administration）。美国根据《马格努森—史蒂文斯渔业养护与管理法案》（以下简称《渔业养护与管理法》），设立了8个地

---

① Larter David B. The US Navy returns to an increasingly militarized Arctic[EB/OL]. [2022-03-21]. https://www.defensenews.com/naval/2020/05/11/the-us-navy-returns-to-an-increasingly-militarized-arctic/.

区渔业管理委员会。^①美国联邦政府根据该法负责管理其领海及专属经济区内的渔业活动，由地区渔业管理委员会负责渔业资源的具体养护和管理。^②1996 年，《可持续渔业法案》进一步扩大了地区渔业委员会在管理渔业活动中的职权和义务。该法案对地区渔业委员会提出的新增职责包括：在加强环境保护的同时，必须保证以渔民为主的社群能够获得稳定的捕捞机会；在现实条件允许的情况下，减少渔业养护和管理措施对渔民收入的影响；进一步限制渔业兼捕捞量；保障渔民的海上作业安全。^③其主要职能是制定渔业管理政策，以及对联邦渔业法规提出建议。^④地区渔业管理委员会属于联邦政策制定机构，但与一般的政策制定机构不同，其工作人员包括普通美国民众；另外，其工作人员中的公务员不仅包括联邦政府官员，也包括来自州政府和部落的官员。^⑤地区渔业管理委员会的会议向公众公开，鼓励普通民众对管理委员会的审议过程和决定提出意见。^⑥国家海洋与大气管理局下设国家海洋渔业局（National Marine Fisheries Service），负责审议和执行联邦渔业法规。^⑦

近年来，美国的渔业政策中出现了生态系统理念转向。一些生物养护政策不再着眼于保护某一过度捕捞的种群，而是以整个渔业生态系统为视角进行保护。例如，建立生态缓冲区，保护饵料鱼；在鱼类种群量评估中，22% 的评估考虑了栖息地状态因素，1% 的评估考虑了食物链上其他生物种群的数量对特定鱼类种群数量的影响；^⑧颁布了多个渔业生态系统养护计划。^⑨早在 2004 年，美国海洋政策管理委员会在出台的国家

---

① ② ③ ④ ⑤ Dereynier, L Y. US fishery management councils as ecosystem-based management policy takers and policymakers[J]. Coastal Management, 2014, 42(6):512-515.

⑥ ⑦ Dereynier, L Y. US fishery management councils as ecosystem-based management policy takers and policymakers[J]. Coastal Management, 2014, 42(6):512.

⑧ ⑨ Levin, Al P S E. Building effective fishery ecosystem plans[J]. Marine Policy, 2018, 92:49.

海洋战略中，建议美国渔业管理机构改变传统的单一种群管理模式，发展更加系统和全面的海洋和海洋资源管理模式。2007 年修订的《渔业养护与管理法》明确提及个别地区渔业管理局在实践中加入生态系统考虑因素这一进步，并要求美国商务部部长向国会报告适用生态系统方法进行地区渔业管理的技术可行性和技术发展状况。[①]但是，单一种群模式在实践中仍然是美国渔业管理政策的主导，生态系统模式并没有成为美国渔业管理政策的主流选择。绝大多数美国渔业政策只针对单一种群的保护，易造成不同种群保护措施和效果的不平衡；而且，这些政策考虑的影响生物资源可持续发展的因素范围狭窄，没有考虑丧失栖息地、人类行为和市场对海洋生物的需求等因素对海洋生物数量的影响。[②]新出台的渔业生态系统养护计划主要是对美国渔业资源所处的生态系统状况的了解和梳理，而非采取措施加强生态系统保护。[③]

美国国家海洋与大气管理局有权监督美国联邦政府在领海和专属经济区内进行的、不属于捕鱼的活动，以评估这些联邦政府的项目对重要鱼类栖息地生态的影响。《可持续渔业法案》要求联邦政府和机构必须就那些可能对该法案所列举的重要渔业栖息地的生态环境产生影响的活动，咨询国家海洋与大气管理局的意见。[④]

根据《渔业养护与管理法》的要求，地区渔业管理委员会的职责是建立渔获量跟踪机制，并以此为标准制定年度捕鱼限额。[⑤]就落实生态系统管理方法而言，目前的地区渔业管理委员会机制存在缺陷。负责制

---

① 16 U.S.C. §1801, 16 U.S.C. §1882.

②③ Levin, Al P S E. Building effective fishery ecosystem plans[J]. Marine Policy, 2018, 92:49.

④ Dereynier, L Y. US fishery management councils as ecosystem-based management policy takers and policymakers[J]. Coastal Management, 2014, 42(6):514.

⑤ 16 U.S. C. §1853(a)(15).

定渔业政策的地区渔业管理委员会管理非捕鱼活动的权力非常有限。美国 1976 年《渔业养护与管理法》只全面授权地区渔业管理委员会管理捕鱼活动，但是，就非捕鱼活动而言，该法案只允许地区渔业管理委员会管理那些会改变或影响重要鱼类资源栖息地的活动。非捕鱼活动分别由其他部门按照管理各自活动的法案和法规进行管理，很难要求其他部门也考虑活动对海洋生物资源生存状况的影响；而且，各部门间缺乏协调，很难统筹衡量渔区内各类人类活动的关系以及这些活动对生态环境的影响。[①] 为改善海洋管理机制的分散化和部门化，美国开始计划全面和综合的海洋战略，以期更好了解和管理美国领海和专属经济区内的人类活动和海洋生物活动。奥巴马政府曾成立统一海洋政策工作组，以制定国家海洋战略，确保海洋生态系统和资源的保护，促进海洋经济的可持续发展，保护海洋遗产，提高管理能力以应对气候变化带来的环境改变，同时考虑国家安全和外交政策的需求。[②]

除了执行机构之外，美国建立了"生态系统原则咨询委员会（The Ecosystem Principles Advisory Panel）"作为落实可持续渔业战略的咨询机构。该机构主要立足于将传统的渔业管理方法升级为生态系统方法的政策目标导向，其任务是负责对发展生态系统方法的原则、目标和政策提供建议。1998 年，生态系统原则咨询委员会首次就生态系统方法的适用问题向美国国会提供咨询报告。在报告中，委员会明确了鱼类种群在生态系统中的作用，建议地区渔业委员会以及国家渔业管理局从整个生态系统的视角出发，统筹分析整个生态系统的特点、人类的活动以及生态系统中的其他生物活动可能对鱼类资源产生的影响。该咨询委员会同时

①② Dereynier, L Y. US fishery management councils as ecosystem-based management policy takers and policymakers[J]. Coastal Management, 2014, 42(6):513.

建议，在进行以上评估后，地区渔业委员会及国家渔业管理部门应该梳理那些不属于其职权范围的，但是会对鱼类种群生存和发展产生影响的活动。

（2）海洋能源政策

在海上能源开发问题上，值得关注的是美国总统特朗普于 2017 年发布的行政命令——《美国优先海上能源战略》。该战略与奥巴马政府时期注重海上能源开发的环境和劳动者安全影响截然相反，不仅撤销了奥巴马政府时期设置的部分禁止开发的区域，而且进一步扩大了可开采面积，甚至允许私人进入北极海域开发石油和天然气资源。①

首先，该战略强调美国家庭和美国企业对能源的需求是海洋能源开发利用机制最重要的考虑因素。该战略指出，美国的海洋能源开发战略应该首先保证美国的能源安全和经济的持续发展。美国的海上能源利用可以扩大能源供给，减少美国对进口能源的依赖，同时促进制造业的发展，增加就业岗位。②

美国的海上能源开发还将被很大程度地用于军事设施，因此，海上能源的开发和利用也关乎美国的军事安全。另外，该战略将停止商务部扩大海洋保护区的计划，商务部扩大海洋保护区前需充分考虑内政部对

---

①② Federal Register. Implementing an America-First Offshore Energy Strategy[EB/OL]. [2022-01-04]. https://www.federalregister.gov/documents/2017/05/03/2017-09087/implementing-an-america-first-offshore-energy-strategy; Harvard Law School, Environmental & Energy Law Program. EO 13795: Implementing an America-First Offshore Energy Strategy[EB/OL]. [2021-01-09]. https://www.federalregister.gov/documents/2017/05/03/2017-09087/implementing-an-america-first-offshore-energy-strategy.

拟建设保护区的海域内能源开发潜力的报告。[①]同时，要求美国国家海洋与大气管理局重新审议其对海上能源开发在环保、资金等方面设置的诸多限制，进一步降低海上能源开发的准入门槛。[②]

拜登上台后更加注重海洋生态环境保护和海洋资源开发利用的平衡。2022年3月29日，拜登宣布到2030年海上风能生产30吉瓦能源的目标。强调海上风能是扭转气候危机的关键工具，只要相关项目以负责任的方式进行开发，避免和尽量减少对鸟类和海草等关键栖息地的影响，将有助于应对气候变化。同时，考虑到近海钻探对海洋和气候变化造成的严重损害，拜登政府暂停了所有新的联邦石油和天然气租赁，以防止气候变暖加剧。

（四）美国海洋政策的目标、特点、趋势

美国将海洋事务置于其国家安全和经济发展的突出位置，高度重视海洋安全、海洋产业发展和海洋生态环境保护。美国的海洋战略强调美国优先，具有扩张性和控制性特征，充分利用海军和海警装备优势及其海洋资源优势，获取更多海洋利益，保障海洋安全，同时干涉其重点关注国家的海洋事务。美国在海洋安全和海洋经济发展两个领域都制定了发展政策和战略，确定了清晰的政策导向、思路和执行机制，设置了统一的机构或机制，协调各相关部门执行其海洋政策和战略。美国的海洋安全战略由海军、海军陆战队和海岸警卫队负责制定和执行。美国的海洋经济发展战略由部门间海洋政策委员会负责制定，协调内政、国家安

---

①② Federal Register. Implementing an America-First Offshore Energy Strategy[EB/OL]. [2022-01-04]. https://www.federalregister.gov/documents/2017/05/03/2017-09087/implementing-an-america-first-offshore-energy-strategy; Harvard Law School, Environmental & Energy Law Program. EO 13795: Implementing an America-First Offshore Energy Strategy[EB/OL]. [2021-01-09]. https://www.federalregister.gov/documents/2017/05/03/2017-09087/implementing-an-america-first-offshore-energy-strategy.

全、商务、交通运输等各个联邦部门实施。美国的海洋战略具有很强的灵活性和实用性，会根据其总体发展战略和国际形势的变化及时更新。

美国重视海洋资源开发利用，将海洋资源利用置于促进经济发展、增加就业的突出位置。一直以来，美国高度重视发展海洋渔业，保障海洋渔业资源供给和国家粮食安全。在海洋政策发展过程中，美国政府对于海洋环境保护的立场随总统的改变而有所不同。在奥巴马政府时期，美国较为重视海洋环境保护，奥巴马总统于2010年出台的海洋发展战略将海洋环境管理置于海洋发展的突出位置，并以海洋环境保护为基石制定海洋经济发展战略。特朗普时期美国将海洋战略、尤其是海洋资源开发战略的重点从环境保护转向了经济发展。拜登政府力图平衡海洋经济发展和海洋环境保护，重视海洋领域应对气候变化问题。

二、欧盟的海洋政策

欧盟视海洋为其生存和发展的物质基础，高度重视海洋生态环境养护和海洋资源可持续利用。为对内统一认识、对外统一立场，欧盟构建了较为完整的海洋治理政策体系，包括欧盟内部政策和国际海洋法、联合国2030年可持续发展议程、宣言、决议等完整的政策体系为欧盟开展海洋治理提供了明确的行动目标和政策依据。未来欧盟将持续参与全球海洋治理，在实践中完善和扩展治理模式。

（一）欧盟海洋政策背景

海洋被视为"欧洲的命脉"，是欧洲的贸易通道、气候调节器、食物和能源资源的来源，是公众居住和休闲的优选空间。①欧洲的利益与海洋密切相关，造船、航运、港口和渔业是欧洲主要的海洋产业，海洋能

---

① European Union. Integrated Maritime Policy of the European Union[EB/OL]. [2022-03-05]. https://www.europarl.europa.eu/factsheets/en/sheet/121/the-integrated-maritime-policy.

源（油气和可再生能源）、海洋旅游业也带来大量收入。健康、可持续的海洋环境是这些产业具有竞争力的前提条件。海洋经济是欧洲经济的重要驱动力，具有巨大增长潜力，是整个欧洲经济可持续发展的关键一环。海洋经济约为欧盟创造了 540 万个工作岗位，每年创造的增加值近 5000 亿欧元，且具有进一步增长的潜力。欧洲对外贸易的 75% 和欧盟内部贸易的 37% 是依靠海运完成的。[①]欧洲的大部分经济活动都集中在欧洲沿海地区。海洋和沿海地区是欧洲经济的驱动中心。

（二）欧盟海洋政策的构成

欧盟构建了由相关法规、欧盟外交和安全政策以及综合海洋政策和专门决议等组成的多层级、综合性海洋治理政策体系。

1. 法律体系

欧盟海洋政策的法律基础是《欧洲联盟运作条约》。欧洲议会和理事会 2014 年 5 月 15 日关于欧洲海洋和渔业基金的第 508/2014 号条例（欧盟）以《欧洲联盟运作条约》条款为基础，为其海洋政策的制定及实施提供了法律框架。与海洋政策相关法律有《欧盟海洋战略框架指令》和《海洋空间规划指令》等。

（1）《欧盟海洋战略框架指令》

为有效保护欧洲海洋环境，欧盟委员会于 2008 年通过具有法律约束力的《欧盟海洋战略框架指令》（以下简称《框架指令》）及其配套标准。[②]《框架指令》是世界上第一部基于生态系统方法的海洋综合管理规则，也是第一部将海洋良好环境状况（good environmental status，GES）作为海

---

① 刘堃,刘容子. 欧盟"蓝色经济"创新计划及对我国的启示[J].海洋开发与管理, 2015, 32(01): 64-68. DOI:10.20016/j.cnki.hykfygl.2015.01.015.

② European Commission, "The Marine Strategy Framework Directive," 2008, Art.13(4).

洋管理战略目标的法规。

《框架指令》确立了欧盟海洋环境管理的主要目标、行动框架，尝试采用基于生态系统的海洋管理方法。其一是确立了欧盟海洋环境管理的主要目标，即保护和恢复海洋环境，维持生物多样性并建设清洁、健康、多产、多样化和动态化的海洋。《框架指令》要求利用海洋资源和海洋生态服务功能必须确保能够保持或达到"良好环境状况"，并适用风险预防原则。二是《框架指令》确立了欧盟海洋环境养护行动框架。为实现"良好环境状况"，《框架指令》建立了一个行动框架，规定各级目标和各项义务，各成员国决定单独或合作地采取相应措施。三是《框架指令》尝试采用基于生态系统的海洋管理方法。《框架指令》中所使用的"区域"是指生态意义上的区域，其划分依据不仅是政治因素，更是基于对水文学、海洋学以及生物地理特性的考虑。

《框架指令》要求各成员国制订计划，以确保到 2020 年实现良好的环境状况，为基于生态系统的海洋空间规划奠定了良好基础。

（2）《海洋空间规划指令》

2014 年，欧盟颁布《海洋空间规划指令》（MSP Directive），要求欧盟所有成员国制定和实施国家海洋空间规划，并明确了海洋空间规划的目标和制定要求。这一指令成为欧盟各成员国海洋空间规划能力建设的关键驱动力。《海洋空间规划指令》要求各成员国在制定和实施海洋空间规划时，综合考虑经济、社会和环境因素，支持海洋经济可持续发展和增长，采用基于生态系统的方法，促进相关活动和用途的共存。成员国应通过海洋空间规划，促进海洋经济可持续发展，包括海洋能源、海上运输以及渔业和水产养殖业，保护和改善环境、应对气候变化，以及促进海洋旅游业可持续发展和海洋资源可持续开采。①

2. 欧盟政策制定

《欧盟全球外交和安全政策战略》（EU Global Strategy for Foreign and Security Policy，2016年）阐明欧盟全球战略的宗旨是增加其公民的共同利益、促进欧洲的原则和价值，基本实现路径是开展国际合作、推进基于规则的国际体系和多边主义。欧盟认为，为实现欧洲繁荣，必须在世界范围内实现联合国可持续发展目标，持续利用全球公共资源。为实现上述目标，欧盟将通过努力填补法律空白和改善海洋知识、提高海洋意识，推动海洋资源和生物多样性的养护与可持续利用，促进蓝色经济增长。欧盟强调将通过开展可持续发展的实际行动发挥领导作用和表率作用，做议程设定者、协调者和推动者，而不是世界警察或者独行侠，加强与联合国、各国、国际组织、私营部门和社会团体的合作，通过国际合作实现其全球治理目标。②欧盟全球外交和安全政策从顶层设计高度为欧盟海洋政策指明了方向和路径。

上述《欧盟全球外交和安全政策战略》为欧盟的海洋治理确定了总体目标。在总目标之下，欧盟海洋政策体系包括《欧盟综合海洋政策》（2007年）、《欧盟综合海洋政策的国际拓展》（2009年）、《国际海洋治理：我们海洋的未来议程》（2016年）、《为可持续蓝色星球设定航向——欧盟国际海洋治理议程》（2022年）等综合性、全局性海洋政策，以及在海洋经济、海洋可再生能源、渔业、海洋生物多样性养护等领域的具

---

① Official Journal of the European Union. Directive 2014/89/EU of the European parliament and of the council of 23 July 2014 establishing a framework for maritime spatial planning[EB/OL]. [2022-03-04]. http://eur-lex.europa.eu/legal-content/EN/TXT/?uri=uriserv:OJ.L_.2014.257.01.0135.01. ENG%20.

② European Union. A Global Strategy for the European Union's Foreign and Security Policy[EB/OL]. [2022-06-05]. http://europa.eu/globalstrategy/en.

体政策，包括《海洋可持续增长的蓝色机遇》（2012 年）、《海洋可再生能源战略》（2020 年）、《欧盟共同渔业政策》（2014 年最新修订）、《欧盟2030 年生物多样性战略》（2020 年）等。这些政策文件不断完善海洋治理政策体系，强化欧盟海洋治理的立场和举措。

3. 欧盟外交战略

建立伙伴关系是欧盟参与海洋治理的显著特点。2016 年欧盟委员会发布的《国际海洋治理：我们海洋的未来议程》，具体反映了欧盟引领改善全球海洋治理架构的广泛意向，该文件强调了建立伙伴关系的重要性："欧盟应当促成与海洋有关的国际组织之间的协调与合作。"欧盟将支持多边海洋合作机制，比如联合国海洋网络。欧盟致力于与主要海洋行为体在海洋事务和渔业资源中的双边对话。未来五年，欧盟将逐渐把这些海洋行为体升级为"海洋伙伴关系"。

《欧盟海洋安全战略》也确立了海洋安全战略的原则，其中之一就是"海洋多边主义"，即在尊重欧盟机制框架的同时，与相关国际伙伴和组织，尤其是联合国和北约以及海洋领域的区域组织进行合作。

欧盟 2007 年海洋蓝皮书明确提出"促进欧盟在国际海洋事务中发挥领导作用"。这种"领导作用"有两个维度：第一，加强欧盟内部协调，在国际海洋事务中"用一个声音说话"，至少"欧盟声音"要压倒成员国的不同声音。为此，欧盟在内部做出了多种努力，目的是迈向"共同海洋政策"，确立欧盟在海洋事务方面的单一实体地位。第二，践行"海洋区域主义"，整合区域海洋治理经验，通过"欧盟方案"在全球层面引导和主导海洋治理和国际海洋法的新发展。

（三）欧盟海洋政策的主要内容

下面分别从海洋安全、海洋资源、海洋环境保护、海洋科技四个角度阐述欧盟海洋政策的主要内容。

1. 海洋安全

欧洲海洋安全是欧洲安全在地理空间和功能领域上的重要延伸,是欧洲整体安全的重要组成部分。非法移民、能源安全、环境安全、毒品走私、海盗等与海洋息息相关的问题越来越对欧盟经济和民众福祉可持续发展构成了挑战。欧盟作为一个全球行为体,不仅越来越多地介入周边海洋事务,也开始关注远离欧洲大陆的海洋事务。

(1)《欧盟综合海洋政策》

2007年10月,欧盟委员会发布《欧盟综合海洋政策》(蓝皮书),以提升欧盟应对各种海洋领域挑战的能力,包括加强应对欧盟所面临的非传统安全威胁。欧盟面临的海洋维度非传统安全威胁主要存在于三个方面:第一,以海洋为通道的非法移民、走私贩毒、人口贩卖、恐怖主义、海盗等问题对欧洲安全与稳定构成严重挑战;第二,海洋资源的过度开发以及海洋环境污染是欧洲海洋经济可持续发展的严重障碍;第三,欧盟成员国的能源安全依赖于稳定的海洋安全环境。欧盟成员国的周边海域不仅是石油和天然气的重要来源,也是欧盟成员国进口石油、天然气的重要过境通道。《欧盟综合海洋政策》的三大政策工具——"欧洲海事监控网络""海洋空间规划和沿海地区综合管理""数据和信息收集",有助于欧盟规避日益严峻的非传统安全威胁。

欧盟海事监控工作主要由各成员国负责,但是欧盟海事工作的跨国性制约了单一国家海事监控的实际作用。而且多数成员国的海警、渔业、环境、移民等部门都负有一定程度的海洋监控职能,交叉重叠的职能也影响了海洋监控的效果。欧盟建议,各成员国的海岸警卫队与欧盟相关机构开展合作,并将现有的维护海洋安全、保护海洋环境、实施渔业管理、控制对外边境的监控系统进行有机整合。欧盟委员会的倡议使得海事监控网络成为应对非法走私、移民、贩毒等非传统安全问题的有效方式。

（2）《欧盟海洋安全战略》

2014年6月，欧盟理事会正式通过《欧盟海洋安全战略》。同时关注传统安全领域和多维复杂的非传统安全领域。该战略认为，损害欧盟及成员国战略利益，并且对欧洲民众造成危害的海洋危险和威胁包括：①针对成员国海洋区域的权利和管辖权，使用武力或者以武力相威胁；②对欧洲公民安全和海上经济利益造成威胁的外来侵略行为，包括海洋争端、对成员国主权的威胁或者武装冲突；③跨境犯罪和有组织犯罪（海盗、非法移民、偷渡、毒品走私等）；④恐怖主义和其他故意的违法行为；⑤大规模杀伤性武器的扩散；⑥对自由航行的威胁；⑦环境风险；⑧自然或人为灾难、极端事件和气候变化对海上运输系统，特别是海上基础设施的潜在安全影响；⑨非法和不受监管的考古研究和对考古文物的掠夺。这些广泛列举的安全威胁种类，体现出欧盟综合性的海洋安全观以及广泛的安全议程设置。传统安全威胁和非传统安全威胁并非割裂的两个范畴，军事安全、经济安全、环境安全、社会安全、文化安全错综复杂地交织在一起。

为了有效应对这些安全威胁，欧盟试图在五个方面推进重点行动：①对外行动。欧盟强调与国际组织、区域组织和第三国采取协调一致的方法处理海洋安全问题，如加强欧盟民事和军事工具、政策的连贯性，协调欧盟各机构以及各机构与成员国间的工作，无论是海洋事务还是陆地工作，加强资源交换与共享；制定海洋安全的应急计划并将海洋安全融入共同外交与安全政策中；加强第三国和区域组织的海洋安全能力建设；依据《联合国海洋法公约》推动争端解决机制发挥作用，提升欧盟在全球海域中的角色和地位。②强化海洋意识、监控和信息共享。如推动跨部门海洋监控的协调合作，强化跨边界合作和信息交换，支持欧盟和全球层次的海洋监控，参与共同安全与防务政策的任务和行动，发展共同信息共享环境（Common Information Sharing Environment）。③能力发展。推进可持续、彼此协作和具有成本效益的海洋能力建设，重视军民两用技术、多用途技术的发展。④风险管理、保护关键的海洋基础设施和应对危机。如促进海洋安全行为体之间的理解与协同，推进跨部门、跨边界的海洋事务合作，加强冲突预防和危机响应能力，保护关键的海洋基础设施。⑤海洋安全研究与创新、教育和培训。

（3）"新北极政策"中的海洋安全内容

2021年10月13日，欧盟发布了新的北极政策文件。在这份政策文件中，欧盟外层空间相关政策的作用非常突出，特别是在海洋安全方面。船舶在北极地区作业仍然具有内在的危险性。《国际极地水域营运船舶规则》通过关注船舶作业，为加强海洋安全做出了重大贡献，欧盟则正在通过加强空间基础设施建设为此做出重大技术贡献。虽然欧盟的空间活动实际上由独立于欧盟的欧洲航天局展开，但欧盟关于外层空间的政策决定，其影响超出了欧盟本身。欧盟的哥白尼地球观测卫星以及相关的北冰洋预报和监测中心为改善海洋安全提供公共产品。在关于北极地区水域的认识方面，欧盟通过哥白尼地球观测卫星，为极地水域船舶经营商提供了一个重要工具。欧盟资助的哥白尼地球观测卫星数据免费向公众提供，包括用于商业目的。已经有一些欧洲公司根据这些免费数据提供了有关北冰洋和波罗的海海冰分布的信息。在这些努力的基础上，欧盟已经建立了哥白尼应急管理服务中心，该中心以定制地图的形式为灾害管理和应急服务提供地理信息。

2. 海洋资源

海洋资源是欧盟海洋政策很重要的一部分，包括渔业、濒危海洋野生动物等，欧盟每年都会发布年度蓝色经济报告，以评估和揭示领域内的最新趋势和发展。以下是有关海洋资源的具体政策内容。

（1）蓝色经济创新计划

欧盟委员会 2014 年 5 月 8 日推出名为"蓝色经济"的创新计划，以利于海洋资源得到可持续开发利用，同时推动经济增长和促进就业。

2022 年 5 月 18 日，欧盟委员会发布欧盟年度蓝色经济报告，以介绍并评估欧盟海洋经济的最新发展态势。报告指出，欧盟的蓝色部门是创新解决方案和技术的孵化地，可以帮助应对气候变化并将绿色转型提升到一个新的水平。报告还指出了不采取行动应对气候变化的高昂代价：到 2080 年，海平面上升造成的破坏可能造成欧盟每年超过 2000 亿欧元的直接损失。

（2）深海采矿

关于深海采矿，欧盟于 2017 年从欧洲海事和渔业基金（EMFF）拨款 150 万欧元，支持国际海底管理局制定中大西洋沿岸地区的区域环境管理计划。在深海海底采矿领域，欧盟委员会工作重点为确保未来深海采矿活动完全符合欧盟预防性原则和生态系统可持续性标准。

（3）渔业政策

2012—2013 年，欧盟在海洋生物资源和渔业保护政策方面采取了两项重要的立法措施，即"有关准许非可持续捕鱼的国家为保育鱼类资

源而采取的若干措施的规例"①（2012）及修订版《共同渔业政策条例》②
（2013）。

欧盟共同渔业政策（2014年最新修订）是一个完整的政策体系。从
生产的角度看，欧盟从海洋开发和内陆养殖两个方面制定了共同政策。
从流通的角度看，欧盟成立了中间商和消费者权益组织，为政策制定提
供咨询。另外，欧盟还在技术研发、规则制定等方面为欧盟共同渔业政
策提供政策支持。具体而言，欧盟从以下几个方面完善了欧盟共同渔业
政策：①制定渔业生产和开发规则，保证欧洲渔业可持续发展，保护环
境不受破坏；②配合各国对违反相关规则的行为采取惩罚措施；③对渔船
的规格进行限制，以防止过度捕捞；④提供资金和技术支持，用以支持
渔业的稳定发展；⑤代表欧盟国家进行国际谈判，争取欧盟国家的渔业
利益；⑥帮助生产者、加工厂商、中间商争取合理价格，保证消费者对
水产品的消费安全；⑦支持水产养殖，对鱼类和藻类养殖提供支持；⑧加
强技术研发，完善渔业数据收集系统，为政策制定提供理论依据。③

3. 海洋环境保护

欧盟一直致力于根据联合国2030年议程积极促进海洋政策的一致性
和全球集体责任。2017年6月召开的第一次联合国海洋大会是加强国际

---

① 该条例于2012年9月25日通过，2012年10月25日被批准，2012年11月17日生效。其正
式名称是 REGULATION (EU) No 1026/2012 OF THE EUROPEAN PARLIAMENT AND OF
THE COUNCIL of 25 October 2012 on certain measures for the purpose of the conservation of fish
stocks in relation to countries allowing non-sustainable fishing.

② 该条例于2013年12月10日通过，2013年12月11日被批准，2013年12月29日生效，2014
年1月1日起执行。其正式名称是 REGULATION (EU) No 1380/2013 OF THE EUROPEAN
PARLIAMENT AND OF THE COUNCIL of 11 December 2013 on the Common Fisheries Policy,
amending Council Regulations (EC) No 1954/2003 and (EC) No 1224/2009 and repealing Council
Regulations (EC) No 2371/2002 and (EC) No 639/2004 and Council Decision 2004/585/EC.

③ European Commission. Common fisheries policy (CFP)[EB/OL]. [2022-06-28]. https://oceans-and-
fisheries.ec.europa.eu/policy/common-fisheries-policy-cfp_en.

治理框架建设的一个重要里程碑，会议通过了一项行动呼吁。为支持实施联合国可持续发展目标14（SDG14），欧盟做出了19项自愿承诺，以保护和可持续利用海洋，促进海洋可持续发展。

（1）《欧洲循环经济中的塑料战略》

欧盟塑料产业庞大，每年产生约2600万吨塑料垃圾，回收率却不到30%，据估计，塑料材料只有5%的价值留存在经济中，其余价值均在一次性使用之后便丢弃，每年经济损失高达700亿—1050亿欧元，迫切需要提升塑料垃圾回收率，倡导塑料产业循环绿色发展。2018年初，中国开始实施塑料废物进口禁令，欧盟塑料垃圾输出和处理压力陡增，塑料战略研究和企业回收技术升级改进势在必行。

2018年1月16日，欧盟委员会发布《欧洲循环经济中的塑料战略》，显示出欧盟积极应对海洋塑料垃圾的决心，这将有力推动欧洲各国联合行动、设置统一处理标准、制定处理海洋垃圾长远目标，为欧盟制定国家计划和行动提供统一方案，并便于各国进行成果交流和共享。

欧洲有关一次性塑料袋使用的国际法律法规和国际承诺比较多，如欧盟的废物管理法令（94/62/EC），特别是其修订法令（2015/720），由法国、瑞典和意大利等欧盟成员国联合发起的倡导所有参与国家推进消除一次性塑料袋使用的国际承诺等，凸显了国际组织在协调国家方面的重要性，为解决海洋塑料垃圾问题创造了机会。欧洲针对微塑料的政策多是一些产品（如某些化妆品）使用禁令和自愿承诺。由于对微塑料了解较少，许多国家目前还没有与之相关的政策，未对其潜在来源和相关问题予以关注。

2021年，欧盟委员会就欧盟一次性塑料用品的指令（the Single—Use Plastics Directive）出台了指导意见，并通过一项关于监测和报告投放在市场上的渔具和废弃渔具收集的执行规定。这些指导意见旨在减少一次性塑料产品和渔具产生的海洋垃圾，并通过创新和可持续的商业模式、产品和材料来促进经济向循环经济发展。该指导意见规定，根据2019年欧盟发布的一次性塑料的相关规定，从2021年7月3日起，欧盟成员国必须确保某些一次性塑料产品不再投放欧盟市场。对于其他塑料产品，如渔具、一次性塑料袋、瓶、饮料和即食使用的食品容器、包装袋和包装物、烟草过滤器、卫生用品和湿巾，适用不同的措施。这些措施包括通过标签要求、扩大生产者责任计划（"污染者付费原则"）、提高公众意识和产品设计要求，限制它们的使用、减少它们的消费和防止乱扔垃圾。

（2）蓝碳政策

2021年8月4日，环境正义基金会（Environmental Justice Foundation, EJF）发布《蓝色跳动之心：应对气候危机的蓝碳解决方案》（Our Blue Beating Heart：Blue Carbon Solutions in the Fight Against the Climate Crisis）报告，指出政策制定者在很大程度上忽视了储存在红树林和海草等海洋生态系统中的碳。报告因此针对不同的海洋生态系统提出了相应的蓝碳解决方案建议。

欧洲审计院（European Court of Auditors）指出，目前的欧盟海洋环境保护框架尚未在其海洋面临过度捕捞威胁之际对海洋生物多样性提供必要的保护。欧盟仅有不到1%的海洋保护区（MPA）受到严格保护，并成为有效的海洋保护区。鉴于此，为了实现其有效性，欧盟MPA须涵盖（严重）濒危和脆弱物种及其生境，并酌情限制这些地区的捕鱼活动。欧盟及其成员国在将海洋和沿海生态系统保护置于全球气候和保护政策核心地位方面能够发挥引领作用。海洋是全球遗产的一部分，这决定了全球合作的必要性。EJF建议欧盟将以下活动作为优先事项：①将蓝碳和海洋的气候调节功能纳入到国家自主贡献（NDC）中，并将海洋保护问题贯穿于"减碳55%"（"Fit for 55"）一揽子立法提案中。②致力于"30×30 海洋保护计划"的实施，到 2030 年至少将 30% 的海洋指定为具有生态代表性的完全或高度受保护的海洋保护区。③所有的气候和海洋政策必须基于最新的科学依据。④通过严格的《2030 年欧盟生物多样性战略》（EU Biodiversity Strategy to 2030），该战略应设定雄心勃勃且具有法律约束力的自然恢复目标，并在《生物多样性公约》缔约方大会（Convention on Biological Diversity, COP）上发挥引领作用，鼓励各国设定具有约束力、可量化的生物多样性恢复和保护目标，并鼓励发展中国家利用技术和财政支持实现这些目标。此外，欧盟必须将气候恶化作为生物多样性政策的主要挑战，包括《2020 年后生物多样性框架》（Post 2020 Biodiversity Framework）。⑤确保政策决策的透明化和社区的参与。⑥为气候融资机制提供支持和资助。⑦将海洋保护标准纳入即将出台的《欧盟可持续企业治理》（EU Sustainable Corporate Governance）立法中。⑧采用EJF的"渔业全球透明度 10 项原则"。⑨禁止在海洋保护区内进行疏浚或海底拖网等破坏性捕捞活动，并逐步取消渔业公共补贴，包括燃料补贴，因为这些补贴会导致海洋生态系统遭到永久破坏。

（3）可再生能源战略

2020 年欧盟委员会发布《海上可再生能源战略》，提出了欧盟海上可再生能源的中、长期发展目标。为助力欧盟实现到 2050 年的碳中和目标，该战略提出到 2030 年海上风电装机容量从当前的 12 吉瓦提高到 60 吉瓦以上，到 2050 年进一步提高到 300 吉瓦，并部署 40 吉瓦的海洋能及其他新能源（如浮动式海上风电和太阳能）作为补充。欧盟委员会估计，到 2050 年需要投入近 8000 亿欧元资金。该战略提出了实现上述目标的政策和监管建议，包括在海洋空间规划、海上可再生能源及电网基础设施、海上可再生能源监管框架、撬动私营投资、技术研究创新、供应链与价值链等六方面将采取的关键行动，主要包括：①空间和资源可持续管理的海洋空间规划；②开发海上可再生能源及电网基础设施的新方式；③更明确的海上可再生能源监管框架；④通过欧盟公共资助撬动对海上可再生能源的私营投资；⑤重点支持海上项目的研究和创新；⑥建立更强大的欧洲供应链和价值链。

4. 海洋科技

（1）数字海洋时代

欧洲海洋委员会（European Marine Board，EMB）于 2021 年 6 月 16 日发布了题为"数字海洋时代保护原位海洋观测"（Sustaining in situ Ocean Observations in the Age of the Digital Ocean）的政策简报。[①]这份政策简报由包括英国国家海洋学中心（NOC）在内的 EMB 成员机构制定，重点讨论了影响海洋的关键挑战（如气候变化），预测极端天气以及将私营部门纳入数据采集工作。

政策简报呼吁将持续观测作为一种途径，以提供必要的数据，为气候和环境政策方面的决策者提供关于海洋以及如何应对关键海洋问题的相关信息。报告的重要建议是呼吁将全球和区域地下、原位海洋观测系统视为关键数据基础设施并给予相应资金，而不是仅通过一系列短期研究项目给予资助。

这份简报还鼓励更多地利用现有的基础设施（如商船、海上平台和研究船）进行持续的海洋测量。报告中建议考虑采取激励措施来克服边

---

① European Marine Board. Sustaining in situ Ocean Observations in the Age of the Digital Ocean[EB/OL]. [2022-06-27]. https://www.marineboard.eu/publications/sustaining-situ-ocean-observations-age-digital-ocean.

际成本障碍，如减免税收奖励对环境目标的贡献。简报的其他建议包括进一步优化观测系统设计，更多地与用户接触以了解决策所需的信息，并在量化海洋观测的经济价值方面开展更多工作。

（2）发展海洋（蓝色）生物技术

海洋生物技术致力于对各种海洋生物的探索和开发，利用能够承受极端条件的海洋生物制造高经济价值的新药物或工业酶。从长远来看，该行业预计可提供高技能的就业机会和重要的下游产业机会。[①]欧盟预计海洋生物技术到 2035 年将会形成较大的市场规模。欧盟将以政策引导的方式引领社会资本投资海洋生物技术，并抢占海洋生物技术的高地。

（四）欧盟海洋政策的目标、特点、趋势

欧盟海洋政策的主要目标包括：促进海洋可持续发展，即为海洋可持续发展创造有利条件，促进海洋经济和沿海地区发展；提高沿海地区的生活水平；提高欧盟在国际海洋事务中的领导地位。欧盟将推动全球海洋治理，促进国际海洋法的有效实施，敦促成员国批准相关国际条约，并在关键国际领域协调欧洲利益。

欧盟综合海洋政策的主要特点体现在三个方面。其一，注重各个海洋决策主管部门的协调。欧盟委员会拥有制定海洋政策的职能，主要任务是分析海洋政策的影响，协调各部门政策，确保相互之间的协调，并试行开发共同政策工具。其二，既关注欧盟管辖内的海域治理，也关注全球海洋治理。欧盟提出了在全球海洋事务中引领全球治理的目标，希望发挥领导和示范作用，以欧盟方案为蓝本，优化全球海洋治理。其三，注重海洋开发与海洋环境保护的平衡，注重海洋可持续发展。欧盟海洋

---

① European Commission. Blue bioeconomy and blue biotechnology[EB/OL]. [2022-06-30]. https://
oceans-and-fisheries.ec.europa.eu/ocean/blue-economy/blue-bioeconomy-and-blue-biotechnology_
en.

综合治理政策涵盖各个海洋部门，涵盖海洋信息搜集、海洋监测、绿色造船、绿色海洋旅游、发展海洋新能源等，并引导社会资本投入海洋新兴产业部门中，防止资本流入有害于海洋健康发展的产业，促进欧盟可持续利用海洋。

欧盟综合海洋政策的发展趋势：其一，改善国际海洋治理框架，引领全球海洋治理。海洋可持续性是一项全球性挑战，也是一项共同责任，需要基于国际规则的统一治理框架和健全的知识库为决策过程提供信息。其二，加强国际组织之间的协调与合作，建立海洋伙伴关系。跨部门、区域之间以及区域和全球组织之间的合作有利于成功推动区域海洋治理。其三，强化海洋政策的综合协调。欧盟强调海洋政策的综合性和协调性，要求成员国采取更加综合的海洋治理方法，制定综合海洋政策。其四，加强欧盟海洋空间规划。其五，扩大海洋治理伙伴关系。

三、英国的海洋政策

英国自近代以来，经历了长达四个世纪的海上世界巨人发展之路，经历了称霸海洋到海洋帝国衰落的发展阶段。进入 21 世纪以来，英国逐步建立海洋综合管理体系，大力发展海洋经济和科技。

（一）英国海洋政策背景

英国的海洋强国之路始于发展海外贸易战略，海洋意识经历了由早期的抵御外侵的"城墙"到海洋贸易通道再到海上霸权的转变。在这方面，英国人有许多名言。英国人充分认识到，"在一个商业的时代，赢得海洋要比赢得陆地更为有利"。[1]"海洋是国家繁荣，与外界通商贸易、扩大势力和发挥影响的一条途径——在航空事业未出现之前，大海是唯一

---

[1] J.f.C. 富勒. 西洋世界军事史[M]. 钮先钟, 译. 北京:军事科学出版社, 1981:37.

的一条沟通与外界联系的自然通道。"① "谁控制了海洋，即控制了贸易；谁控制了世界贸易，即控制了世界财富，从而控制了世界。"②

进入 21 世纪以来，由于国民经济和社会发展的需要，英国将海洋发展战略的重点逐步转向海洋科技和海洋经济领域，英国有关政府部门、科技界、海洋保护组织和广大公众开始呼吁制定综合性海洋政策。2003年，英国政府发布了题为《变化中的海洋》的报告，建议用新的管理方法对各类海洋活动进行综合管理和制定综合性海洋政策。2006 年，英国政府发布磋商结论报告，提出了综合性海洋政策应涵盖的内容，并希望各界对英国在海洋领域应遵循的战略方向发表意见。2007 年 3 月，英国政府发布海洋白皮书:《英国海洋法草案》，提出了可持续地管理英国涉海活动和保护英国海洋环境与资源的立法措施与管理措施建议。2008 年 4月，英国政府正式公布《英国海洋法草案》，12 月初，《英国海洋法》提交英国议会审议。2009 年 11 月 12 日，英国正式批准《海洋与海岸带准入法案》(Marine and Coastal Access Act，以下简称《英国海洋法》)。③

(二)英国海洋政策的构成

自 2009 年 11 月，《英国海洋法》生效后，英国海洋政策实现了制度化、法律化。海洋政策形成了以《英国海洋法》为基础，各战略为具体政策，海洋规划局(Marine Management Organization)为实施机构的体系。

1. 国内法律体系

2009 年的《英国海洋法》是一部综合性海洋法律，由 11 大部分共325 条组成，为英国建立新的海洋工作体系和进一步发展海洋事业奠定

---

① J .R .希尔. 英国海军 [M]. 北京：海洋出版社, 1987:1.

② D .豪沃思. 战舰 [M]. 北京：海洋出版社, 1982:1.

③ 李景光, 阎季惠. 英国海洋事业的新篇章——谈2009年《英国海洋法》[J].海洋开发与管理,2010,27(02):87-91.DOI:10.20016/j.cnki.hykfygl.2010.02.025.

了坚实的法律基础。英国新海洋工作体系主要包括海洋综合管理、海洋规划、海洋使用许可证审批与管理、海洋自然保护、近海渔业与海洋渔业管理以及海岸休闲娱乐管理等多方面的内容。概括而言，有以下主要特点：①既有宏观的指导性条款，也包含一些比较微观的实施措施，可操作性强。②可持续发展原则贯彻始终。③重视和强调综合管理与协调，依靠综合管理来统筹处理海洋事务。④注重生物多样性保护。⑤强调公开、透明，鼓励公众参与决策与管理。《英国海洋法》的批准标志着英国各界广泛关注的综合性海洋法律正式进入英国法律法规体系。

《英国海洋法》为英国建立了战略性的海洋规划体系，要求制定具体的海洋政策，确立阶段目标，确定海洋管理具体办法，为配合相关涉海领域的海洋政策落实奠定了基础。各行业具体的国家政策和执行机构的法律依据，都是从这部法律而来。

2. 国家政策制定

除了专门的海洋法法律，英国政府以《英国海洋法》为指导原则，近年来制定了包含海军、海洋经济与海洋科技在内的综合性海洋战略。[①]

《英国海洋法》及其相关政策的主要实施机构是海洋管理局（Marine Management Organization），该机构的职责范围广泛，负责许可、监管和规划英格兰周边海域的海洋活动，确保可持续利用海洋。具体包括履行有关保护海洋生态环境、海洋空间规划、海洋利用活动的许可证发放，海洋渔业监测、配额、捕捞管理，以及渔业执法等法律职能。此外，海洋管理局还负责监管英国注册渔船在世界其他地方的活动，并负责应对在英国海域内发生的非法、未报告和无管制（IUU）捕捞活动。

---

① 李金林. 当代英国海洋战略及其借鉴 [J]. 经济研究导刊, 2020(8).

（三）英国海洋政策的主要内容

英国在《英国海洋法》框架下，制定实施海洋科技、海洋产业、海军、海洋空间管理和海洋环境保护政策。另外，关于英国脱欧后的影响，从 2021 年 1 月 1 日起，欧盟相关的海洋法政策和法律可以参考《英国海洋政策声明》（The UK Marine Policy Statement），该声明中注明对欧共体或欧盟立法、欧盟立法要求、欧洲立法和欧盟要求的引用应视为对保留的欧盟法律的引用。①

1. 海洋科技

进入 21 世纪以来，英国发布多部海洋科技发展战略，大力发展海洋科技。2000 年，英国自然环境研究委员会（NERC）和海洋科学技术委员会（USTB）提出今后 5—10 年海洋科技发展战略，包括海洋资源可持续利用和海洋环境预报两方面的科技计划。《2025 海洋研究计划》（Oceans 2025）是由英国自然环境研究委员会资助的一项研究计划，旨在了解海洋自然资源和海洋领域气候变化的尺度、性质和影响，并解决海洋科学研究中的一些战略性问题。

2011 年 4 月 8 日，英国环境、食品与农村事务部发布了由英国海洋科学合作委员会（Marine Science Coordination Committee）制定的《英国海洋科学战略（2010—2025）》②，旨在促进通过政府、企业、非政府组织以及其他部门的力量支持英国海洋科学发展、海洋部门相互合作的战略

---

① Department for Environment Food & Rural Affairs. Guidance to the UK Marine Policy Statement from 1 January 2021[EB/OL]. [2022-03-09]. https://www.gov.uk/government/publications/uk-marine-policy-statement/guidance-to-the-uk-marine-policy-statement-from-1-january-2021.

② Marine Science Co-ordination Committee. UK marine science strategy[EB/OL]. [2022-02-11]. https://assets.publishing.service.gov.uk/government/uploads/system/uploads/attachment_data/file/183310/mscc-strategy.pdf#:~:text=UK%20marine%20science%20strategy%20A%2015%20year%20strategic,be%20responsible%20for%20the%20delivery%20of%20the%20Strategy.

框架。该报告描述了英国海洋科学战略的需求、目标、实施以及运行机制，并对英国 2010—2025 年的海洋科学战略进行了展望。该战略列出了海洋科学与技术发展的 3 个优先领域：①理解海洋生态系统的运行机制；②气候变化及与海洋环境之间的相互作用机制；③维持和提高海洋生态系统的经济利益，确定了一系列强化英国海洋科学研究部门之间合作、消除壁垒的方法，以确保英国能够整合资源，建设世界级别的海洋科学与技术体系。

2019 年 2 月，英国宣布"2050 海洋战略"，该战略着眼于英国海洋经济和海洋科技的规划和发展，提出了两个短期目标和一个中期目标。第一个短期目标是使英国成为测试和开发独立船舶、吸引外国投资和国际商业的最佳地方。第二个短期目标是通过当前的高科技技术、虚拟现实技术和增强现实技术，培养英国和其他国家的海事人才，以满足未来的人才需求。中期目标是在英国港口建立一个创新中心，在短期目标完成后协调海洋高科技事业的发展。此外，英国政府承诺将公布一份明确的海事计划，英国将在绿色标准方面发挥主导作用，以尽快实现零排放航运。[①]

英国"2050 海洋战略"主要聚焦于以下领域：最大限度地发挥英国海事专业服务方面的优势，保持和增强英国在海事法、金融、保险、管理和经纪方面的竞争优势，并开发绿色金融产品；带头采取行动促进海洋清洁，能够作为早期实施者或快速行动者获得经济利益；加强英国在海事创新方面的声誉，通过英国全球领先的大学、海事中小企业和全球公司，最大限度地利用新的海事技术为英国带来利益；继续保持海洋安全

---

① UK. Maritime 2050[EB/OL]. [2022-03-04]. https://assets.publishing.service.gov.uk/government/uploads/system/uploads/attachment_data/file/877610/maritime-2050-exec-summary-document.pdf.

和安保标准的全球领导者地位和声誉；发展英国的海事员工队伍，并加强多样性，提高英国作为世界海事教育和培训领导者的声誉；促进自由化的贸易体制，为英国的海事部门带来最大利益；支持继续对海事基础设施进行商业投资，使英国成为对全球所有海事企业都具有吸引力的目的地；与国际海事组织（International Maritime Organization）、国际劳工组织（International Labour Organization）和所有目标一致的国家合作采取行动，加强和提高英国作为领先国家的声誉；向世界展示英国的海事服务，促进航运、服务、港口、工程和休闲等海事服务领域发展，通过伦敦国际航运周（London International Shipping Week）保持英国在海事服务和活动方面的全球领先地位。

2. 海洋产业

2011 年 9 月 19 日，英国商业、创新和技能部发布《英国海洋产业增长战略》。该报告是在不断整合政府、企业和学术界意见基础上形成的。为制定并实施海洋产业增长战略，英国成立了包括政府、企业、海洋产品用户等利益相关方共同组成的海洋产业领导理事会。该战略是英国第一部专门针对促进海洋产业发展的政策，明确提出了未来重点发展的四大海洋产业是海洋休闲产业、装备产业、商贸产业和海洋可再生能源产业。该报告称，到 2020 年，以这四大类海洋产业为主的英国海洋产业增加值有望达到 250 亿英镑。报告认为，英国在海洋产业主要领域已经具备了国际竞争优势，全球市场为英国海洋产业发展提供了广泛机遇，气候变化挑战和自然资源开发不断推升原材料和能源价格也为英国的海洋可再生能源发展提供了新机会。

3. 海洋安全

海军仍是英国海洋战略的重要组成部分。2017 年 9 月，英国国防部发布《国家造舰战略：英国未来海军造舰计划》（National Shipbuilding Strategy），阐述了改革海军采购、确保英国海军舰艇出口的目标。[①]

2021 年的皇家海军综合审查报告明确，英国将打造一支不断壮大、视野不断开阔的海军，配备最新武器装备和技术，并将扩大英国海军的海外部署。英国海军的两艘航空母舰将同时运行，将建造新的支援舰以配合全球部署，同时将购买更多的 F-35 喷气式飞机。[②]在接下来的十年中，英国船厂将建造七种新型舰艇，目标是到 2030 年左右，英国海军将拥有 20 多艘护卫舰和驱逐舰。

4. 海洋环境

《英国海洋法》就海洋功能和活动、洄游鱼类和淡水鱼类、海岸附近土地的获取与使用等作出规定。[③]该法从法律层面对英国的海洋管理作出规定，综合考虑海洋的可持续利用和海洋产业的发展，明确不同的部门分别负责污染处理、重点物种的保护等。

针对海洋污染，海上救援协调中心（Maritime Rescue Co-ordination Centers）是事故期间的协调机构，向海洋规划局通报污染或情况报告。苏格兰海洋局、威尔士自然资源局和北爱尔兰环境署负责其所辖水域内的污染处理。在发生重大泄漏事件时，有关部门将设立一个环境小组，就如何应对污染提出建议。英国海洋规划局在处理污染时会就对渔业和海洋动植物的影响咨询环境、渔业和水产养殖科学中心、食品标准局、

---

① Ministry of Defence. Refresh to the National Shipbuilding Strategy[EB/OL]. [2022-03-04]. https://www.gov.uk/government/publications/refresh-to-the-national-shipbuilding-strategy.

② Royal Navy. Defence review will forge a growing Navy with expanding horizons[EB/OL]. (2021-03-22)[2022-03-04]. https://www.royalnavy.mod.uk/news-and-latest-activity/news/2021/march/22/20210322-defence-review.

③ UK. Marine and Coastal Access Act 2009[EB/OL]. [2022-03-04]. https://www.legislation.gov.uk/ukpga/2009/23/contents/enacted.

自然英格兰联合自然保护委员会。

海洋物种受到英国多部法规保护，使其免受干扰、掠夺和伤害，在某些情况下，还保护其不被非法买卖。不同种类的野生动物受到不同的保护，包括鸟类、鲸类（海豚和鲸鱼）、海豹、海龟、鲨鱼等鱼类、无脊椎动物、海马等，并且明确了禁止或未经授权的捕获或猎杀方式。对于受保护海洋物种的保护海域，并不限于海洋保护区内。①

（四）英国海洋政策的目标和特点

英国海洋政策服务于英国海洋强国这个总目标，重视海洋治理法制化、海洋生态环境保护、海洋科技发展、海军建设等多个方面。

英国在海洋治理中注重以法律法规保障战略意图和海洋利益的实现。英国在海洋管理方面的法律法规主要有：1949 年《海岸保护法》、1961 年《王室地产法》、1964 年《大陆架法》、1971 年《城乡规划法》(规定海域的使用)、1974 年《英国海上倾废法》、1981 年《渔业法》、1981 年《深海底矿业临时措施法》、1987 年《领海法》、1992 年《海洋渔业(野生生物养护)法》、2009 年《英国海洋法》。其中，发挥核心作用的是《英国海洋法》，该法为英国建立新的海洋工作体系和进一步发展海洋事业奠定了坚实的法律基础。进入 21 世纪以来，由于国民经济和社会发展的需要，英国将海洋发展战略的重点逐步转向海洋科技和海洋经济领域，并以法律的形式制定综合海洋政策。2008 年，英国发布了《2025 年海洋科技计划》。2009 年颁布的《英国海洋法》是英国海洋政策制度化、法律化的具体体现。北爱尔兰、威尔士及苏格兰地方政府也会根据本地区情况，在英国议会立法授权下制定各类法规。国家法律和地方配套法规构成了较

---

① UK. Marine species & wildlife: protection[EB/OL]. (2014-06-11)[2022-03-04]. https://www.gov.uk/government/publications/protected-marine-species.

为完整的法规体系，为英海洋事务管理和海洋资源开发提供了法律保障。

海洋经济是沿海国家重要的经济增长点，英国各界对海洋产业增长寄予厚望，英国政府也适时推出各类规划文件，并加大扶持力度。在管理过程中注重市场的作用，将海洋资源纳入市场经济体系，用经济杠杆引导、调整和制约各类开发行为。开发利用以经济效益为中心，全面推行海洋开发许可证制度。同时，政府积极发挥引导和调节作用，弥补市场调节的不足。

英国注重保护海洋生态环境。英国相关法律规定，各项海洋工作不仅要重视经济效益，还必须重视环境与社会效益：不仅要重视近期利益，更要考虑子孙后代的长远利益，实现经济、环境与社会的协调与可持续发展。英国多部法律都对海洋环境保护做了具体规定。1974 年《英国海上倾废法》禁止向海中永久性投弃任何物质，以保护海洋环境。2005 年英政府出台《未来的近海》报告，规定浅海区域、沿海景观性强的地方以及从风场到沿海海岸线 13 千米内都属于海洋风能开发禁区。2009 年《英国海洋法》提出了保护海洋野生动植物的具体目标：扭转英国海洋生物多样性的下降趋势；促进海洋生物多样性的恢复；提高海洋生态系统的运行功能和对环境变化的应变能力；在决策过程中更多地考虑海洋自然保护问题；更好地履行英国在国际上做出的海洋自然保护承诺。

四、日本的海洋政策[①]

日本走向海洋有其独特的政治、经济和社会背景。日本海洋意识的发展经历了海洋屏障意识、海国论、耀武于海外思想、海洋利益线理论和海洋立国等几个阶段。日本的海洋政策是其国家战略的重要一环，致

---

① 本部分内容参考了自然资源部海洋发展战略研究所王芳研究员的研究报告。

力于提升国家海洋综合实力，大力发展海洋科技及海洋产业，重视海洋国际交流与合作。

（一）日本海洋政策概述

日本海洋产业发达、海洋科技强大，海洋治理体系务实高效。日本的经济和社会发展高度依赖海洋，开发利用海洋的意识强烈，已经形成了比较完善的海洋政策体系。

2007 年 4 月 20 日，日本国会通过《海洋基本法》和《海洋建筑物安全水域设定法》。该基本法规定，政府负责实施海洋政策，制定海洋基本计划并每 5 年进行一次修改。基本法规定要"实现和平、积极开发利用海洋与保全海洋环境之间的和谐——新海洋立国"，建立国家战略指挥中枢"综合海洋政策本部"（海洋本部）。此外，海洋本部制定的有关方针和计划以及内阁审议通过的《防卫计划大纲》等政策性文件也具有法律效力。2010 年，民主党两届内阁基本完成构建海洋法律体系的工作。2012 年 2 月 28 日，野田内阁通过《海上保安厅法》《领海等外国船舶航行法》修改法案，并提交国会审议。这是日本政府应对与邻国间的领土和海洋争端、加强实际控制的法律举措。2013 年 4 月，日本政府通过了作为日本未来 5 年海洋政策方针的海洋基本计划，将根据这一计划加强日本周边海域的警戒监视体制，并推进海洋资源的开发。2013 年 12 月 17 日，日本政府通过了新版为期 10 年的《防卫计划大纲》，内容包括增加军事支出和扩建海上自卫队。同时公布了一套更为强硬的国防战略，即首部未来 10 年《国家安全保障战略》。2015 年 7 月 15 日，由执政党控制的日本众院和平安全法制特别委员会，强行通过了安倍内阁制定的安保相关法案，使日本自卫队向着出兵海外、行使所谓的"集体自卫权"迈出了重要的一步。

2018 年 5 月 15 日，日本正式通过了第三期《海洋基本计划》。该基本计划提出了促进海洋发展政策、保护海洋环境、维护海洋安全、发展海洋科技、培养海洋人才和提高全民海洋意识等政策。基本计划中提出的海洋发展政策包括：促进海运、水产、资源开发等各种经济活动和海洋产业利用；推进海洋能源和资源的开发；强化海洋产业的国际竞争力；扩大新兴海洋产业发展；确保海上运输安全；提高渔业生产和水产养殖的效率，加强日本渔业的国际竞争力。在海洋安全方面，提出确保本国的重要海上交通线的稳定利用，强化国际海洋秩序。在推动海洋科技研发方面，把海洋科技作为国家战略的重要组成部分，推进深海大洋和极地调查技术研发，推进海洋、地球和生命有关的综合理解，提高日本国际影响力。在维持和强化海洋调查、观测和监管方面，提出维护已构筑的海洋观测网，研发先进观测系统，谋求在国际海洋观测技术和国际标准化方面发挥主导作用，发展无人机、无缆水下机器人等无人装备和技术。在保护海洋环境方面，日《海洋基本计划》提出在联合国可持续发展目标（SDGs）等为代表的各种国际框架下，加快推进设定适当的海洋保护区，保护脆弱的生态环境，防止海洋污染，应对海洋垃圾，应对气候变化。但在实践中，日本不顾国内外质疑和反对，未经与周边国家和国际社会充分协商，单方面决定以排海方式处置福岛核电站事故核污染水。2023年 8 月 24 日，东京电力公司在日本东北部太平洋沿岸开启了福岛第一核电站核污染水的正式排海。这种做法极其不负责任，将严重损害国际公共健康安全和周边国家人民切身利益。日本在未穷尽安全处置手段的情况下将核污染水排海，显然违背其《海洋基本计划》所标榜的"防止海洋污染"政策。①

在北极方面，日本有着过度的野心，认为应充分重视其作为离北极海域最近的亚洲国家这一地缘优势，灵活运用北极航路和资源开发为代表的经济和商业机会。重点推进研究开发、国际科技合作、强化观测、成果宣传，为解决全球研究课题做贡献，提升国际影响力。

（二）日本海洋政策的主要内容

1.构建完整的海洋法律体系

日本构建了以《海洋基本法》为核心的综合性海洋法律法规体系，为其实现海洋立国目标提供完善的法律保障。2007年4月20日，日本国会通过海洋开发管理的基本法律——《海洋基本法》。该法的最重要作用在于以法律方式确定其"海洋立国"的目标，为海洋政策的实施构建管理体制机制，明确社会各界开发利用保护海洋的责任和义务。该法要求建立国家战略指挥中枢"综合海洋政策本部"（海洋本部），并规定每五年制定实施《海洋基本计划》，落实《海洋基本法》的各项规定，并根据情势的变化调整具体措施，保证在国家海洋战略的大目标下与时俱进，科学高效地推动海洋事务发展。

2.确立清晰的海洋发展目标

日本的经济和社会发展高度依赖海洋，开发利用海洋的意识强烈，确立了"海洋立国"的海洋发展目标，制定并形成了清晰的海洋发展战略和比较完善的各类海洋政策体系。日本的海洋发展战略和海洋政策是其国家战略的重要一环，高度重视资源开发。

---

① 外交部.外交部发言人就日本政府决定以海洋排放方式处置福岛核电站事故核废水发表谈话[EB/OL]. [2021-04-13]. https://www.mfa.gov.cn/web/fyrbt_673021/dhdw_673027/202104/t20210413_9171343.shtml.

3.建立系统的政策实施体系

根据日本 2007 年颁布的《海洋基本法》第二章第十六条，日本政府每隔五年左右重新研究、制定《海洋基本计划》。这一文件相当于日本海洋事务发展的五年规划，是日本海洋立国战略相关政策体系的重要组成部分，保障全面系统地实施《海洋基本法》。《海洋基本计划》旨在协调涉海各部门间关系、明确未来施政方向、调整政策优先顺序，并对日本涉海事务予以进一步分工、规范与指导。日本政府已分别于 2008 年、2013 年和 2018 年制定实施了三期《海洋基本计划》。为落实基本计划中制定的具体举措，该计划建立了非常具体完善的监督执行机制，政府机关、地方公共团体、相关研究教育机构、民间企业人员、公益团体等各类机构和利益相关者各负其责；政府部门对海洋基本计划个别措施的进展情况进行年度公开，定期检查和评估进展状况。

4.加强海洋资源开发利用

日本陆地面积较小，资源相对匮乏，开发利用海洋资源是其最重要、最根本的一项海洋政策。《海洋基本法》第二条即为"海洋的开发利用与海洋环境保护的协调"，明确海洋的开发利用是其经济社会发展基础。日本推进海洋资源的积极开发利用的内容比较全面，包括推进海洋油气、海底锰矿、钴矿等矿物资源的开发和利用；推动专属经济区等海域的开发；保护和管理渔业资源，增加渔场生产力。

5.加强海洋科学技术研发

日本大力加强海洋科技和海洋调查监测技术研发。《海洋基本法》规定国家应当采取必要措施，在海洋科学技术方面，健全研究体制、推进研究开发、培育研究和技术人员，强化与国家、独立法人、试验研究机构、大学和民间组织的合作。为合理制定和实施海洋政策、掌握海洋状况、预测海洋环境变化，日本不断加强海洋资源调查及技术研发。日本清醒认识到海洋高科技的重要性，要求振兴海洋产业、加强国际竞争力，规定国家应采取必要的措施，在海洋产业方面，通过推进尖端科技的研究开发、提高技术水平、培养人才、完善竞争条件等方法，强化经营基础并开拓新领域。日本第二部《海洋基本计划》（2013—2017）决定完善可燃冰商业化开采技术；2023—2028年逐步扶持私营企业参与海底热液矿床商业化项目，对锰结核与富钴结核的资源量与生产技术进行调查研究。

2017年1月，日本文部科学省审议通过《海洋科技研发计划》。制定该计划的目的是进一步落实和执行日本《国家基本计划》，推进海洋科技领域的创新发展，以期实现海洋的可持续开发、利用和管理，强化与社会和经济相对应的产业竞争力。《海洋科技研发计划》制定了未来五年海洋科学技术推进的重点领域，主要包括五个方面：强化对极地和海洋的综合管理；海洋资源的开发与利用；海洋防灾减灾；基础技术的开发与未来产业创造；推进支撑海洋科技发展的基础研究。

6.重视开展国际海洋合作

日本试图主导区域海洋秩序，塑造有利于实现其海洋战略的外部环境。《海洋基本法》将确保国际协调与促进国际合作作为日本的一项海洋政策。规定"国家应采取必要的措施，确保我国主动参与海洋有关的国际规则等的制定工作，以及其他与海洋有关的国际协调"。日本谋求积极提高其国际影响力的领域涵盖广泛，包括海洋资源、海洋环境、海洋科技、取缔海上犯罪、防灾减灾、海难救助等多个方面。

五、印度的海洋政策

印度海洋面积大、港口多、海洋资源丰富，其海洋经济贸易在国际上具有重要地位。近年来，印度高度重视海洋发展，确立了"印太愿景"的海洋战略并且通过了一系列针对海上安全、海洋生态环境、海洋资源、能力建设和资源共享、自然灾害风险预防以及贸易互通和海上交通问题的国内政策。

（一）印度海洋政策背景

印度是印度洋沿岸重要沿海国，拥有众多港口和丰富的海洋资源，海洋经济在印度的国际贸易中占有重要地位。印度 90% 的国际贸易通过海上运输完成，海运贸易创造的价值占印度国际贸易总产值的 70%。[1] 印度将其境内海港分为 13 个重要海港和 176 个普通海港。[2] 印度拥有丰富的海洋生物资源和非生物资源，是世界海洋渔业大国之一。印度大陆架上已探明钛铁矿达到 6 亿吨，金红石矿 3000 万吨，石榴石矿 6000 万吨，锆石矿 3500 万吨，贝氏体矿 200 万吨和硅线石矿 400 万吨，合计价值约 1200 亿美元。[3] 除专属经济区和大陆架之外，印度积极参与国际海底区域矿产资源勘探。印度是国际海底区域内的"先锋开发者"，与国际海底管理局签署了为期 15 年的多金属锰结核的探矿合同，并在 2017 年将这一合同延长 5 年。凭借这一合同，印度获得了印度洋西南印第安脊中硫化物的勘探权。[4]

印度高度重视海洋在其国家发展中的重要地位，确立"印太愿景"海洋战略，企图主导印度洋海洋事务，同时扩大在太平洋的国际影响力，加强与美国、澳大利亚、东盟国家的合作。印度出台了一系列针对海上

①② Ministry of Shipping. Maritime Agenda: 2010-2020, p.1[EB/OL]. [2022-06-06]. https://documents.pub/document/maritime-agenda.html.

③ Economic Advisory Council to the Prime Minister. (2020). Report of Blue Economy Working Group on Coastal and Deep Sea Mining and Offshore Energy, p.11.

④ Economic Advisory Council to the Prime Minister. (2020). Report of Blue Economy Working Group on Coastal and Deep Sea Mining and Offshore Energy, p.17.

安全、海洋生态环境、海洋资源、海洋防灾减灾、海洋科学技术研究，以及海上贸易和海运的国内政策。总体而言，印度海洋政策本身缺乏系统性，且受其分散政治体制的影响，其海洋政策和战略实施需要处理中央和地方、政府内各部门间以及政府和私人之间等多组矛盾，政策执行比较困难。

（二）印度海洋政策的构成

目前，世界主要大国高度重视海洋，战略取向日益由陆向海。在这一背景下，作为印度洋沿岸的大国，印度在海洋经济、海洋资源开发、海上安全和海洋军事力量建设上也有战略野心。印度目前积极推行的海洋战略是"印太愿景"战略。为成为海洋大国并实现其所谓"印太愿景"的战略野心，印度出台了一系列涉海法规、政策和外交战略。

1.印度国内涉海法规

印度国内涉海立法主要集中在海洋资源利用领域。印度政府颁布了《领海、大陆架、专属经济区和其他海洋区域法》（1976年），在1981年颁布规范外国船舶在印度管辖海域内捕鱼的《印度海洋区域法》。[①] 随后，印度中央政府出台了一系列专门性法律和政策，以规范海洋生物资源利用和保护，主要包括：1972年《野生动物保护法》、1986年《环境法》、2002年《生物多样性法》等。

2.印度海洋政策和战略

印度颁布实施《印度海洋学说》（Indian Maritime Doctrine）、《自由使用海洋：印度海上军事战略》（Freedom to Use the Seas：India's Maritime Military Strategy）、《新版深海渔业政策》（1991年）、《海洋议程：2010-

---

① 梁甲瑞. 中印在北极地区的海洋战略博弈[J].南亚研究季刊,2019(02):24-33+4.DOI:10.13252/j.cnki.sasq. 2019.02.04.

2020》(Maritime Agenda：2010-2020)、《确保海洋安全：海洋安全战略》
(Ensuring Secure Seas：Indian Maritime Security Strategy)，以及《全面
性渔业战略》(2004年)以及《国家海洋渔业政策》(National Policy on
Marine Fisheries)(2017年)和《国家海洋水产养殖业战略》等，涉及海
上安全、海洋执法、海洋资源开发、海上交通和贸易等多个领域。①

3.国际合作与外交战略

2018年，印度总理莫迪在新加坡举办的香格里拉对话中提出印
度将推行"自由和开放的印度洋和太平洋战略"(Free and Open Indo—
Pacific)。②印度指出，该战略以印度洋和太平洋的自由、开放和包容发
展为核心，主张尊重印太沿岸国的主权和领土完整，通过对话和平解决
国家间的争端，并遵守国际规则和法律。同时，该战略主张坚持印度洋
和太平洋公海上的航行和飞越自由，坚持"东盟向心性"，加强区域国家
的团结合作。③"印太愿景"战略是印度莫迪政府总体的、关于国家发展
的"东进战略"和"西向战略"在海洋发展中的体现。④其中，"西向战略"
主要体现在印度对西印度洋的重视上。西印度洋蕴藏丰富的自然资源，
其自然资源总价值约3300亿美元；⑤同时，西印度洋是连接印度与中东和
非洲地区的重要航道，也是集装箱货轮交通的重要枢纽。而"东进战略"
则主要体现在印度加强与东盟国家的合作，将其权力触角延伸至太平洋

---

① 梁甲瑞.中印在北极地区的海洋战略博弈[J].南亚研究季刊,2019(02):24-33+4.DOI:10.13252/
j.cnki.sasq. 2019.02.04.

②④ Premesha Saha, Abhishek Mishra. The Indo-Pacific Oceans Initiative: Towards a Coherent Indo-
Pacific Policy for India[EB/OL]. 2020-12-25[2021-09-08]. https://cvdvn.net/2020/12/25/the-indo-
pacific-oceans-initiative-towards-a-coherent-indo-pacific-policy-for-india/.

③ Ministry of Foreign Affairs. Indo-Pacific Division Briefs[EB/OL]. [2021-11-10]. https://mea.gov.in/
Portal/ForeignRelation/Indo_Feb_07_2020.pdf, p. 1.

⑤ Obura, D, Smits, et. al. Reviving the Western Indian Ocean Economy[R]. Gland, Switzerland:
World Wide Fund for Nature, 2017.

中。在2019年的东亚峰会期间，印度总理莫迪提出"印太海洋倡议"，进一步发展了印度在海洋发展中的"印太愿景"战略。[1]该"倡议"的主要内容是保障印度在印度洋和太平洋上的海洋安全、提升印度的海洋防卫能力以及促进印度的海洋稳定发展。"印太海洋倡议"由七大支柱内容构成：海上安全，海洋生态环境，海洋资源，能力建设和资源共享，自然灾害的风险预防和管理，科学、技术和研究合作以及贸易互通和海上交通。可见，印度的海洋战略目标已不再局限于成为印度洋上的绝对领导者，而是在确保印度在印度洋中战略优势的基础上，谋求参与太平洋的利用和管理。印度的海洋战略以保障海洋主权为基础，保障海上安全为重点，进一步增强其在印度洋、太平洋上的海洋军事、海上执法、海洋资源勘探和开发以及海洋贸易实力。[2]

（三）印度海洋资源政策

印度海洋资源利用政策包括渔业政策、矿产和能源开发以及海上航运政策。印度航运政策包括印度航运业的管理机制和印度航运部2011年出台的名为"海洋议题：2010—2020"的国家政策文件。在渔业政策方面，印度提出坚持开发和保护并举，在海洋捕捞和养殖业中均强调海洋生态环境保护。在海洋矿产和能源利用问题上，印度目前仍以不断增强开发能力、扩大资源供给为主，并未关注大陆架和深海海底的生态环境保护。

---

[1] Premesha Saha, Abhishek Mishra. The Indo-Pacific Oceans Initiative: Towards a Coherent Indo-Pacific Policy for India[EB/OL]. 2020-12-25[2021-09-08]. https://cvdvn.net/2020/12/25/the-indo-pacific-oceans-initiative-towards-a-coherent-indo-pacific-policy-for-india/.

[2] Ministry of Foreign Affairs. Indo-Pacific Division Briefs[EB/OL]. [2021-11-10]. https://mea.gov.in/Portal/ForeignRelation/Indo_Feb_07_2020.pdf, p.1.

1. 渔业政策

根据印度宪法，各邦负责管理印度领海内的渔业活动，中央政府负责管理专属经济区内的渔业活动。各邦的渔业管理法律大同小异，主要内容是限制和禁止不符合可持续发展原则的捕鱼方式、确定进入其管理区域捕鱼的条件、对禁渔时间和地区进行规定以及规定强制性的捕捞证书和渔船登记制度。[①]

2019 年《国家海洋水产养殖业战略》是指导印度海洋水产养殖业发展的综合性国家战略。该战略旨在促进印度海洋水产养殖业的发展，以保证印度的粮食安全，提高印度沿海地区国民的经济收入和生活水平，同时推动海洋水产养殖业的可持续发展。[②]

印度 2017 年出台的《国家海洋渔业政策》是渔业领域的综合性国家政策。该政策旨在促进印度渔业健康发展，以满足当代和后代人的需求。该政策以渔业资源可持续利用为核心，平衡国家利益、社会利益和经济利益，持续提升渔民福祉，统筹印度未来十年的渔业管理。该政策以可持续发展、增加渔民社会经济利益、辅助性原则、合作协调、代际公平、性别公平和预警原则为七大支柱，全面促进印度专属经济区生态系统的保护和发展。

该政策对渔业管理、渔业发展和海洋环境保护进行了重点安排。在渔业管理方面，该政策提出将以可持续发展为重点，运用生态系统管理方法，进一步遏制过度捕捞，促进专属经济区内的生态系统保护；在渔

---

① Shinoj, P & Ramachandran, C. Marine Fishery Regulations and Policies for Conservation in India. [EB/OL]. [2022-03-04]. http://eprints.cmfri.org.in/13338/.

② Department of Animal Husbandry, Dairying and Fisheries, Ministry of Agriculture and Farmers Welfare. National Mariculture Policy 2019[EB/OL]. [2022-03-09]. https://nfdb.gov.in/PDF/Revised%20draft%20-%20NMP-2019.pdf.

业监控方面，印度将加强科技手段的运用，制作渔船和渔民的电子信息卡，加强对渔船制造、渔民劳动待遇和渔船海上安全设施的监控，进一步打击非法、不报告和不受管制捕鱼活动；在渔业发展方面，印度将进一步探索多种类型渔业发展的可能性，鼓励水产养殖业和远洋小岛渔业，完善水产加工业所需的基础设施，扩大品牌效应，延伸渔业产业链，提高水产品附加值；在海洋环境保护方面，印度海洋政策提出将全面加强对海上污染源的控制，全面管理陆源和海源污染，运用系统性方法，全面保障海洋生态系统的可持续发展，并关注气候变化对渔业的影响。①

在制定《国家海洋渔业政策》的同时，印度农业和农民福利部还出台了《国家海洋渔业政策执行计划》。该计划明确了各项政策任务的具体执行要求和路线图，明确各项政策任务实施的管理机制和财政资金，目的是将《国家海洋渔业政策》的实施纳入制度化和法治化轨道。②

2.矿产和能源开发政策

印度海洋矿产资源开发和利用的政策是其海洋经济可持续发展政策的一部分。印度颁布了《国家蓝色经济和可持续发展政策》，并根据该政策设置有关海洋经济发展的七个工作组。这些工作组的职责是就具体领域海洋经济的发展制定总体政策，以充分发挥海洋经济发展潜力，促进印度海洋经济的可持续发展。其中，第六工作组负责研究印度沿海、深海矿产以及海洋能源的政策。

工作组指出，总体而言，印度已经在过去十几年间对海洋矿产和能源资源进行了大量的勘探和分析研究。但是，印度海洋资源勘探的技术

---

①② Department of Animal Husbandry, Dairying and Fisheries, Ministry of Agriculture and Farmers Welfare. National policy on marine fisheries[EB/OL]. [2022-09-04]. https://dahd.nic.in/sites/default/filess/National%20Policy%20on%20Marine%20Fisheries%202017_0.pdf.

水平还有待提高，资源开发的技术还需要进一步发展。印度目前面临的另外一个问题是资源开发的人力和资金不足，需要进一步加强资源开发投资，以促进资源开发的长期可持续发展。[①]

在《沿海和深海矿产和能源研究报告》中，印度政府建立的政策咨询工作组对未来的海洋矿产和能源开发进行了建议。首先，报告建议政府大力发展勘探开发矿产所需的各项技术，将技术创新和进步作为战略的重中之重，同时，加大对技术创新的投资力度，保障研发人才供给。[②]其次，设立国家级的海洋砂矿资源开发管理机构，该机构负责信息采集、制订开采计划，并进一步研究取消现行国内法中禁止砂矿开采的可行性。[③]第三，加强印度在国际海洋矿产开发管理中的话语权。报告建议印度应当积极与国际海底管理局合作，从而获得更多的国际海底区域矿产勘探权，尤其是中印度洋内钴矿的勘探权，并在钴矿勘探中占据领先地位。第四，加强资金投入。印度需要筹集约1500亿卢比的资金，以供海底采矿所需的基础设施、勘探研究船以及开采技术发展的需要。第五，在开发矿产资源的同时保护海洋生物多样性。印度将在印度管辖权范围内，包括印度管辖海域以及其他海域中印度所管辖的人和船舶的范围内，积极履行《生物多样性公约》义务，保护海域范围内的生物多样性，减少矿产资源和能源开发活动对生物资源多样性带来的影响。[④]第六，印度应当建立一个专门的政府机构，以执行《国家蓝色经济和可持续发展政策》。同时，应当建立该机构与其他管理海洋事务的联邦政府部委的协调机制，以促进政策的有效实施。

---

①②③ Economic Advisory Council to the Prime Minister. (2020). Report of Blue Economy Working Group on Coastal and Deep Sea Mining and Offshore Energy, p.11.

④ Economic Advisory Council to the Prime Minister. (2020). Report of Blue Economy Working Group on Coastal and Deep Sea Mining and Offshore Energy, p.19.

3.印度海洋航运政策

印度港口众多，海洋贸易发达，海上航运在其交通运输业中占有重要地位，对印度的经济发展具有重要作用。2009年起，印度在联邦政府内专门成立航运部，统筹协调印度港口建设和船舶制造业发展，并制定《海洋议题：2010-2020》作为统一的航运政策。

（1）印度航运业的管理机制

印度认为，海洋运输是一国经济发展的重要环节，影响着经济发展的速度、结构和模式。因此，印度将航运业务从原有的航运、陆上交通以及高速公路交通部分离出来，成立单独的航运部。印度航运部管理其航运、港口建设、船舶制造和维护。①印度航运部有权制定和执行上述航运业务的政策和发展方案。不同于其他领域的海洋政策，印度认为在海洋运输领域，一部综合性、一揽子航运政策对于解决航运所面临的各种问题是切实有效的，于2010年制订实施《海洋议题：2010—2020》。②印度航运发展的目标是：港口泊位和货物吞吐量应当与海洋贸易的发展水平保持一致；增强船舶制造业自主制造能力。同时，自2010年《海洋议题：2010-2020》出台以来，印度开始了航运领域的简政放权。印度考虑到贸易发展对航运能力的需求以及海洋贸易运营者的需求，吸纳私人资本进入航运业，并给予私营部门更大的管理和运营自由。为鼓励私营部门参与，印度航运部制定了一系列参与指南。

（2）《海洋议题：2010—2020》

《海洋议题：2010—2020》主要针对印度的港口建设和航运业发展，重点是加强政府对港口建设和航运业发展的投入，同时吸纳私人投资。

---

①② Ministry of Shipping. Maritime Agenda: 2010-2020, p.1[EB/OL]. [2022-06-06]. https://documents.pub/document/maritime-agenda.html.

由于该政策时间跨度较大，航运部即强调该政策并非一步到位，需要随着发展不断审议和修改。同时，该政策中的很多内容尚未通过正式程序落实为法律和行政命令，体现的是印度政府的规划而非行动计划。根据该政策，印度航运部、公路交通部和铁路部以及各联邦政府将进一步加强偏远地区与海洋的互联互通，同时，港口间应加强信息交换并建立统一的通信系统，以保证其整体性发展。2019-2020 年，该计划旨在将印度的重要海港的吞吐量提升至 12.14 亿吨，将印度普通海港的吞吐量提升至 12.69 亿吨。为此，印度各港口将进一步加强基础设施建设力度，新建货物存放区、扩大港口服务区、更新港口内货物处理设备，提升港口运转能力。在进一步提升港口吞吐量的同时，印度同样重视港口的生态环境保护。印度要求港口的扩建必须满足严格的环境保护标准，港口在运营过程中必须通过环境审计。同时，印度将加强针对海港工作的人才培养和能力提升，培养适应经济快速发展和现代化港口建设的人才。①

《海洋议题：2010—2020》虽然仅由印度航运部制定，但其执行需要多个部门的配合。在该战略的序言中，印度航运部明确指出，该战略涉及的事项需要航运部和其他联邦机关、邦政府机关以及工业企业的密切配合。印度的 13 个重要海港在联邦政府的职权范围内，由联邦航运部统一管理；176 个普通海港则属于九个沿海邦和三个沿海领地的管辖范畴。根据这一战略，印度将实现海港管理的转型升级。进一步优化政府职能，使政府集中力量进行港口的基础设施建设和进出港海洋通道养护，而将港口运营事项全面委托给私人管理。印度重要海港将进一步加强公私合作，吸引私人投资。同时，印度将加强对港口投资的反垄断管理，避免

---

① Ministry of Shipping. Maritime Agenda: 2010-2020, p. 140. [EB/OL]. [2022-06-06]. http://documents. pub/document/maritime-agenda.html.

私人投资所造成的港口经营权的集中。印度环境保护部将为港口制定环境评估准则，而航运部和邦政府将负责环境保护法律法规在海港的执行和实施。[①]

六、结语

美国重视海洋资源开发利用，将海洋资源利用置于促进经济发展、增加就业的突出位置。在海洋产业发展方面，美国高度重视发展海洋渔业，保障海洋渔业资源供给和国家粮食安全。欧盟海洋政策的主要目标为促进海洋可持续发展，提高沿海地区的生活水平，提高欧盟在国际海洋事务中的引领地位。主要特点包括注重各个海洋决策主管部门的协调，关注全球海洋治理，注重海洋可持续发展。发展趋势为改善国际海洋治理框架，引领全球海洋治理，加强与国际组织和其他国家之间的协调与合作，强化海洋政策的综合协调，加强欧盟海洋空间规划，扩大海洋治理伙伴关系。英国海洋政策服务于英国海洋强国总目标，体现法律化、体系化的特点。在海洋空间规划方面，英国通过加强与利益相关者和当地沿海社区的密切合作，逐步构建更具战略性和集成性的框架来管理海洋活动。在海洋环境保护方面，英国强调政策的连续性，通过法律规制协调经济、社会与环境的可持续发展。日本的海洋政策重视提升其在国际海洋事务中的主导作用，提升其海洋产业的国际竞争力，促进海洋科学技术的发展，重视海洋防灾减灾，高度关注海洋权益问题。印度高度重视海洋资源开发利用，大力推动海洋矿产和能源资源利用，加强海洋资源勘探和开发能力。

---

① Ministry of Shipping. Maritime Agenda: 2010-2020, p. 135. [EB/OL]. [2022-06-06]. http://documents.pub/document/maritime-agenda.html.

参考
文献

一、外文参考文献

（一）著作类

[1] Boucher J, Friot D. Primary Microplastics in the Oceans: A Global Evaluation of Sources[M]. 2017.

[2] Mahan A T. The Influence of Sea Power Upon History 1660-1783[M]. 12th Edition. Little, Brown and Company, 1890:1.

[3] Reich, S, & Dombrowski, P. The end of grand strategy: US maritime operations in the twenty-first century[M]. Cornell University Press, 2018:32-33.

[4] United Nations Office of Legal Affairs. The Second World Ocean Assessment[M]. Volume Ⅰ ,2020:5.

[5] United Nations Office of Legal Affairs. The Second World Ocean Assessment[M]. Volume Ⅱ , 2020:5.

[6] World Tourism Organization (2021). UNWTO Inclusive Recovery Guide – Sociocultural Impacts of Covid-19, Issue 2: Cultural Tourism[M]. Madrid: UNWTO, 2021.

（二）期刊和论文等类

[7] ARTHUR C，BAKER J，BAMFORD H. Workshop on the Occurrence, Effects and Fate of Microplastic Marine Debris [C]//University of Washington. Proceedings of the International Research, USA，2008.

[8] Author P J K M. Marine Plastic Debris and Microplastics: Global Lessons and Research to Inspire Action and Guide Policy Change[J]. 2016.

[9] CBD. Global Biodiversity Outlook 5[R]. Montreal:CBD,2020.

[10] Convention on Biological Diversity. The Conference of the Parties to the Convention on Biological Diversity, Decision Ⅶ/5[C]. Kuala Lumpur,UNEP,2004.

[11] Dereynier, L Y. US fishery management councils as ecosystem-based management policy takers and policymakers[J]. Coastal Management, 2014, 42(6):515.

[12] European Commission. 2021 EU Blue Economy report – Emerging sectors prepare blue economy for leading part in EU green transition[R]. Brussels:The European Commission,2021.

[13] European Commission. EU Biodiversity strategy for 2030[R]. European Commission, 2020.

[14] FAO. Sustainable Development Goals[R]. Rome, 2015.

[15] FAO. The State of World Fisheries and Aquaculture[R]. Rome:1998.

[16] FAO. The State of World Fisheries and Aquaculture[R]. Rome:2002.

[17] FAO. The State of World Fisheries and Aquaculture[R]. Rome:2016.

[18] FAO. The State of World Fisheries and Aquaculture[R]. Rome:2020.

[19] FAO. The State of World Fisheries and Aquaculture[R]. Rome:2022.

[20] France. Decree No. 2012-1148 of 12 October Establishing an Economic Zone off the Coast of the Territory of the Republic in the Mediterranean Sea[R]. New York: United Nations, Law of the Sea Bulletin No. 81, 2014.

[21] Gjerde K M, et al. Ocean in peril: Reforming the management of global ocean living resources in areas beyond national jurisdiction[J]. Marine Pollution Bulletin, 2013(74):540-551.

[22] Hallison E. Big laws, small catches: global ocean governance and the fisheries crisis[J]. Journal of International Development, 2001, 13(7):933.

[23] Harry N. Scheiber, Ocean Governance and the Marine Fisheries Crisis:

Two Decades of Innovation - and Frustration[J]. Virginia Environmental Law Journal, 2001, 20(1):119-137.

[24] IPBES Secretariat. Global Assessment Report on Biodiversity and Ecosystem Services of the Intergovernmental Science-Policy Platform on Biodiversity and Ecosystem Services[R]. Bonn, Germany, 2019.

[25] IPCC. Climate Change 2021 The Physical Science Basis [R]. IPCC,2021.

[26] IUCN, Assembly G. Seventeenth session of the General Assembly of IUCN and seventeenth IUCN technical meeting[C]. General Assembly, 17th, San José, CR, 1-10 February 1988.

[27] John Gulland. The New Ocean Regime: Winners and Losers [J].Ceres Fao Review on Agriculture & Development, 1979.

[28] Jolly C. The Ocean Economy in 2030, Workshop on Maritime Clusters and Global Challenges 50th Anniversary of the WP6[R].2016.

[29] Latest Ocean Data, UN Ocean Conference[C].Lisbon,2022.

[30] LAW L, MORETFERGUSON S, MAXIMENKO N, et. al. Plastic accumulation in the North Atlantic subtropical gyre[J]. Science, 2010, 329(5996):1185-1188.

[31] Levin, Al P S E. Building effective fishery ecosystem plans[J]. Marine Policy, 2018, 92:49.

[32] Meltzer E. Global Overview of Straddling and Highly Migratory Fish Stocks: Maps and Charts Detailing RFMO Coverage and Implementation[J]. The International Journal of Marine and Coastal Law, 2005(20):571-604.

[33] Molenaar E. Addressing Regulatory Gaps in High Seas Fisheries[J]. The International Journal of Marine and Coastal Law, 2005(20):540.

[34] Nations U. Revised Draft Text of An Agreement under the United Nations Convention on the Law of the Sea on the Conservation and Sustainable Use of Marine Biological Diversity of Areas Beyond National Jurisdiction[R]. New York: 2019.

[35] Norway's follow-up of Agenda 2030 and the Sustainable Development Goals[R].New York:2016.

[36] Obura, D, Smits, et. al. Reviving the Western Indian Ocean Economy[R]. Gland, Switzerland: World Wide Fund for Nature, 2017.

[37] Organization for Economic Co-operation and Development. The Ocean Economy in 2030[R]. Paris:2016.

[38] OSPAR Commission. The North-East Atlantic Environment Strategy[R]. OSPAR Commission，2010.

[39] Pant. H & Joshi Y. THE AMERICAN "PIVOT" AND THE INDIAN NAVY: It's Hedging All the Way[J]. Naval War College Review, 2015, 68:47.

[40] Pittman J, Armitage D. Governance Across the Land-sea Interface: A Systematic Review[J]. Environmental science & policy, 2016(64): 9-17.

[41] Plastic Europe. Plastics – the Facts 2019. An analysis of European plastics production, demand and waste data[R]. 2019-10.

[42] Robert D.Kaplan. The Geography of Chinese Power[J]. Foreign Affairs, 2010, 89(3):24.

[43] Scheiber H N. Ocean Governance and the Marine Fisheries Crisis: Two Decades of Innovation and Frustration[J]. Virginia Environmental Law Journal, 2019: 20

[44] SCHNELL A, KLEIN N, GIRÓN G, et al. National marine plastic litter policies in EU Member States: an overview[R]. Brussels, Belgium: IUCN, 2017

[45] THOMPSON R C, OLSEN Y S, MITCHEL R P, et al.Lost at sea:Where is all the plastic[J].Science, 2004, 304(5672): 838-838.

[46] UNEP. Innovative solutions for environmental challenges and sustainable consumption and production[R].UNEP/EA.4/17，2018.

[47] United Nations Conference on Trade and Development. Shipping during COVID-19: Why container freight rates have surged[R].Geneva:2021.

[48] United Nations. Factsheet: People and Oceans [C]. New York:United Nations,2017.

[49] Vikas M, Dwarakish G. Coastal Pollution: A Review[J]. Aquatic Procedia, 2015(4).

二、中文参考文献

（一）著作类

[50] D .豪沃思.战舰 [M]. 北京：海洋出版社, 1982:1.

[51] 龚洪波.海洋政策与海洋管理概论 [M]. 北京：海洋出版社, 2016:103.

[52] 管华诗, 王曙光. 海洋管理概论 [M]. 青岛：中国海洋大学出版社, 2003:7.

[53] J .f .C. 富勒. 西洋世界军事史 [M]. 钮先钟, 译. 北京：军事科学出版社, 1981:37.

[54] J .R .希尔.英国海军 [M]. 北京：海洋出版社, 1987:1.

[55] 刘应本, 冯梁. 中国特色海洋强国理论与实践研究 [M]. 南京：南京大学出版社, 2017:122.

[56] 马汉 .海权论 [M].萧伟中, 梅然, 译 .北京：中国言实出版社,1997:25.

[57] 马克思, 恩格斯. 马克思恩格斯文集 (第一卷)[M]. 北京：人民出版社, 2009:561.

[58] 马克思, 恩格斯. 马克思恩格斯文集 (第二卷)[M]. 北京：人民出版社, 2009:32.

[59] 马克思, 恩格斯. 马克思恩格斯文集 (第六卷)[M]. 北京：人民出版社, 2009:95.

[60] 齐格蒙特• 鲍曼. 共同体 [M]. 欧阳景根, 译. 南京：江苏人民出版社, 2003:1-2.

[61] 世界环境与发展委员会. 我们共同的未来 [M]. 邓延陆, 编选. 长沙：湖南教育出版社, 2009:231.

[62] 王逸舟. 全球政治和中国外交——探寻新的视角与解释 [M]. 北京：世界知识出版社, 2003 :307-323.

[63] 习近平. 习近平谈治国理政(第三卷)[M]. 北京：外文出版社有限责任公司, 2020:463.

[64] 杨金森. 海洋强国兴衰史略 [M]. 北京：海洋出版社, 2014:1.

[65] 张海文, 等.《联合国海洋法公约》图解[M]. 北京：法律出版社, 2010:11.

[66] 中共中央文献研究室. 毛泽东文集：第 6 卷[M]. 北京：人民出版社, 1999：314.

[67] 中共中央宣传部. 习近平总书记系列重要讲话读本[M]. 北京：学习出版社, 人民出版社, 2014.

[68] 自然资源部海洋发展战略研究所课题组. 中国海洋发展报告：2022[M]. 北京：海洋出版社, 2022:100.

（二）期刊和论文等类

[69] 陈凌珊, 陈平, 李静. 海洋环境污染损失的货币价值估算——以珠江入海口为例[J]. 海洋经济,2019,9(01):8-19.DOI:10.19426/j.cnki.cn12-1424/p.2019.01.002.

[70] 崔晓健.《2021 中国海洋经济发展指数》解读[N]. 中国自然资源报, 2022-02-16.

[71] 戴瑜. 欧盟海洋空间规划对中国发展蓝色经济的启示[J]. 中国环保产业, 2021(5).

[72] 董少彧. "陆海统筹" 视域下的我国海陆经济共生状态研究[D]. 辽宁师范大学, 2017.

[73] 杜尚泽, 韩秉宸. 习近平和希腊总理米佐塔基斯共同参观中远海运比雷埃夫斯港项目[N]. 人民日报, 2019-11-13（01）.

[74] 范雁阳, 史文超. 广西健全海砂管理长效机制[N]. 中国自然资源报, 2021-07-07.

[75] 方春洪, 刘堃, 等. 生态文明建设下海洋空间规划体系的构建研究[J]. 海洋开发与管理, 2017(12):89-93.

[76] 傅梦孜, 王力. 海洋命运共同体：埋念、实践与未来[J]. 当代中国与世界,2022(02):37-47+126-127.

[77] 付玉.欧盟公海保护区政策论析[J].太平洋学报,2021(2):29-42.

[78] 付玉.南极海洋保护区事务的发展及挑战[J].中国工程科学,2019(6):10.

[79] 公衍芬,等.欧盟公海保护的立场和实践及对我国的启示[J].环境与可持续发展,2013(5):37.

[80] 韩立民,等.中国海洋产业发展战略研究[R].北京:2009.

[81] 胡波.地缘政治竞争回潮的亚太海洋安全形势[J].世界知识,2019(24):24-25.

[82] 胡聪,尤再进,于定勇,等.集约用海对海洋资源影响评价方法研究[J].海洋环境科学,2017,36(02):173-178.DOI:10.13634/j.cnki.mes. 2017. 02. 003.

[83] 黄明娜.海洋资源损害补偿机制[D].厦门大学,2008.

[84] 黄硕琳.国际渔业管理制度的最新发展及我国渔业所面临的挑战[J].上海水产大学学报,1998(3):226.

[85] 兰圣伟.中国海洋事业改革开放40年系列报道之规划篇[N].中国海洋报,2018-04-18.

[86] 李道季,朱礼鑫,常思远,等.海洋微塑料污染研究发展态势及存在问题[J].华东师范大学学报:自然科学版,2019,3: 174-185.

[87] 李金林.当代英国海洋战略及其借鉴[J].经济研究导刊,2020(08):118-121.

[88] 李景光,阎季惠.英国海洋事业的新篇章——谈2009年《英国海洋法》[J].海洋开发与管理,2010(2):87-91.

[89] 李巍然,马勇.面向未来人的海洋精神品质培养[J].宁波大学学报(教育科学版),2021,43(02):2-5+1.

[90] 李文平.福建出台政策推进海洋药物与生物制品产业发展[N].中国自然资源报,2021-09-14.

[91] 李文睿.当代海洋管理与中国海洋管理史研究[J].中国社会经济史研究,2007(04):91-96.

[92] 李志伟,崔力拓.集约用海对海洋资源影响的评价方法[J].生态学

报,2015,35(16):5458-5466.

[93] 联合国.联合国支持落实可持续发展目标 14 即保护和可持续利用海洋和海洋资源以促进可持续发展会议的报告 [R]. 纽约：联合国总部，2015.

[94] 联合国大会.联合国跨界鱼类和高度洄游鱼类会议决议 [C]. 纽约：1992, A/RES/47/192.

[95] 联合国大会.我们的海洋、我们的未来:行动呼吁 [R]. 纽约：联合国，2017.

[96] 联合国.第一次全球海洋综合评估技术摘要 [R]. 纽约：联合国, 2017: 1-48。

[97] 联合国海洋大会.我们的海洋、我们的未来、我们的责任（2022 年联合国海洋大会宣言草案）[R]. [2022-05-23].里斯本：2022.

[98] 联合国环境规划署.联合国环境大会 2014 年 6 月 27 日第一届会议上通过的决议和决定 [R].2014:21-23.

[99] 联合国环境规划署.治理一次性塑料制品污染 [R]. 内罗毕，2019: UNEP/EA.4/L.10.

[100] 联合国粮食及农业组织.世界渔业和水产养殖状况 [R]. 罗马:2007.

[101] 联合国秘书长.海洋和海洋法报告 [R].纽约：联合国总部，2011：A/66/70.

[102] 联合国秘书长.海洋和海洋法报告 [R]. 纽约：联合国，2016：A/71/204.

[103] 联合国秘书长.海洋和海洋法报告 [R].纽约：联合国总部，2020：A/75/340.

[104] 联合国秘书长.海洋和海洋法报告 [R].纽约：联合国总部，2021：A/76/311.

[105] 梁甲瑞.中印在北极地区的海洋战略博弈 [J].南亚研究季刊，2019(02): 24-33+4.DOI:10.13252/j.cnki.sasq. 2019.02.04.

[106] 林小如，王丽芸，文超祥.陆海统筹导向下的海岸带空间管制探讨——以厦门市海岸带规划为例 [J].城市规划学刊，2018(04):75-80.

[107] 刘堃,刘容子.欧盟"蓝色经济"创新计划及对我国的启示 [J].海洋开

发与管理,2015,32(01):64-68.DOI:10.20016/j.cnki.hykfygl.2015.01.015.

[108] 刘大海,管松,邢文秀.基于陆海统筹的海岸带综合管理:从规划到立法[J].中国土地,2019(02):8-11.DOI:10.13816/j.cnki.cn11-1351/f.2019.02.003.

[109] 刘芳.人类命运共同体构建中存在的问题及对策研究[D].武汉轻工大学,2019.DOI:10.27776/d.cnki.gwhgy.2019.000105.

[110] 刘斐.共促海洋经济高质量发展[N].中国自然资源报,2021-06-11.

[111] 刘慧,梅洪尧,高新伟.海洋油气资源日常开发的生态补偿价值评估[J].生态经济,2018,34(11):34-39+53.

[112] 刘佳,李双建.世界主要沿海国家海洋规划发展对我国的启示[J].海洋开发与管理,2011(3).

[113] 刘佳,李双建.我国海洋规划历程及完善规划发展研究初探[J].海洋开发与管理,2011(5).

[114] 刘新华.新时代中国海洋战略与国际海洋秩序[J].边界与海洋研究,2019(4):5-29.

[115] 刘中民.中国海洋强国建设的海权战略选择——海权与大国兴衰的经验教训及其启示[J].太平洋学报,2013(8):80.

[116] 刘子飞.我国近海捕捞渔业管理政策困境、逻辑与取向[J].生态经济,2018,34(11):47-53.

[117] 刘子飞,孙慧武,岳冬冬,等.中国新时代近海捕捞渔业资源养护政策研究[J].中国农业科技导报,2018,20(12):1-8.DOI:10.13304/j.nykjdb.2018.0043.

[118] 陆昊.国务院关于2020年度国有自然资源资产管理情况的专项报告[R].北京:第十三届全国人大常委会第三十一次会议,2021.

[119] 陆昊.全面推动建设人与自然和谐共生的现代化[J].求是,2022(11).

[120] 卢静.全球海洋治理与构建海洋命运共同体[J].外交评论(外交学院学报),2022,39(01):1-21+165.DOI:10.13569/j.cnki.far.2022.01.001.

[121] 栾维新.海洋规划的区域类型与特征研究[J].人文地理,2005(1).

[122] 毛达.海洋垃圾污染及其治理的历史演变[J].云南师范大学学报:哲学

社会科学版，2010，42（6）：56-66.

[123] 孟雪.中外海域空间资源配置管理比较研究[D].天津大学,2017.

[124] 仇华飞.美国学者研究视角下的中国海洋战略[J].同济大学学报(社会科学版),2018,29(02):38-47.

[125] 孙安然.国家海洋局出台"史上最严"措施管控围填海[N].中国海洋报,2018-01-18(01B).

[126] 孙琛,车斌,陈述平,等.新时期我国渔业"走出去"发展战略研究[J].中国水产,2018(09):5-10.

[127] 滕欣,赵奇威.比利时海洋空间规划的进展与特点[N].中国海洋报,2018-09-04(4).

[128] 王慧,王慧子.欧盟海洋空间规划法制及其启示[J].江苏大学学报(社会科学版),2019(3):53-58.

[129] 王江涛.我国海洋空间规划的"多规合一"对策[J].城市规划,2018,42(04):24-27.

[130] 王江涛.我国海洋空间资源供给侧结构性改革的对策[J].经济纵横,2016(04):39-44.DOI:10.16528/j.cnki.22-1054/f.201604039.

[131] 王晶,等.韩国《海洋空间规划与管理法》概况及对我国的启示[J].海洋开发与管理,2019(3):10-16.

[132] 王晶.自然资源部与山东省共建国家海洋综合试验场(威海)[N].中国自然资源报,2021-09-28.

[133] 王淼,李蛟龙,江文斌.海域使用权分层确权及其协调机制研究[J].中国渔业经济,2012,30(02):37-42.

[134] 王鸣岐,等."多规合一"的海洋空间规划体系设计初步研究[J].海洋通报,2017,36(6).

[135] 汪涛.深化蓝色伙伴关系 共谱海上合作新篇[N].中国海洋报,2017-06-22(第1版).

[136] 王中建.自然资源部办公厅发文要求认真抓好国土空间规划城市体检评估规程贯彻落实[N].中国自然资源报,2021-08-05.

[137] 文超祥,刘健枭.基于陆海统筹的海岸带空间规划研究综述与展望[J].

规划师，2019,35(07):5-11.

[138] 习近平．共谋绿色生活，共建美丽家园——在二〇一九年中国北京世界园艺博览会开幕式上的讲话[N]．人民日报，2019-04-29(02).

[139] 习近平．决胜全面建成小康社会 夺取新时代中国特色社会主义伟大胜利——在中国共产党第十九次全国代表大会上的报告[R].北京，2017-10-18.

[140] 习近平．进一步关心海洋认识海洋经略海洋 推动海洋强国建设不断取得新成就[N]．人民日报，2013-08-01(01).

[141] 习近平．努力建设一支强大的现代化海军[N].人民日报，2017-05-25(01)

[142] 习近平．携手建设更加美好的世界[N]．人民日报，2017-12-02(02).

[143] 习近平．在APEC欢迎宴会上的致辞[EB/OL]．(2014-11-11)[2023-11-14]http://jhsjk.people.cn/article/26005522 .

[144] 夏康．中国沿海地区陆海统筹发展水平测度及区域差异分析[D].辽宁师范大学，2018.

[145] 徐贺云．改革开放40年中国海洋国际合作的成果和展望[J].边界与海洋研究,2018,3(06):18-26.

[146] 徐琳．2021年中国军队开展国际军事合作回眸[N]．解放军报，2021-12-23.

[147] 许景权．国家规划体系与国土空间规划体系的关系研究[J]．规划师，2020,36(23):50-56.

[148] 杨继生．我国新时代国土空间规划的建设与展望[J]．城镇建设，2019(16).

[149] 杨抗抗．论人类命运共同体理念及其时代意蕴[D].中共中央党校，2019.DOI:10.27479/d.cnki.gzgcd.2019.000025.

[150] 杨少明．大连实施"海岸建筑退缩线"制度 保护海岸带[N]．辽宁日报，2020-05-19.

[151] 叶芳．积极参与全球海洋治理 构建海洋命运共同体[N]．中国海洋报，2019-06-18(第2版).

[152] 叶亨利.基于牡蛎养殖业的广西茅尾海海洋空间资源承载力评价研究[D].国家海洋局第三海洋研究所,2018.

[153] 于大涛,等.海洋开发建设中的"多规合一"常见问题及对策措施[J].中国人口•资源与环境,2016(11).

[154] 于康震.在2018年渔业转型升级推进会上的讲话[N].中国渔业报,2018-01-29(第2版).

[155] 翟伟康,王园君,张健.我国海域空间立体开发及面临的管理问题探讨[J].海洋开发与管理,2015,32(09):25-27.DOI:10.20016/j.cnki.hykfygl.2015.09.006.

[156] 张海文.地缘政治与全球海洋秩序[J].世界知识,2021(01):15.

[157] 张红,彭亮.中国维护海洋权益之未来篇——"文攻武备"筑牢海防[N].人民日报海外版,2014-07-02.

[158] 张雷.广西沿海红树林全面实施林长制[N].中国自然资源报,2021-09-23.

[159] 张善坤.科学管控海洋空间资源 促进海洋经济持续发展[J].浙江经济,2015(16):8-9.

[160] 张翼飞,马学广.海洋空间规划的实现及其研究动态[J].浙江海洋学院学报(人文科学版),2017,34(03):17-26.

[161] 张瑜,王淼.海洋空间资源管理研究综述[J].中国渔业经济,2015,33(01):106-112.

[162] 张震,禚鹏基,霍素霞.基于陆海统筹的海岸线保护与利用管理[J].海洋开发与管理,2019,36(04):3-8.

[163] 赵宁.自然资源部办公厅发出通知提出建立健全海洋生态预警监测体系[N].自然资源报,2021-08-06.

[164] 郑苗壮,刘岩,徐靖.《生物多样性公约》与国家管辖范围以外海洋生物多样性问题研究[J].中国海洋大学学报(社会科学版),2015(2):44.

[165] 中国海洋石油总公司.中国海洋石油总公司年度报告[R].中国海洋石油总公司,2014.

[166] 周鑫,陈培雄,相慧,向芸芸,张鹤,李欣瞳.国土空间规划编制中的海

洋功能区划实施评价及思考[J].海洋开发与管理,2020,37(05):19-24. DOI:10.20016/j.cnki.hykfygl.2020.05.004.

[167] 朱锋.从"人类命运共同体"到"海洋命运共同体"——推进全球海洋 治理与合作的理念和路径[J].亚太安全与海洋研究,2021(04):1-19+133. DOI:10.19780/j.cnki.2096-0484.20210720.001.

[168] 朱隽.国土空间规划体系"四梁八柱"基本形成[N].人民日报，2019- 05-28（14）.

[169] 朱璇,赵畅."塑料污染治理国际协定"制定进程情况及对策建议[J]. 海洋发展战略研究动态,2022(2).

[170] 朱永贵.集约用海对海洋生态影响的评价研究[D].中国海洋大学, 2012.